Python 大数据分析

从入门到精通

兰一杰◎著

北京大学出版社
PEKING UNIVERSITY PRESS

内 容 提 要

本书结合Python在数据分析领域的特点，介绍如何在数据平台上集成使用Python。本书内容分为3大部分。第1部分（第1~3章）为搭建开发环境和导入测试数据；第2部分（第4~12章）为Python对HDFS、Hive、Pig、HBase、Spark的操作，主要是对常用API的说明；第3部分（第13~16章）是在前面章节的基础上，介绍如何进行数据的分析、挖掘、可视化等内容。

本书不仅阐述了Python在大数据平台上的应用技巧，而且关于大数据平台管理和操作的介绍说明贯穿全书，因此对于希望学习大数据知识的读者，本书同样非常适合。

图书在版编目(CIP)数据

Python大数据分析从入门到精通 / 兰一杰著. — 北京：北京大学出版社，2020.9
ISBN 978-7-301-31355-8

Ⅰ.①P… Ⅱ.①兰… Ⅲ.①软件工具－程序设计 Ⅳ.①TP311.561

中国版本图书馆CIP数据核字(2020)第101498号

书　　名	Python大数据分析从入门到精通 Python DASHUJU FENXI CONG RUMEN DAO JINGTONG
著作责任者	兰一杰　著
责任编辑	张云静　吴秀川
标准书号	ISBN 978-7-301-31355-8
出版发行	北京大学出版社
地　　址	北京市海淀区成府路205 号　100871
网　　址	http://www.pup.cn　新浪微博: @ 北京大学出版社
电子信箱	pup7@ pup.cn
电　　话	邮购部 010-62752015　发行部 010-62750672　编辑部 010-62570390
印 刷 者	大厂回族自治县彩虹印刷有限公司
经 销 者	新华书店
	787毫米×1092毫米　16开本　20印张　454千字
	2020年9月第1版　2020年9月第1次印刷
印　　数	1—4000册
定　　价	79.00 元

这个技术有什么前途

大数据技术顺应时代需要，目前正在各行业领域中呈现井喷式的发展趋势。对企业而言，能通过大数据技术提高生产力、改善营销决策；对个人而言，掌握大数据技术能够带来更好的职业前景。

将 Python 和大数据平台结合，可充分利用二者的特点，使得对大量数据进行挖掘、分析的过程变得更容易。通过丰富的 Python 库，将处理后的大数据存储到各类存储系统中，将其可视化并集成到 Web 系统中，构建一个易于使用、功能完备的系统，以减轻开发的难度，为企业和个人都带来价值。

笔者的使用体会

由于大数据开发平台的庞大性和复杂性，使相关知识的入门学习并不容易。如何搭建开发环境并选择一些最有效的功能，进行实践学习后能逐渐认识整体的大数据平台是学习者成功入门的关键。本书构建了 3 套侧重点不同的开发环境供读者选择。对使用频率较高的功能会结合相关的 Python 库进行实践说明，方便读者选择适合的技术方向，最终学习掌握大数据技术并能逐渐认识整体的大数据平台。

这个处理过程不仅是对大数据平台管理、运维的学习，也是对 Python 数据处理方法的理解，其说明的核心是按 Python API 结合 SQL 和机器学习算法两个方向实施的，其中穿插了必要的概念说明，目的是集中技术点，让开发过程变得更加简单。

这本书的特色

本书注重概念和实践、技术的整合性和体系的完备性。即通过部分到整体的方式，将常用的数据集在大数据平台中结合 Python 进行操作，以形成一套完整的方案。

（1）概念和实践：使用功能模块前，先对相关的概念进行解释，以明确其功能作用。然后使用代码进行演示说明，说明时会使用核心类库的内容。

（2）技术的整合性：对大数据平台的各项功能模块进行说明，并将这些功能进行集成使用，以实现对不同需求使用合理技术的处理。

（3）体系的完备性：大数据平台中数据的导入、处理、分析、挖掘、可视化，都使用 Python 进行处理，以达到涉及整个开发过程的目的。

上述内容是层层递进的，体现由部分到整体的过程，并能在特定的场景下，组合使用不同的技术。

这本书包括什么内容

本书分为 3 大部分。第 1 部分（第 1~3 章）是搭建开发环境和导入测试数据；第 2 部分（第 4~12 章）是 Python 对 HDFS、Hive、Pig、HBase、Spark 的操作，主要是对常用 API 的说明；第 3 部分（第 13~16 章）是在第 2 部分的基础上进行数据的分析、挖掘、可视化。如下页图所示，通过虚线将整本书的内容分为 3 块，分别对应导入数据到大数据环境、对数据进行分析挖掘、数据可视化。

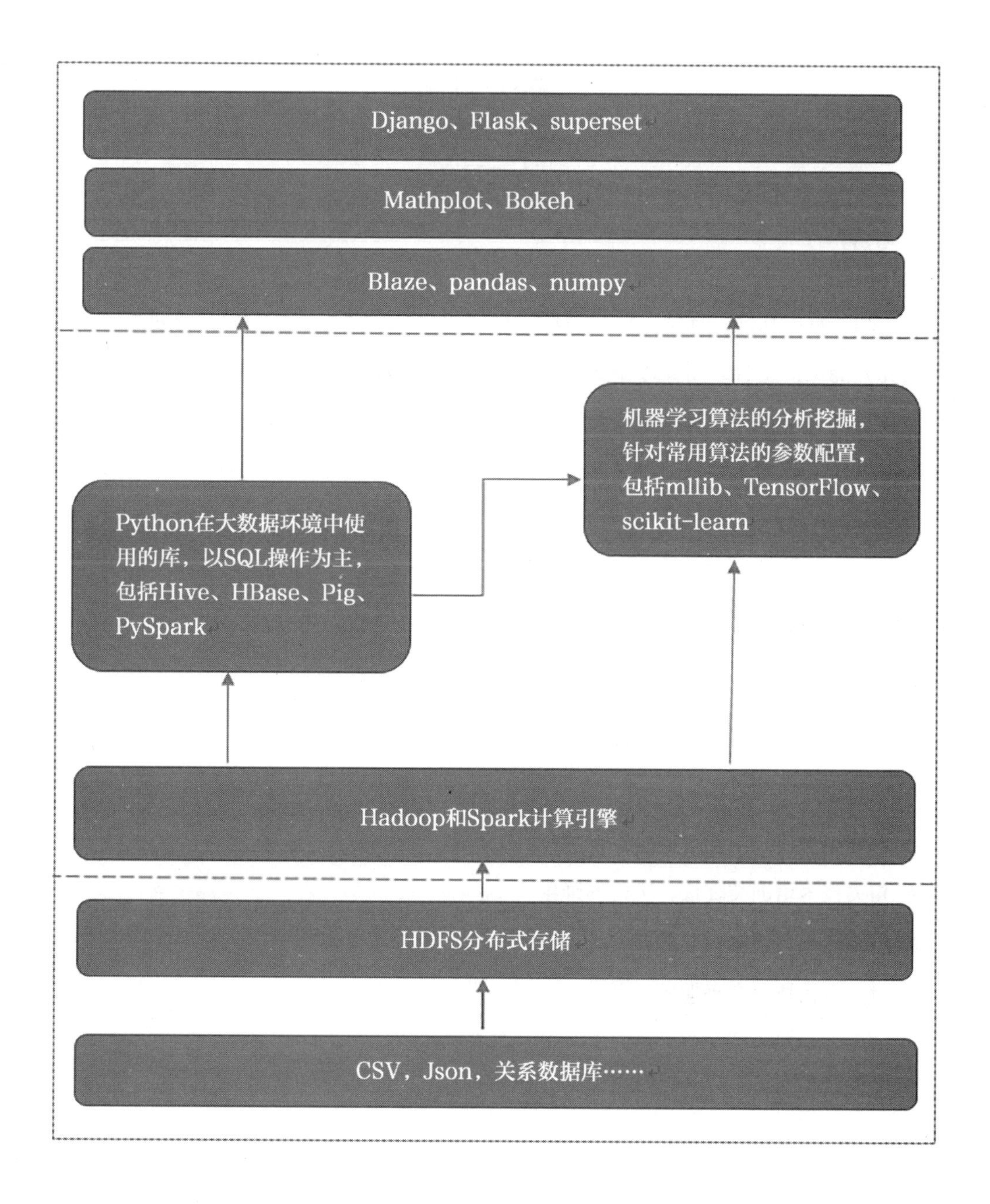
Django、Flask、superset
Mathplot、Bokeh
Blaze、pandas、numpy
机器学习算法的分析挖掘，针对常用算法的参数配置，包括mllib、TensorFlow、scikit-learn
Python在大数据环境中使用的库，以SQL操作为主，包括Hive、HBase、Pig、PySpark
Hadoop和Spark计算引擎
HDFS分布式存储
CSV，Json，关系数据库……

资源下载

本书附赠书中案例源代码及相关视频教程，读者可通过微信扫一扫下方二维码关注公众号，输入代码“15947”，即可获取下载资源。

作者介绍

兰一杰，资深软件工程师、项目经理，对 Python 大数据、人工智能、深度学习等有深入研究并能灵活整合运用。多年从事通过 Python 实施自动化运维、主数据项目、大数据分析项目的开发工作，为国内众多房地产企业、金融企业、政府机关等提供过技术支持并取得较好业绩。

本书读者对象

- Python 学习者
- 数据分析师、数据库工程师
- 大数据技术学习者
- 大数据平台技术构架实施工程师
- 相关技术培训类院校、机构的师生
- 想要转型大数据领域的开发者
- 对大数据技术有兴趣的读者

目 录

Contents

第一章 为什么选择用Python

如今是大数据、人工智能等新技术爆发的时代，会有海量的数据需要处理，而Python 正是高效处理大数据的利器。

Python 由于其自身的特点，顺应了大数据和人工智能的快速发展而崛起。在 2019 年 9 月的 TIOBE 编程语言排行中也可以发现，Python 目前已攀升到第 3 名，如图 1-1 所示。在图 1-2 中箭头指示的线段显示了 Python 的发展流行趋势，其他更多详细的信息可以查看 TIOBE 官网 https://www.tiobe.com/tiobe-index/。

Sep 2019	Sep 2018	Change	Programming Language	Ratings	Change
1	1		Java	16.661%	-0.78%
2	2		C	15.205%	-0.24%
3	3		Python	9.874%	+2.22%
4	4		C++	5.635%	-1.76%
5	6	^	C#	3.399%	+0.10%
6	5	˅	Visual Basic .NET	3.291%	-2.02%
7	8	^	JavaScript	2.128%	-0.00%
8	9	^	SQL	1.944%	-0.12%
9	7	˅	PHP	1.863%	-0.91%
10	10		Objective-C	1.840%	+0.33%

图 1-1　2019 年 9 月 TIOBE 编程语言排行

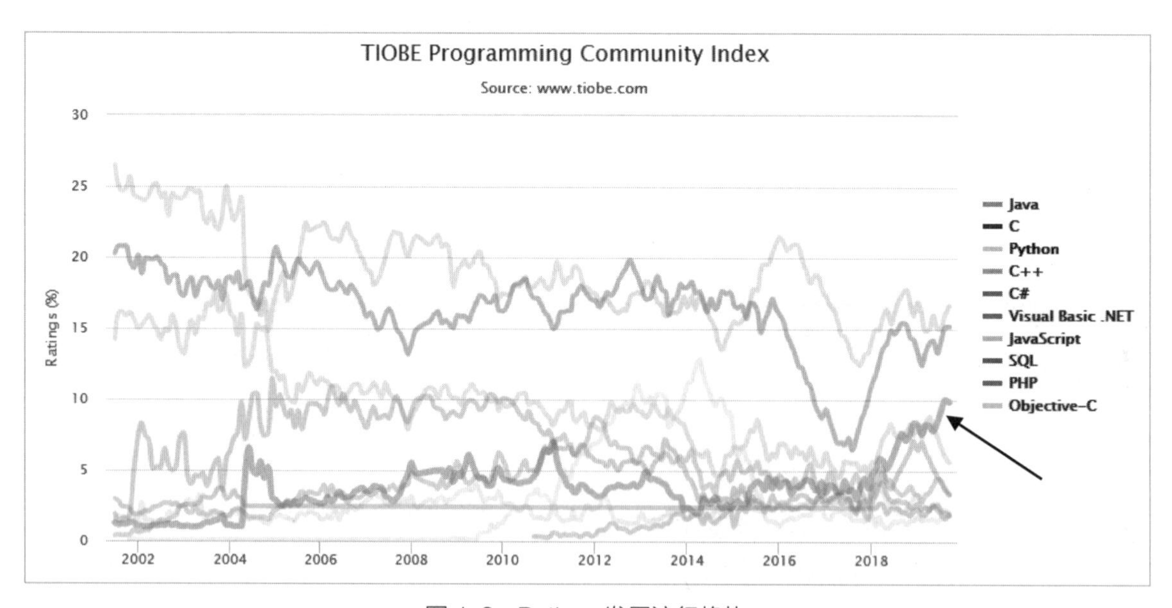

图 1-2　Python 发展流行趋势

1.1 易于使用

Python 作为脚本语言，其语法很简洁，仅用写很短的代码就可达到不错的效果。Python 对于初学者比较友好，相比 C/C++、Java 更容易学习使用，且有较长的发展时间，这样也就是意味着稳定。它还有完备的文档说明和丰富的学习示例。

Python 作为一门开源的语言，获取方便并有大量的免费学习手册和开发工具，并且拥有良好的社区支持，使其总能保持对前沿技术的探索。

1.2 兼容 Hadoop

由于 Python 大数据是兼容的，Hadoop 就是大数据的代名词，因此 Python 天生就能与 Hadoop 兼容并能良好地处理大数据。Python 能通过各种 Python 包帮助访问 HDFS，并进行 Hadoop MapReduce 编程。此外，Python 使 MapReduce 编程能够以最小的工作量解决复杂的大数据问题，并且 Python 还是 Spark 官方文档中支持的 3 种语言之一。

1.3 可扩展和灵活性

在处理大量数据时，可扩展性非常重要。虽然过去 Python 可能有速度慢的缺点，但是随着 Anaconda 的出现，Python 的速度和性能有了很大提高，这使得它和大数据能够互相兼容，具有更大的灵活性。

1.4 良好的社区支持和开发环境

Python 拥有良好的社区支持开发及维护，且 Python 有着“胶水语言”的特点，已经成功渗透到各个方面的开发，如 Web 开发、网络应用开发、大数据开发、人工智能等，这为集成工作提供了很大的便利性。

Python 在各操作系统上能够稳定运行，并且各主流 IDE 都可以集成支持 Python。目前在 github 上使用 Python 开发的项目工程数也是名列前茅的，且功能分类也很多，所以 Python 一直都稳步发展。

1.5 在数据分析领域的优势

在大数据时代还没开启时，Python 就已经被用来进行数据处理分析了，所以积累了很多优秀的数据处理分析库，如 Pandas、Numpy、Scikit-learn、Matplotlib、SciPy、TensorFlow 等，并且这些库有的已有大数据版本或能无缝对接到大数据平台。如 Pandas 和 Numpy 在大数据环境中的实现 Blaze，其中 Spark 已经添加了对 Python 支持的 PySpark，所以在目前大数据和人工智能迅速发展的大背景下 Python 仍能持续受到关注。

1.6 总结

综上所述，Python 和大数据平台共同为大数据分析提供了强大的计算能力。如果读者是第一次做大数据程序开发，那么 Python 比 Java 或其他编程语言更容易学。目前能够使用 Python 的技术人员较多，大数据分析已成为最热门的技术之一，也是比较适合作为转型方向的技术领域。

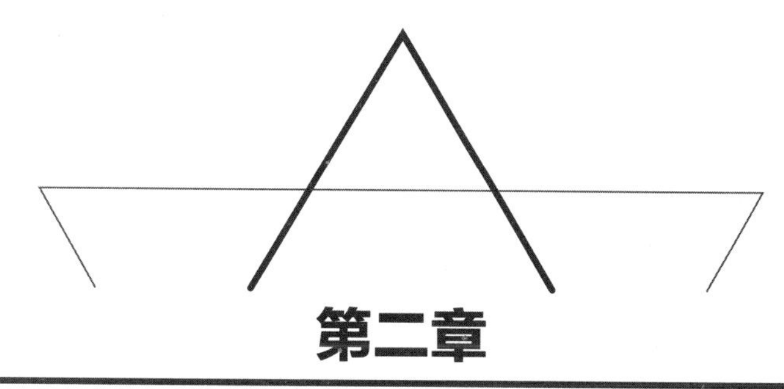

第二章

大数据开发环境的搭建

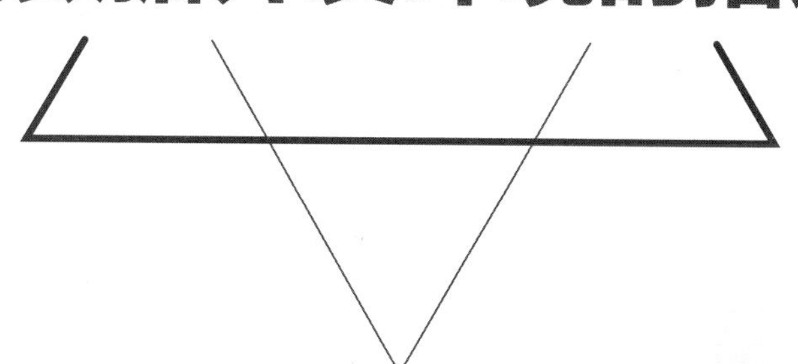

工欲善其事，必先利其器。在大数据环境中学习 Python 时，先要安装一套相对完整的开发环境。本章将介绍和安装 3 套大数据开发环境，每种开发环境各有不同的侧重点。通过学习本章内容，读者可选择适合自己的开发环境，并能自行完成安装配置。

2.1 安装大数据集成环境 HDP

目前有很多开源或者商业发布的 Hadoop 版本，其中最受欢迎的开源免费版本是 HDP。HDP 作为 Hortonworks 发布的数据平台，便利性和灵活性较高，其中 HDP SandBox 就是已经安装好 HDP 的虚拟机环境。

2.1.1 安装 HDP SandBox

通过 HDP SandBox 可以很容易地使用 Apache Hadoop、Apache Spark、Apache Hive、Apache HBase、Druid 和 Data Analytics Studio(DAS)，只需要下载安装虚拟机文件，并导入虚拟化环境中即可，目前支持虚拟化环境的有 VirtualBox、VMware、Docker。

1. SandBox 下载

SandBox 的下载地址为 https://www.cloudera.com/downloads/hortonworks-sandbox/hdp.html，不同版本的 SandBox 有不同的硬件要求，可结合自己 PC 硬件参数和现有的虚拟环境下载合适的版本，如图 2-1 所示选择对应的虚拟环境。

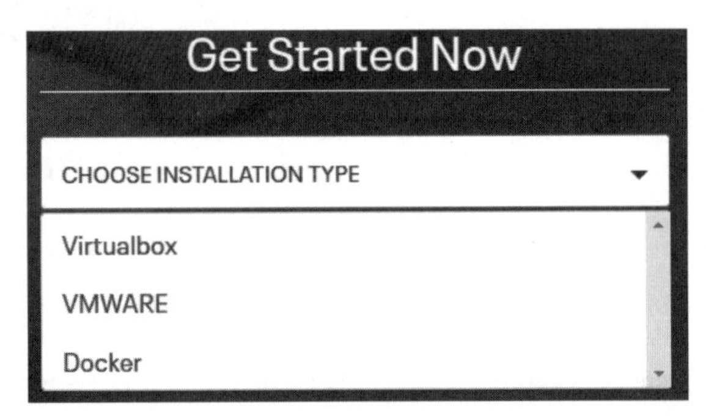

图 2-1　选择 HDP SandBox 的虚拟环境

注意：在下载前需要注册一个账号，填写必要信息后注册即可。下载后的文件名格式形如 HDP_2.5_xxxx.ova。

2. HDP 的安装

在顺利下载完虚拟机文件后，将其导入对应的虚拟环境中，这里以 VirtualBox 为例进行说明。

下载 VirtualBox 的地址为 https://www.virtualbox.org/wiki/Downloads。下载完毕 VirtualBox 并成功安装后进行导入操作，选择刚下载的 OVA 文件进行导入，操作如图 2-2 所示。先选择菜单栏“管理”的“导入虚拟电脑”项，然后选择虚拟机文件的路径即可。

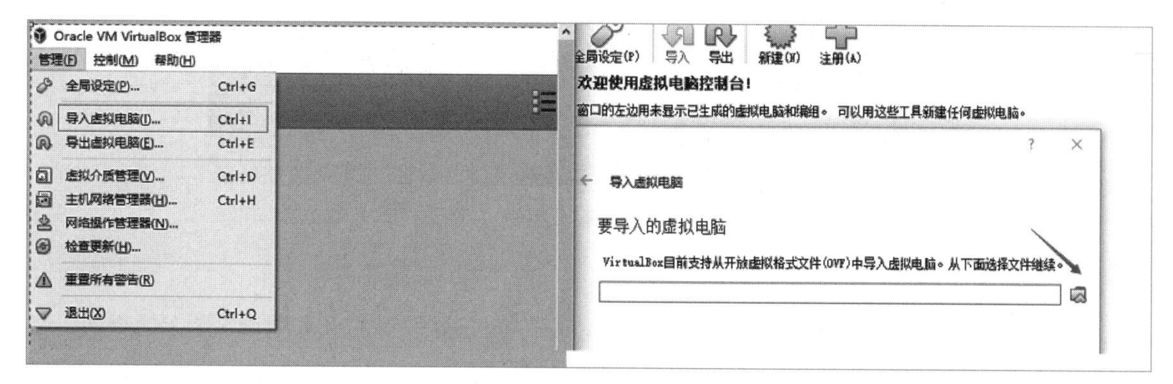

图 2-2　VirtualBox 导入虚拟机

在成功导入虚拟机后，可在 HDP 虚拟机中安装 Anaconda，这样更便于以后的开发。在 HDP 中的大数据软件已经安装在 /usr/hdp 目录中，在这里可以查看特定组件的配置文件。如图 2-3 所示在 HDP 上已安装了完备的大数据平台功能组件，无须自己再进行安装。

```
(base) [root@sandbox-hdp 2.6.5.0-292]# ls
atlas    flume             hbase          knox     ranger-admin          ranger-kafka-plugin   ranger-yarn-
datafu   hadoop            hive           livy2    ranger-atlas-plugin   ranger-knox-plugin    shc
druid    hadoop-hdfs       hive2          oozie    ranger-hbase-plugin   ranger-storm-plugin   slider
etc      hadoop-mapreduce  hive-hcatalog  phoenix  ranger-hdfs-plugin    ranger-tagsync        spark
falcon   hadoop-yarn       kafka          pig      ranger-hive-plugin    ranger-usersync       spark2
```

图 2-3　HDP 安装的大数据应用

2.1.2　初探使用 HDP

初次使用 HDP SandBox 时，应先了解基本的操作方法和注意事项，以便对 HDP 有初步认识。

1. ambari-admin 账号的初始化

首次登录 Ambari 时，需要先初始化 ambari-admin 的账号密码，操作过程如下。

（1）用 root 登录 HDP SandBox（默认密码为 hadoop），初次登录后需要修改 root 密码。

（2）使用 ambari-admin-password-reset 命令重置 ambari-admin 的账号密码。

```
(base) [root@sandbox-hdp 2.6.5.0-292]#ambari-admin-password-reset
Please set the password for admin:
```

（3）重置密码成功后，登录 Ambari Web 控制台。

在成功登录 HDP SandBox 虚拟机后，提示如图 2-4 所示，可选择不同虚拟环境的地址进入。

```
To initiate your Hortonworks Sandbox session, open a browser to this address:

For VirtualBox:
    Welcome screen:  http://localhost:1080
    SSH:  http://localhost:4200

For VMWare:
    Welcome screen:  http://192.168.168.139:1080
    SSH:  http://192.168.168.139:4200
```

图 2-4　HDP 的开启信息提示

2. HDP 的初步认识

（1）登录 Ambari。使用修改后的密码登录 Ambari admin 账号，看到如图 2-5 所示的界面。在界面的左侧列表显示当前安装的服务，右侧显示各种不同指标的监控值。通过 Ambari 可清晰、快速、有效地对各项服务进行管理配置。

图 2-5　Ambari 界面

（2）查看服务状态和配置信息。通过 Ambari 可以进行灵活管理，方便查看和修改各个服务的配置信息。图 2-6 所示为 Hive 的配置信息，显示在 Summary 标签下提示安装了哪些组件及其状态。

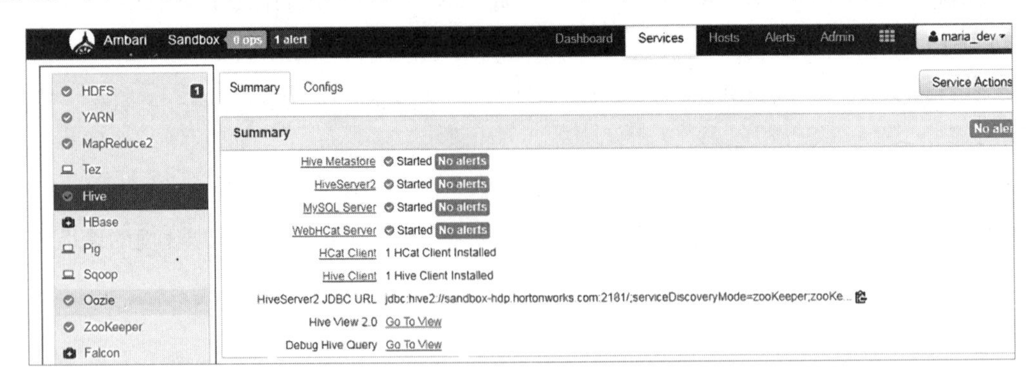

图 2-6　Summary 标签下 Hive 的配置信息

在 Configs 标签下显示 Hive 的配置信息如图 2-7 所示。这些信息可从各服务组件的配置文件中读取。

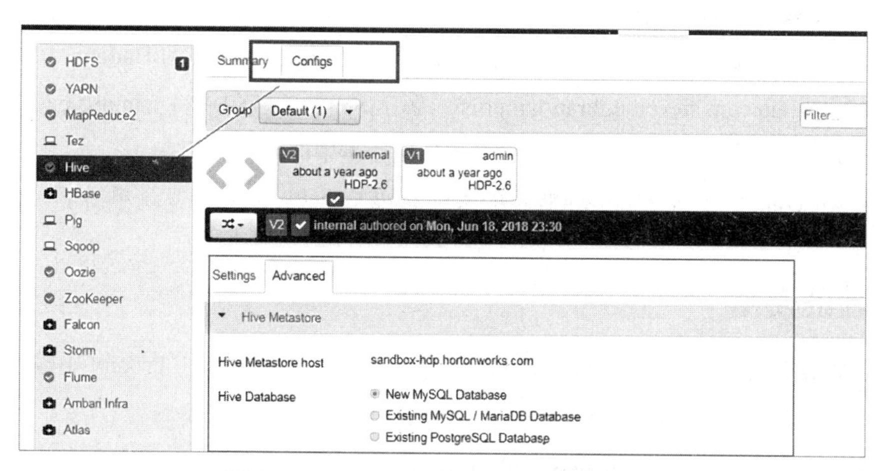

图 2-7　Configs 标签下 Hive 的配置信息

3. HDP 账号

在 HDP 中有很多内置的账号，这些账号具有不同的角色和功能权限。如下表所示，可使用不同的账号进行对应的工作操作。

HDP 内置账号及其说明

账号	角　色
Admin	系统管理员
maria_dev	负责准备并从数据中获取洞察力。用于探索不同的 HDP 组件，如 Hive、Pig、HBase
raj_ops	负责基础设施的建设、研究和开发活动，如设计、安装、配置和管理
holger_gov	主要用于管理数据元素，包括内容和元数据
amy_ds	使用 Hive、Spark、Zeppelin 进行探索性数据分析

2.2 安装 Spark 环境（Windows）

在 Windows 上安装 Spark 开发环境，其安装过程简单，能快速进入实操阶段。它是学习 Spark 基本概念和 API 的理想环境。

2.2.1 安装

（1）下载安装 Spark。这里下载的版本为 spark-2.4.2-bin-hadoop2.7，为了能让 Spark 在 Windows 上执行，还需要使用一个工具 winutils.exe。它是在 Windows 中的 Hadoop 编译版本，其下载地址为 https://github.com/steveloughran/winutils/，解压 Spark 安装包后将 winutils.exe 复制到 Spark 解压目录的 bin 下，并将 Spark 的安装目录配置到环境变量中即可。

（2）安装 Anaconda。下载 Windows 版本的 Anaconda 安装包，安装中默认单击下一步按钮即可。

2.2.2 验证使用

配置完毕后需要检查 Spark 是否能正常开启。在 Anaconda Powershell Prompt 中输入 spark-shell 后，出现 spark-shell 交互界面，再输入一些代码进行验证即可。

```
(base) PS C:\Users\Administrator> spark-shell.cmd
19/09/19 09:20:44 WARN NativeCodeLoader: Unable to load native-hadoop
library for your platform... using builtin-java classes where applicable
......
Spark context available as 'sc' (master = local[*], app id =
local-1568856063204).
Spark session available as 'spark'.
Welcome to ..............
scala>
```

2.3 自行安装大数据开发环境

在自行安装大数据开发环境的过程中，应理解各模块的功能，并对文件进行配置。下面将进行单机版伪分布式 Hadoop 环境的安装，无特别说明均安装在目录 /usr 下。

2.3.1 安装 Linux 虚拟机

在 VirtualBox 中安装 Ubuntu Desktop。ISO 文件在阿里云镜像下载速度较快，其地址为 http://mirrors.aliyun.com/ubuntu-releases/。由于安装过程相对简单，这里略去。成功安装后进行的设置如下。

（1）开启 root 账号。后续安装过程配置都将使用 root 账号。

```
hadoop@ubuntu:~$ sudo passwd root:        # 开启 root 账号
[sudo] password for hadoop:               # 输入当前账号密码
Enter new UNIX password:                  # 设置 root 账号
Retype new UNIX password:                 # 重新输入确认
passwd: password updated successfully     # 正确输入确认密码后，将提示密码更新成功
```

（2）安装 ssh 服务，可免密码登录。

```
apt-get install openssh-server:             # 安装 ssh 服务
sudo service ssh start:                     # 开启 ssh 服务
vi /etc/ssh/sshd_config:                    # 配置免密码登录，配置内容如下
                                            # 将 PermitRootLogin without-
                                            password 修改为 PermitRootLogin yes
```

2.3.2　安装 JDK

由于 Hadoop 大数据平台上的很多组件都是由 Java 编写的，且会依赖很多的 jar 包，所以在安装大数据各服务前先要安装 JDK。到 Oracle 官网下载 JDK 后复制到 /usr 目录下，并执行以下操作。

（1）解压 JDK 压缩包，并使用命令 tar –zxvf。

```
root@ubuntu:/usr# tar -zxvf jdk-8u11-linux-x64.tar.gz -C ./
```

（2）修改文件夹名。

```
root@ubuntu:/usr# mv jdk1.8.0_11/ jvm
```

（3）配置 profile 文件。

```
root@ubuntu:/usr# vi /etc/profile
```

添加以下的配置信息。

```
export JAVA_HOME=/usr/jvm
export JRE_HOME=${JAVA_HOME}/jre
export CLASSPATH=.:${JAVA_HOME}/lib:${JRE_HOME}/lib
export PATH=${JAVA_HOME}/bin:$PATH
```

（4）配置完成后的生效和查看。

```
root@ubuntu:/usr# source /etc/profile
root@ubuntu:/usr# java -version
java version "1.8.0_11"
Java(TM) SE Runtime Environment (build 1.8.0_11-b12)
Java HotSpot(TM) 64-Bit Server VM (build 25.11-b03, mixed mode)
```

2.3.3　安装 Anaconda 开发环境

Anaconda 是一个开源的 Python 发行版本，其包含 conda、Python 等 180 多个科学包及其依赖项，并能够在不同的环境之间切换。它的下载地址为 https://repo.continuum.io/archive/index.html，下载完毕后的安装步骤如下。

（1）安装 Anaconda2。

```
bash Anaconda2-2019.07-Linux-x86_64.sh
```

在安装时先提示阅读并同意相关条款，然后按回车键即可。

```
In order to continue the installation process, please review the license
agreement.
Please, press ENTER to continue
>>>
```

（2）安装成功后，会提示是否进行初始化操作，输入“yes”。

```
Do you wish the installer to initialize Anaconda2
by running conda init? [yes|no]
[no] >>> yes
```

初始化完成后，会出现以下的提示信息：Thank you for installing Anaconda2。

（3）验证查看安装的 Anaconda。

```
(base) root@ubuntu:/usr/Anaconda2# conda --version
conda 4.7.10
```

2.3.4 安装 Hadoop

Hadoop 是一个由 Apache 基金会所开发的分布式系统基础架构。用户可以在不了解分布式底层细节的情况下开发分布式程序，能充分利用集群的威力进行高速运算和存储。Hadoop 的官方网站下载地址为 https://hadoop.apache.org/releases.html，若下载速度太慢可选择国内的镜像源，如清华大学开源镜像站 https://mirrors.tuna.tsinghua.edu.cn/apache/hadoop/common/。下载完安装包后，复制到 /usr 目录中进行以下安装步骤操作。

（1）解压到当前目录。

```
tar -zxvf  hadoop-2.7.6.tar.gz -C ./
```

（2）修改全局配置文件 /etc/profile，并添加以下内容。

```
export HADOOP_HOME=/usr/hadoop-2.7.6
export PATH=$HADOOP_HOME/bin:$HADOOP_HOME/sbin:$PATH
export HADOOP_COMMON_LIB_NATIVE_DIR=$HADOOP_HOME/lib/native
export PATH=$PAHT:$HADOOP_HOME/bin:$HADOOP_HOME/sbin
```

（3）hadoop-2.7.6/etc/hadoop/hadoop-env.sh 添加修改以下内容。

```
export JAVA_HOME=/usr/JVM
```

（4）hadoop-2.7.6/etc/hadoop/core-site.xml 添加修改以下内容。

```
    <configuration>
         <property>
              <name>hadoop.tmp.dir</name>
              <value>file:/usr/hadoop-2.7.6/tmp</value>
              <description>Abase for other temporary directories.</
description>
```

```
        </property>
        <property>
             <name>fs.defaultFS</name>
             <value>hdfs://localhost:9000</value>
        </property>
    </configuration>
```

（5）hadoop-2.7.6/etc/hadoop/hdfs-site.xml 修改添加以下内容。

```
    <configuration>
        <property>
             <name>dfs.replication</name>
             <value>1</value>
        </property>
        <property>
             <name>dfs.namenode.name.dir</name>
             <value>file:/usr/hadoop-2.7.6/tmp/dfs/name</value>
        </property>
        <property>
             <name>dfs.datanode.data.dir</name>
             <value>file:/usr/hadoop-2.7.6/tmp/dfs/data</value>
        </property>
    </configuration>
```

（6）hadoop-2.7.6/etc/hadoop/maped-site.xml 修改添加以下内容。

```
<configuration>
    <property>
        <name>mapreduce.framework.name</name>
        <value>yarn</value>
        </property>
</configuration>
```

（7）hadoop-2.7.6/etc/hadoop/yarn-site.xml 修改以下内容。

```
<property>
        <name>yarn.nodemanager.aux-services</name>
        <value>mapreduce_value</value>
</property>
```

（8）以上配置完毕后，格式化 namenode 并开启服务。

```
(base) root@hadoop-2.7.6# hdfs namenode -format
(base) root@hadoop-2.7.6# start-dfs.sh
```

（9）验证是否能正常运行。

在浏览器中输入 http://localhost:50070，查看 Hadoop 管理页面能否正常打开，如图 2-8 所示。

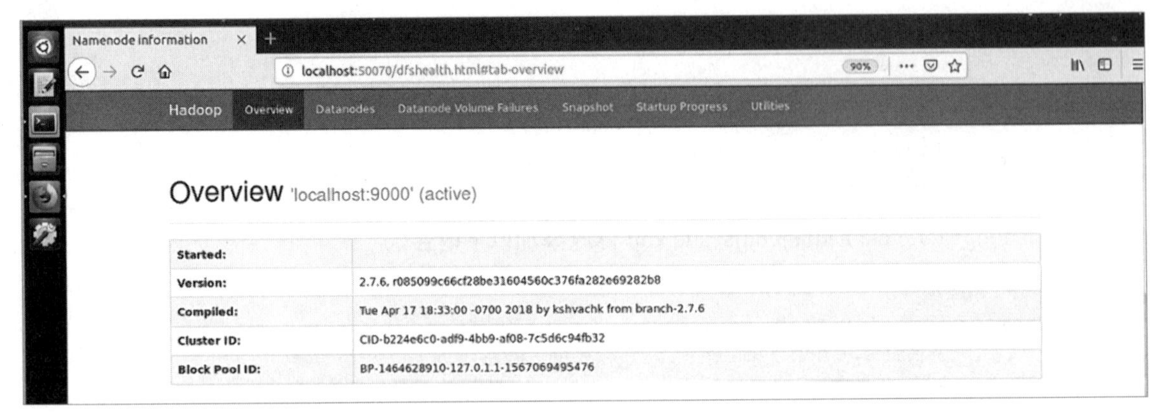

图 2-8　查看 Hadoop 管理界面

2.3.5　安装 Hive

Hive 是基于 Hadoop 的一个数据仓库工具，可以将结构化的数据文件映射为一张数据库表，并通过 SQL 语句转换为 MapReduce 任务进行运行。这里安装的是 Hive 1.2.2 版，下载地址为 https://mirrors.tuna.tsinghua.edu.cn/apache/hive/，只要解压即可运行。为简便操作可使用默认 derby 数据库，这样就无须再进行配置操作了。

（1）复制到 /usr 目录，解压到当前目录并重命名。

```
tar -zxvf apache-hive-1.2.2-bin.tar.gz ./   # 解压缩到当前目录
mv  apache-hive-1.2.2-bin  apache-hive-1.2.2  # 重命名文件夹
```

（2）在 /etc/profile 文件中添加配置。

```
export HIVE_HOME=/usr/hive-1.2.2        # 配置 Hive 安装目录地址
export PATH=$PATH:$HIVE_HOME/bin:$HIVE_HOME
source  /etc/profile                    # 修改完 profile 文件后调用，使修改立即生效
```

（3）开启 Hive，执行 CREATE DATABASE 命令创建数据库。

```
(base) root@hadoop# hive                # 进入 Hive Cli
hive> CREATE DATABASE testdb;           # 创建数据库
   CREATE DATABASE testdb
   OK
   ...............................................
   Time taken: 0.012 seconds, Fetched: 2 row(s)
```

使用 CREATE TABLE 创建表，表结构对应 iris 数据。

```
hive> use testdb;                        # 切换到刚才创建的 testdb 数据库下
   ...
hive> CREATE TABLE iris_data(x1 string,x2 string,x3 string,x4 string,x5
string)
          ROW FORMAT DELIMITED
```

```
        FIELDS TERMINATED BY ','
        LINES TERMINATED BY '\n'
        STORED AS TEXTFILE;                    # 创建
    ...
```

使用 LOAD DATA INPATH 为刚刚创建的表加载数据。

```
hive> LOAD DATA INPATH '/test_data/iris_dataset.csv' OVERWRITE INTO TABLE
iris_data ;
    ...
    Table testdb.iris_data stats: [numFiles=1, numRows=0, totalSize=3715,
rawDataSize=0]
    Time taken: 0.779 seconds
hive> SELECT * FROM iris_data LIMIT 10 ;    # 使用 SELECT 查看转载的数据
OK
iris_data.x1    iris_data.x2    iris_data.x3 iris_data.x4    iris_data.x5
5.1             3.5             1.4          0.2             setosa
4.9             3               1.4          0.2             setosa
4.7             3.2             1.3          0.2             setosa
....
```

2.3.6 安装 Spark

Spark 是专为大规模数据处理而设计的快速通用的计算引擎，拥有 Hadoop MapReduce 所具有的优点。但不同于 Hadoop MapReduce 的是，其中间输出结果可以保存在内存中，从而不再需要读 / 写 HDFS。因此 Spark 能更好地适用于数据挖掘与机器学习等需要迭代的 MapReduce 的算法，在安装时选择和 Hadoop 版本对应的 Spark。下载地址为 https://mirrors.tuna.tsinghua.edu.cn/apache/spark/，下载完毕进行安装配置操作。

（1）复制到 /usr 目录下进行解压和重命名。

```
tar -zxvf spark-2.2.0-bin-hadoop2.7.tgz -C ./      # 将 Spark 压缩包解压到当前目录
mv spark-2.2.0-bin-hadoop2.7 spark-2.2.0           # 重命名操作
```

（2）在 /etc/profile 文件中添加配置信息。

```
export SPAKR_HOME=/usr/spark-2.2.0     # 配置 Spark 的安装目录
export PAHT=$PATH:$SPARK_HOME/bin:$SPARK_HOME/sbin
                                       # 配置 Spark 中可执行文件目录 bin
source  /etc/profile                   # 修改完 profile 文件后调用，使修改立即生效
```

（3）配置 spark 安装目录下 /conf/spark-env.sh 文件。

```
JAVA_HOME=/usr/jvm                     # 配置 Java 安装目录
SPARK_WORKER_MEMORY=3g                 # 配置 Spark 计算节点 worker 的内存大小
```

（4）验证查看 Spark 是否能正常开启。通过开启 spark-shell 验证打开 Spark，并在终端中输入 spark-shell 后输出如下信息。

```
(base) root@conf# spark-shell
  ..............................................................
Spark context Web UI available at http://192.168.223.129:4040
Spark context available as 'sc' (master = local[*], app id =
local-1567416119424).
Spark session available as 'spark'
```

查看 Spark UI Web 界面能否成功打开。在浏览器中输入 http://localhost:4040，如能成功看到如图 2-9 所示的界面，则说明配置成功。

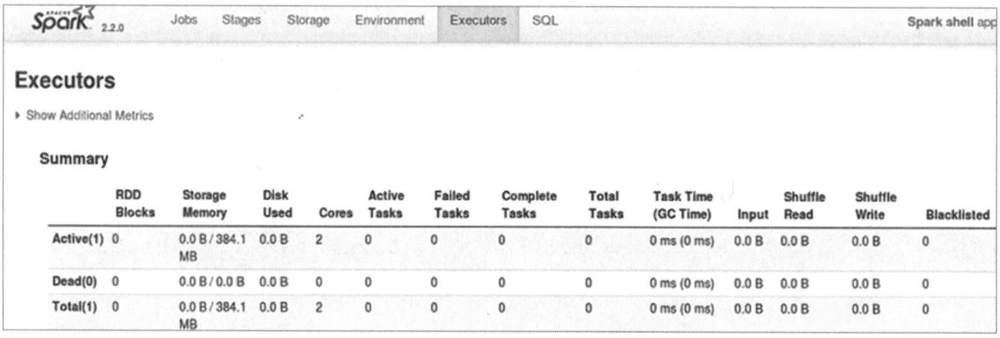

Spark 2.2.0 Jobs Stages Storage Environment Executors SQL Spark shell app

Executors

▸ Show Additional Metrics

Summary

	RDD Blocks	Storage Memory	Disk Used	Cores	Active Tasks	Failed Tasks	Complete Tasks	Total Tasks	Task Time (GC Time)	Input	Shuffle Read	Shuffle Write	Blacklisted
Active(1)	0	0.0 B / 384.1 MB	0.0 B	2	0	0	0	0	0 ms (0 ms)	0.0 B	0.0 B	0.0 B	0
Dead(0)	0	0.0 B / 0.0 B	0.0 B	0	0	0	0	0	0 ms (0 ms)	0.0 B	0.0 B	0.0 B	0
Total(1)	0	0.0 B / 384.1 MB	0.0 B	2	0	0	0	0	0 ms (0 ms)	0.0 B	0.0 B	0.0 B	0

图 2-9　Spark Web UI

2.3.7　安装 Kafka

Kafka 是一种高吞吐量的分布式发布订阅消息系统，以生产者、消费者模式处理各种的流式数据。这里下载安装的是 kafka2.11-0.10.0.0.tgz 版本，下载地址为 http://kafka.apache.org/downloads。由于在 Kafka 中内置了 zookeeper 服务，所以就不需要额外下载安装该服务了。

（1）复制到 /usr 目录下，解压安装包。

```
tar -zxvf kafka_2.11-0.10.0.0.tgz  -C ./     # 将 kafka 安装包解压缩到 /usr 目录下
```

（2）进入 Kafka 安装目录进行验证操作。

开启 zookeeper，在一个终端中导航到 Kafka 安装目录下，执行 bin 文件夹中的 zookeeper-server-start.sh 脚本。

```
bin/zookeeper-server-start.sh config/zookeeper.properties
```

开启 kafka，在一个新的终端执行 Kafka 安装目录下 bin 文件夹中的 kafka-server-start.sh 脚本。

```
bin/kafka-server-start.sh config/server.properties
```

定义一个新的 topic，在一个新的终端执行 Kafka 安装目录下 bin 文件夹中的 kafka-topics.sh 脚本。

```
bin/kafka-topics.sh --create --zookeeper localhost:2181 --replication-
factor 1 --partitions
1 --topic test
```

使用 kafka-topics.sh 脚本，查看 topic 是否成功开启。

```
bin/kafka-topics.sh --list --zookeeper localhost:2181
```

通过kafka-console-producer.sh脚本开启Kafka中的生产者服务，并输入一些用于测试的字符串。

```
bin/kafka-console-producer.sh --broker-list localhost:9092 --topic test
Resilient Distributed Datasets (RDD) is a fundamental data structure of
Spark
```

在新终端中通过 kafka-console-consumer.sh 脚本开启消费者服务，用于接收消息。

```
bin/kafka-console-consumer.sh --zookeeper localhost:2181 --topic test
--from-beginning
```

2.3.8　安装 Pig

Pig 是一个基于 Hadoop 的大规模数据分析平台，并提供了类 SQL like 语言 Pig Latin。该语言的编译器可以将类 SQL 的数据分析请求转换为一系列经过优化处理的 MapReduce 运算。在安装时需要选择和 Hadoop 对应的 Pig 版本，其下载地址为 http://mirror.bit.edu.cn/apache/pig/。由于 Pig 作为客户端程序运行，因此不需要在集群上做任何安装。Pig 从本地提交作业，并和 Hadoop 进行交互。

（1）将下载的 Pig 安装包，复制到 /usr 目录下，并进行解压操作。

```
tar -zxvf pig-0.14.0.tar.gz -C ./      # 添加压缩 Pig 安装包到当前目录下
```

（2）在 /etc/profile 文件中添加配置信息。

```
export PIG_INSTALL=/usr/pig-0.14.0     # 配置 Pig 的安装目录
export PATH=$PATH:$PIG_INSTALL/bin     # 配置 Pig 安装目录下可执行文件夹 bin
source  /etc/profile                   # 修改完 profile 文件后调用，使修改立即生效
```

（3）验证测试。通过本地模式开启 Pig，并输入一些 Pig Latin 语句。

```
pig -x local    /* 以本地模式打开 */
19/09/19 02:27:52 INFO pig.ExecTypeProvider: Trying ExecType : LOCAL
19/09/19 02:27:52 INFO pig.ExecTypeProvider: Picked LOCAL as the ExecType
2019-09-19 02:27:52,837 org.apache.pig.backend.hadoop.executionengine.
HExecutionEngine - Connecting to hadoop file system at: file:///
grunt> sh ls    /* 查看目录 */
etc
hadoop
hadoop-hdfs
...
```

2.3.9　安装 HBase

HBase 是一个分布式面向列的开源数据库。HBase 在 Hadoop 之上提供了类似于 Google

Bigtable 的能力。HBase 不同于一般的关系数据库，它是一个适合于非结构化数据存储的数据库，其下载地址为 http://archive.apache.org/dist/hbase/。

（1）下载 HBase 压缩包，复制到 /usr 下并解压。

```
tar -zxvf hbase-1.2.2-bin.tar.gz -C ./# 添加 Hbase 压缩包到当前目录下
```

（2）在 /etc/profile 文件中添加配置信息。

```
export HBASE_HOME=/usr/hbase-1.2.2
export PATH=$PATH:$HBASE_HOME/bin:$HBASE_HOME
source  /etc/profile                    # 修改完 profile 文件后调用，使修改立即生效
```

（3）HBase 的配置文件为 ./conf/hbase-env.sh。

```
export JAVA_HOME=/usr/jvm               # 设置 JDK 路径
export HBASE_MANAGES_ZK=true            # 是否能使用自带的 zookeeper
```

（4）修改 HBase 的配置文件 /conf/hbase-site.xml，以最小配置为准则，即只配置数据的存放地址，并且为本地运行（不会影响后续章节使用 Python 库连接操作 HBase 的演示）。

```
<property>
<name>hbase.rootdir</name>              # 设置数据存放的位置
    <value>file:///usr/hbase-1.2.2/tmp_data</value>
</property>
```

（5）开启 HBase 服务。通过 HBase Web UI 进行验证，其默认的端口为 16010，如图 2-10 所示。

```
(base) root@bin# start-hbase.sh         # 通过 HBase 安装路径 Bin 目录下的 start-
hbase.sh 开启
starting master, logging to /usr/hbase-1.2.2/logs/hbase-root-master-
ubuntu.out
Java HotSpot(TM) 64-Bit Server VM warning: ignoring option PermSize=128m;
support was removed in 8.0
```

通过 HBase Web UI 可查看目前 HBase 的状态，且能够在管理界面上看到执行任务的状态和对应资源的使用情况。

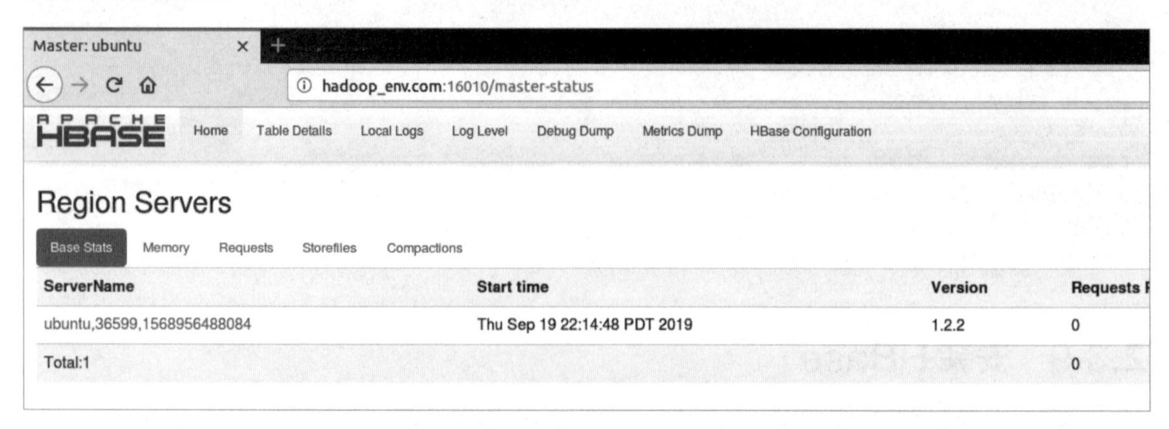

图 2-10　HBase Web UI

（6）输入不同的 HBase Shell 命令，并进行验证。

```
root@ubuntu:/usr# hbase shell          # 开启 HBase Shell，并输入如下信息
...
HBase Shell; enter 'help<RETURN>' for list of supported commands.
Type "exit<RETURN>" to leave the HBase Shell
Version 1.2.2
hbase(main):001:0> status              # 查看 HBase 的状态
1 active master, 0 backup masters, 1 servers, 0 dead, 3.0000 average load
hbase(main):002:0> list                # 列出有哪些 HBase 表
TABLE
emp
1 row(s) in 0.1230 seconds
=> ["emp"]
hbase(main):003:0> create 'user', 'user name', 'user info'
                                       # 创建 user 表
0 row(s) in 1.3490 seconds
=> Hbase::Table - user
hbase(main):004:0> put 'user' , '1' , 'user name:first_name','neo'
                                       # 在列族 user name 中插入数据
0 row(s) in 0.4420 seconds
hbase(main):005:0> put 'user' , '1' , 'user name:last_name','lan'
                                       # 在列族 user name 中插入数据
0 row(s) in 0.0240 seconds
hbase(main):007:0> get 'user','1'      # 查看刚才插入的数据
COLUMN                                 CELL
 user name:first_name                  timestamp=1568958912232, value=neo
 user name:last_name                   timestamp=1568958933490, value=lan
2 row(s) in 0.0600 seconds
```

（7）安装 Phoenix 操作。Phoenix 是 HBase 的一个开源 SQL 接口，通过它可以使用标准的 JDBC API 来创建表、插入数据和查询 HBase 数据，其下载地址为 http://archive.apache.org/dist/phoenix/，下载和 HBase 版本对应的 Phoenix，并将安装包复制到 /usr 目录下进行安装，其命令如下。

```
base) root@usr# tar -zxvf apache-phoenix-4.11.0-HBase-1.2-bin.tar.gz -C
./      解压到当前目录
进入安装目录中 bin 文件夹下，将所有 phoneix 的 jar 包复制到 HBase 的 lib 目录下
(base) root@apache-phoenix-4.11.0-HBase-1.2-bin# cp phoenix-*.jar ../
hbase-1.2.2/lib/
(base) root@bin# ./sqlline.py 127.0.0.1:2181       # 调用 sqline.py 脚本开启
Phoenix
jdbc:phoenix:127.0.0.1:2181>!table
```

查看当前 HBase 中的表，如图 2-11 所示。在使用 Phoenix 时需要创建额外的元数据记录表的信息。

```
0: jdbc:phoenix:127.0.0.1:2181> !table
+------------+--------------+------------+--------------+---------+-----------+---------------
| TABLE_CAT  | TABLE_SCHEM  | TABLE_NAME | TABLE_TYPE   | REMARKS | TYPE_NAME | SELF_REFERENC
+------------+--------------+------------+--------------+---------+-----------+---------------
|            | SYSTEM       | CATALOG    | SYSTEM TABLE |         |           |
|            | SYSTEM       | FUNCTION   | SYSTEM TABLE |         |           |
|            | SYSTEM       | SEQUENCE   | SYSTEM TABLE |         |           |
|            | SYSTEM       | STATS      | SYSTEM TABLE |         |           |
+------------+--------------+------------+--------------+---------+-----------+---------------
```

图 2-11　通过 Phoenix 查看表

在成功安装 Phoenix 后，下面使用 Phoenix 进行操作说明。通过 Phoenix SQL 在 HBase 上创建表，插入数据后再进行相关操作。

```
创建表操作
jdbc:phoenix:127.0.0.1:2181> CREATE TABLE IF NOT EXISTS us_population (
. . . . . . . . . . . . . . . . . . >       state CHAR(2) NOT NULL,
. . . . . . . . . . . . . . . . . . >       city VARCHAR NOT NULL,
. . . . . . . . . . . . . . . . . . >       population BIGINT
. . . . . . . . . . . . . . . . . . >       CONSTRAINT my_pk PRIMARY KEY (state,
city));
插入数据操作，对 Phoenix 使用 upsert 关键字，且在插入和更新时都是 upsert
upsert into us_population (state,city,population) values ('NY','New
York',8143197);
1 row affected (0.081 seconds)
upsert into us_population (state,city,population) values ('CA','Los
Angeles',3844829);
1 row affected (0.081 seconds)
...
对 update 操作时，也使用 upsert 关键字
0: jdbc:phoenix:127.0.0.1:2181> upsert into us_population
(state,city,population) values('NY','New York',8143198);
1 row affected (0.081 seconds)
0: jdbc:phoenix:127.0.0.1:2181>select  * from us_population ;  查看数据，如
图 2-12 所示。
```

```
0: jdbc:phoenix:127.0.0.1:2181> select * from us_population;
+---------+----------------+-------------+
| STATE   |      CITY      | POPULATION  |
+---------+----------------+-------------+
| AZ      | Phoenix        | 1461575     |
| CA      | Los Angeles    | 3844829     |
| CA      | San Diego      | 1255540     |
| IL      | Chicago        | 2842518     |
| NY      | New York       | 8143197     |
| PA      | Philadelphia   | 1463281     |
| TX      | Dallas         | 1213825     |
| TX      | Houston        | 2016582     |
| TX      | San Antonio    | 1256509     |
+---------+----------------+-------------+
```

图 2-12　通过 Phoenix SQL 查询 HBase

2.4 总结

本章介绍了 3 种不同的大数据开发环境的安装方法，读者可以选择适合自己的环境进行安装学习。

HDP 节省了安装配置的时间，且大数据平台的应用服务完整丰富，通过其能够完整有效地学习大数据库系统的开发和运维。但是刚开始使用 HDP 时会有一定的学习成本，且对计算机的配置有一定的要求，所以最好根据官方网站的建议选择版本。

在 Windows 中安装 Spark 开发环境，其安装过程简单，能够快速进入实操阶段。使用该方式是学习使用 Spark 进行大数据分析和挖掘的良好开端。

自行安装大数据平台环境，安装过程中应理解各功能模块的作用，这样才能在逐步安装各功能模块中进行积累性的学习。但它的缺点是安装过程烦琐，且要注意各安装包间的版本匹配。通过上述的安装过程可发现，在大数据环境中需要安装很多应用和服务，且配置文件也较多，这样就给学习带来了一定的难度，所以建议在已经安装配置好的 HDP 中学习。然后根据需要进行取舍，选择自己感兴趣和擅长的领域进行学习，当然如果各项都能够熟练使用是最好的。

第三章

构建分析数据

巧妇难为无米之炊，即便构建起了开发环境，如果没有实际的数据，还是无法进行运用学习。本章将学习导入一些在数据统计分析中经常用到的数据，而这些数据应该是在数据分析领域中被广泛使用，并且目前仍在维护的，但在一些场景下也会人为构造一些简单的数据进行演示。

3.1 分析数据的说明

接下来对分析数据进行说明，这些数据应具备一定的代表性，且有着良好的质量，通过这些数据能够有效完成各种分析操作。

3.1.1 MovieLens 电影评分数据

用户电影评分 MovieLens 多被用于推荐系统的学习数据，它由美国 Minnesota 大学计算机科学与工程学院的 GroupLens 项目组创办，是一个非商业性质的，以研究为目的的实验性站点。数据下载地址为 http://files.grouplens.org/datasets/movielens/，其中包含 4 个数据文件：

（1）ratings.csv：电影评分数据集，其中 userId、movieId、rating、timestamp 为数据列，表示每个用户对每部电影在什么时候评了多少分。

（2）movies.csv：电影的分类数据集，其中 movieId、title、genres 为数据列，表示了每部电影的名字和分类。

（3）tags.csv：标签文件，其中 userId、movieId、tag、timestamp 为数据列，表示每个用户对电影的分类。

（4）links.csv：链接信息，其中 movieId、imdbId、tmdbId 为数据列。它是每个电影的 imdb(网络电影资料库) 和 tmdb(电影数据库) 的关联编号。

3.1.2 Iris 鸢尾花卉数据集

Iris 数据集是一类多重变量分析的数据集。它包含 150 个数据样本，共分为 3 类，每类有 50 个数据且每条数据包含花萼长度、花萼宽度、花瓣长度、花瓣宽度 4 个属性，可通过这 4 个属性将鸢尾花卉划分为不同的品种，其数据下载地址为 http://archive.ics.uci.edu/ml/datasets/iris。

3.1.3 Northwind 数据库

Nrothwind 经常作为数据库安装后附带的样例数据库，用于演示操作使用，其表示 Northwind Traders 虚拟公司的销售数据，该公司从世界各地进口和出口特种食品。Northwind 数据库将在最后三章中使用，用于数据的分析和挖掘。该数据库具体的构建脚本和数据可以到附录的 github 工程中下载，表 3-1 所示为 Northwind 数据库表。

表 3-1　Northwind 数据库表

表　名	说　明
Categories	食品种类表
CustomerCustomerDemo	客户类型表
CustomerDemographics	客户类型表
Customers	客户表，指从 Northwind 购买产品的客户
Employees	员工详细信息
EmployeeTerritories	雇员销售区域表
Order Details	订单明细表，指客户和公司之间发生的销售订单交易
Orders	订单表
Products	产品表
Region	区域表
Shippers	托运信息表，指产品从贸易商运送到最终客户托运人的详细信息
Suppliers	销售区域信息表
Territories	销售区域信息表

图 3-1 中展示了数据库的结构及其表关系。通过这些关系可快速明确数据间的业务关系，从而更好地理解和处理数据。

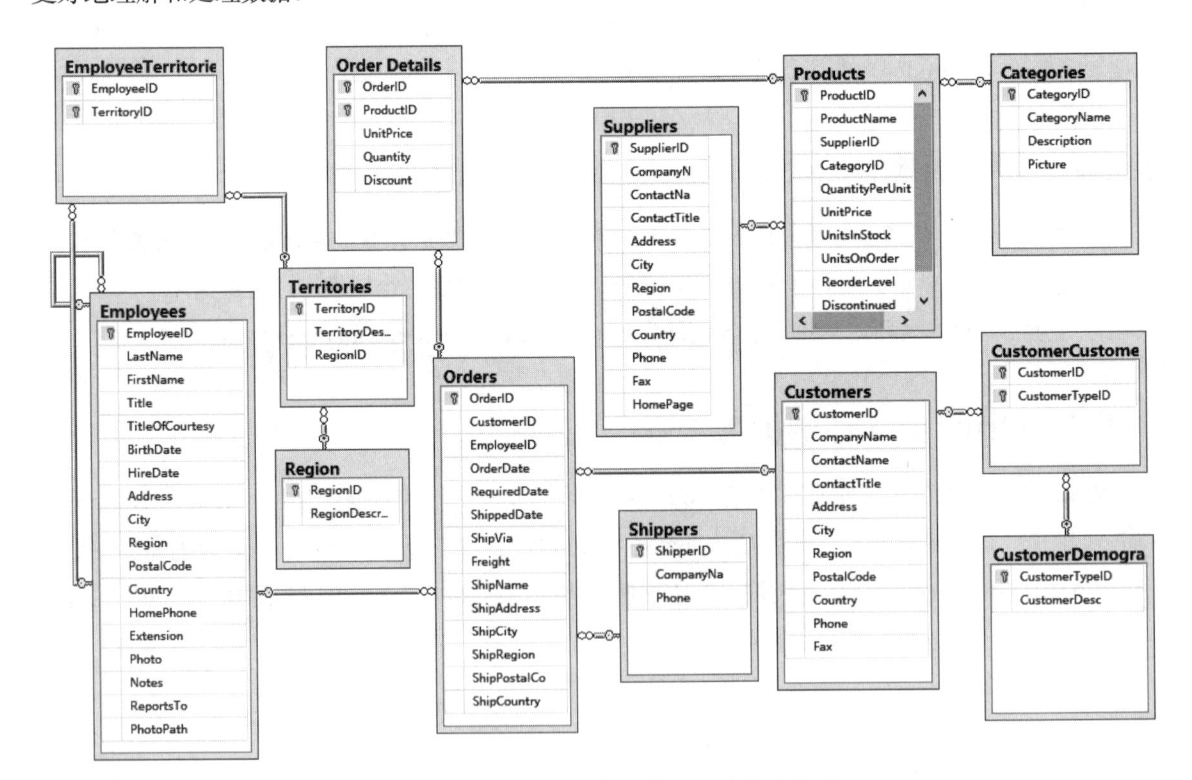

图 3-1　Northwind 数据库的结构及其表关系

3.2 导入数据到 HDP SandBox 中

在不同开发环境中导入数据时要根据不同环境的特点，选择使用不同的工具方法实施。在完成这一步后，相对完整的开发环境就已经建立起来。接下来就可以使用 Python 在大数据环境中进行分析处理了，所以先要对最完备的开发环境 HDP SandBox 进行导入说明。

3.2.1 可视化导入数据

HDP 通过 Ambari 界面的文件上传功能，将数据上传到 HDFS 中，其操作过程简便且易于管理，同时也可以可视化创建 Hive 表，其具体的操作如表 3-2 所示。

表 3-2 导入 HDP 执行的操作

操作项	说明
导航到 File View 界面	在 File View 界面可以对文件进行管理
Upload 操作	选文件上传到 HDFS
创建 Hive 表	在 Hive View 2.0 界面上，创建对应的 Hive 表

（1）导航到 Ambari 的 File View 界面。在 Files View 界面上，使用文件上传、删除功能，并对文件权限进行管理，如图 3-2 所示。

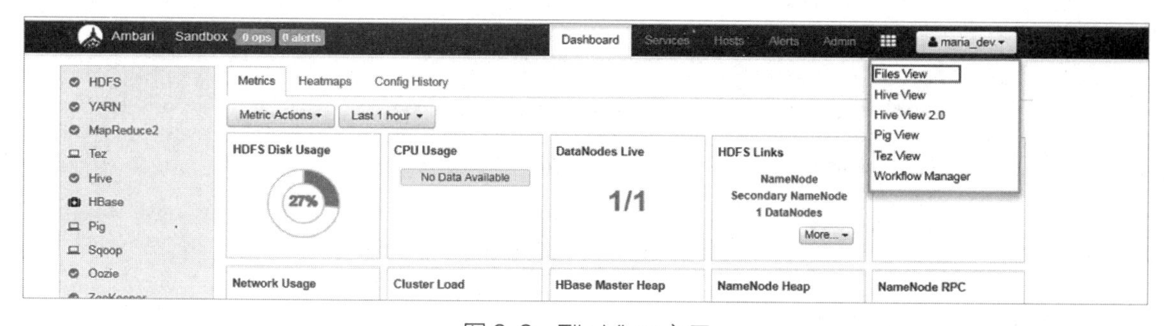

图 3-2 File View 入口

（2）进行数据文件上传操作。将已下载的 iris.data 文件上传到 HDFS 中，其具体操作如图 3-3 所示，点击 Upload 按钮后选择需要上传的文件。

（3）创建对应的 Hive 表。通过与 Files View 相同的入口点进入 Hive View 2.0 操作界面，并创建对应的 Hive 表，其操作步骤如图 3-4 所示。选择 NEW TABLE 项后，得到如图 3-5 所示的操作界面。

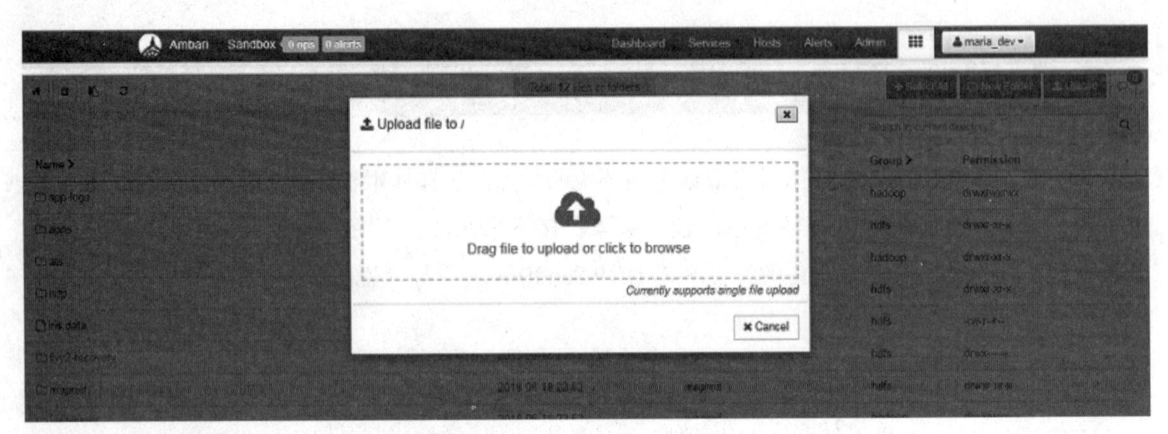

图 3-3　HDP 文件的上传操作

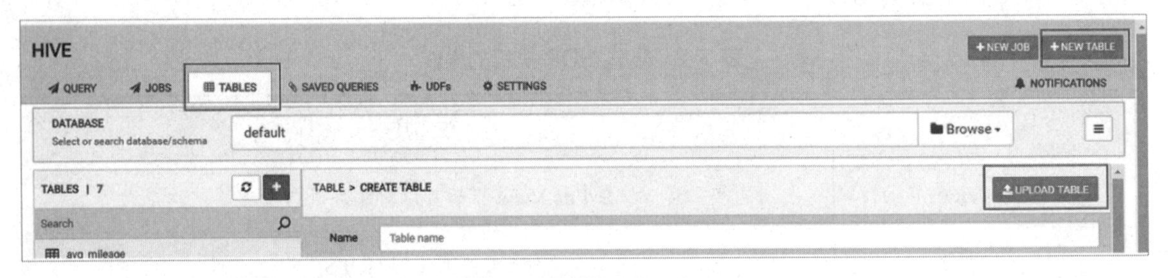

图 3-4　创建 Hive 表

对 Hive 表创建各项属性，以及对应的数据源格式，针对不同文件可选择不同的格式。

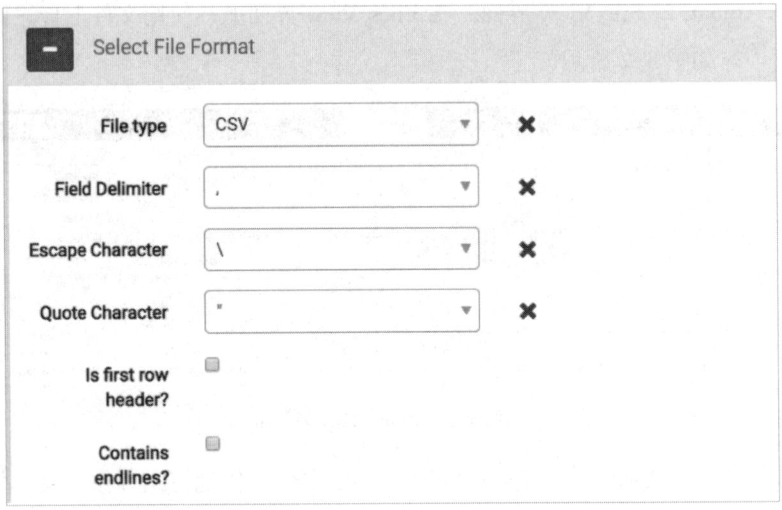

Select File Format

File type　CSV

Field Delimiter　,

Escape Character　\

Quote Character　"

Is first row header?

Contains endlines?

图 3-5　对 Hive 表进行列信息配置

数据源可先选择 HDFS 或本地路径，随后选择对应数据文件的存储路径，如图 3-6 所示。

选择合适的列名和数据类型对 Hive 表进行列信息配置，如图 3-7 所示。操作完毕，点击 CREATE 按钮创建表即可。

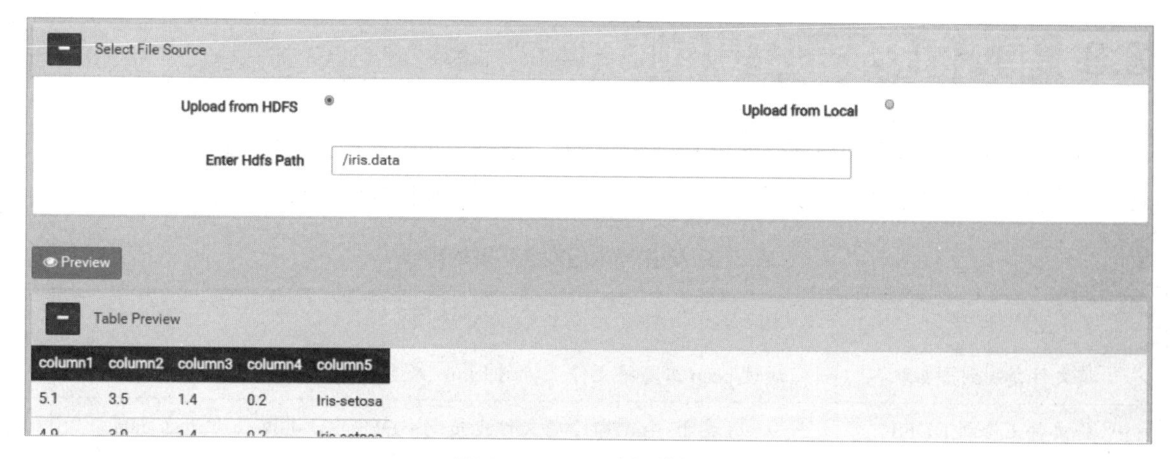

图 3-6　Hive 选择数据源

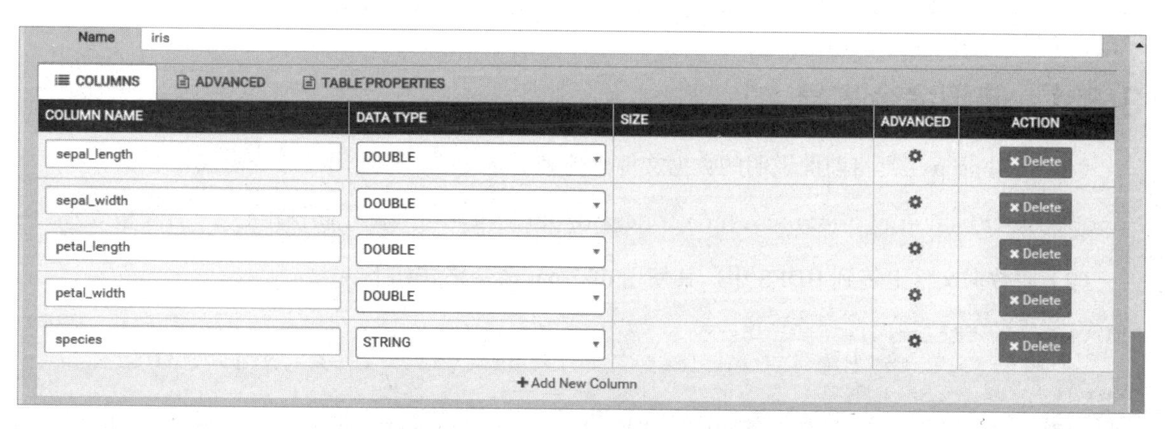

图 3-7　对 Hive 表进行列信息配置

3.2.2　使用 Hive View 查看数据

在 Hive View 2.0 界面的 Query 标签中，通过 Hive SQL 对新创建成功的表使用 SELECT 语句进行查看，其查询效果如图 3-8 所示。

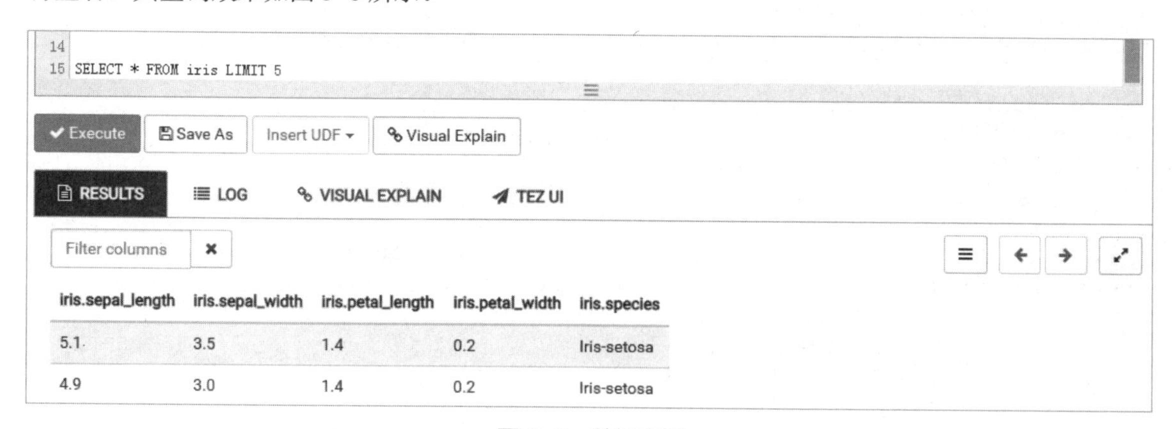

图 3-8　数据查看

3.3 导入自安装的环境中使用

对于自安装的大数据环境主要使用 HDFS 命令导入数据。虽然该操作的执行过程有点烦琐，但这是最根本的方法，并且熟练掌握操作命令是非常有用的，其具体操作步骤如表 3-3 所示。

表 3-3　数据导入自安装环境的操作

操 作 项	说 明
将文件复制到虚拟机	通过 pscp 工具将文件上传到 Linux 或在虚拟机中直接通过浏览器下载
将文件上传到 HDFS	通过 dfs –put 命令将文件上传到 HDFS 中，其路径为 /test_data
创建 Hive 表	创建对应的 Hive 表

3.3.1 使用命令工具

（1）使用 pscp 工具将前面说明的数据文件上传到 Linux 中，其使用的命令格式如下。

```
pscp.exe filename username@host-name:/path        # 上传操作汇总（注意格式）
```

（2）将数据文件上传到 HDFS 中，其使用 dfs –put 命令格式如下。

```
(base) root@test_data# hdfs dfs -put iris.data /test_data
   # 将 iris.data 上传到 /test_data，如没有 test_data 文件夹，使用命令 hdfs dfs
-mkdir /test_data 创建
(base) root@test_data# hdfs dfs -ls /test_data    # 查看 /test_data 下的文件
-rw-r--r--   1 root supergroup       4702 2019-09-07 01:08 /test_data
```

（3）创建 Hive 表操作。

```
(base) root@hadoop# hive                    # 开启 Hive
hive> CREATE DATABASE testdb;               # 创建数据库 testdb
    CREATE DATABASE testdb
    OK
   Time taken: 0.4 seconds
hive> show databases;                       # 查看是否已创建新的数据库
...
   default
   testdb
   Time taken: 0.012 seconds, Fetched: 2 row(s)
hive> use testdb;                           # 切换到 testdb 数据库
   .......
hive>CREATE TABLE iris_data(sepal_length string, sepal_width string,
petal_length string , petal_width string , species string)
        ROW FORMAT DELIMITED
        FIELDS TERMINATED BY ','
        LINES TERMINATED BY '\n'
        STORED AS TEXTFILE;                 # 创建 iris_data 表
```

```
    ...
hive> LOAD DATA INPATH '/test_data/iris.data' OVERWRITE INTO TABLE iris_
data ;                                        # 装载数据
    Loading data to table testdb.iris_data
    Table testdb.iris_data stats: [numFiles=1, numRows=0, totalSize=3715,
rawDataSize=0]
```

3.3.2 查看数据

通过 Hive CLI 使用 Hive SQL 来查看数据情况，其结果如下。

```
hive (default)> use testdb;
hive (testdb)> set hive.cli.print.header=true;              # 显示表的标题栏
hive> SELECT * FROM iris_data LIMIT 5;                      # 查看 5 条数据
OK
iris_data.sepal_length iris_data.sepal_width iris_data.petal_length iris_
data.petal_width iris_data.species
5.1     3.5     1.4     0.2     Iris-setosa
4.9     3.0     1.4     0.2     Iris-setosa
4.7     3.2     1.3     0.2     Iris-setosa
4.6     3.1     1.5     0.2     Iris-setosa
5.0     3.6     1.4     0.2     Iris-setosa
Time taken: 0.491 seconds, Fetched: 5 row(s)
```

3.4 导入 Windows 的 Spark 中

Spark 支持的数据源有很多，从 Hive 到关系数据库及各类平面文件，所以针对 Windows 的 Spark 直接使用 CSV 数据文件就行，不需要再进行导入操作。接下来使用 Jupyter 进行操作，安装了 Anaconda 后在程序界面就有 Jupter 选项（包括 Jupyter Web 和 Jupyter Console），如图 3-9。若这些图标没有在界面上显示，则可使用如 jupyter-lab、jupyt-qtconsole 这样的命令打开。

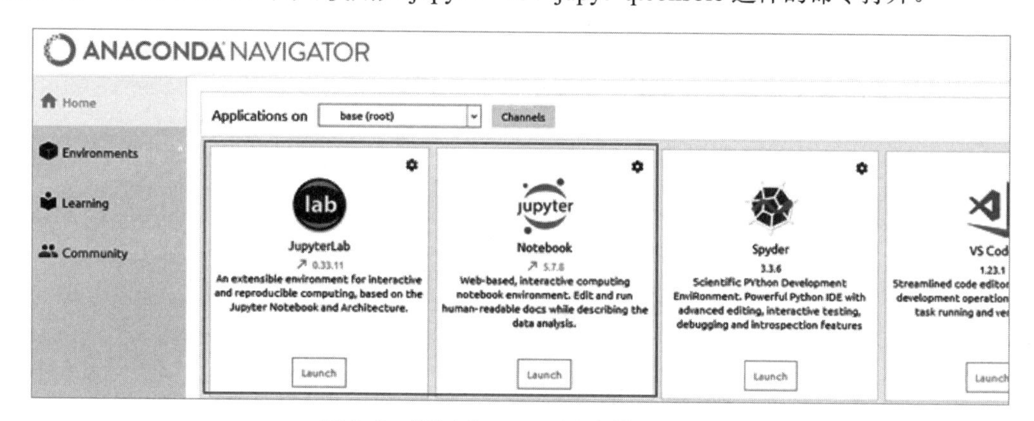

图 3-9 通过 Anaconda 查看 Jupyter

还可以使用如下代码所示的 jupyter-qtconsole，并读取 movies.csv 文件。随后使用 SQL 进行查询，结果如图 3-10 所示。

```
>>>jupyter-qtconsole                          通过命令调用命令 jupyter-qtconsole
In [1]:from pyspark import SparkContext       # 导入 SparkContext
In [2]:from pyspark.sql import SparkSession   # 导入 SparkSession
In [3]:spark=SparkSession.builder.appName('my_app').getOrCreate()
                                              # 创建 SparkSession 对象
In [4]:df=spark.read.csv('movies.csv',header=True, inferSchema=True)
# 读取 CSV 文件
In [5]:df.createOrReplaceTempView("movie") # 创建视图
In [6]:spark.sql("SELECT * FROM movie limit 5").show()
                                              # 使用 SQL 语句在视图中查询数据
In [7]: spark.sql("SELECT * FROM movie WHERE genres like 'Adventure%'
LIMIT 5").show()
```

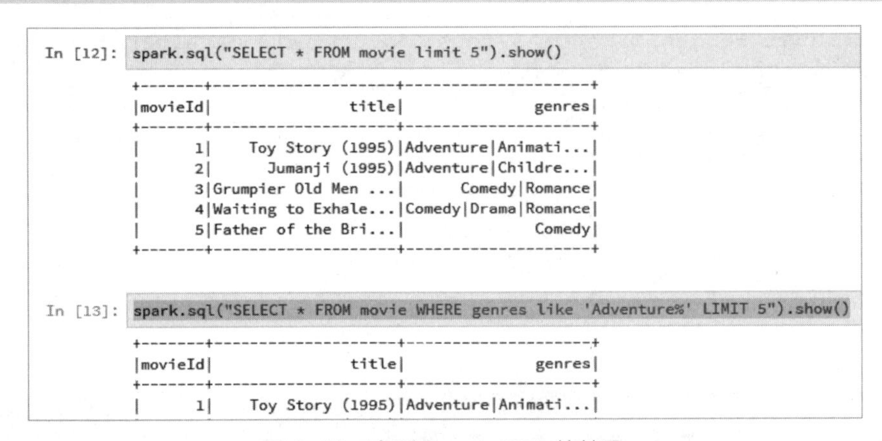

图 3-10　查看 Spark SQL 的结果

3.5 导入 Northwind 数据库

通过本书附带的脚本进行自动化导入，在 Northwind 脚本的压缩包中有 1 个 Hive SQL 和 11 个 CSV 数据文件，其中每个 CSV 文件对应一个表，具体内容如下。

```
(base) root@northwind# ls -l
total 768
-rwxrw-rw- 1 hadoop hadoop   5949 Dec 31 06:36 1-northwind-hive.sql
-rwxrw-rw- 1 hadoop hadoop 172308 Nov 30 00:25 Categories.csv
-rwxrw-rw- 1 hadoop hadoop  11967 Nov 30 00:00 Customers.csv
-rwxrw-rw- 1 hadoop hadoop 393808 Nov 30 00:00 Employees.csv
-rwxrw-rw- 1 hadoop hadoop    468 Nov 30 00:01 EmployeeTerritories.csv
...
```

读者若从本书附带的 github 工程中下载 Northwind 压缩包，上传到相应的大数据环境后即可开始导入操作。Hive SQL 的脚本内容包括创建 Northwind 数据库、创建表和装载数据。

```
(base) root@northwind# vi 1-northwind-hive.sql
  CREATE DATABASE IF NOT EXISTS northwind;        # 创建 Northwind 数据库
  use northwind;                                  # 切换到 Northwind 数据库
  CREATE TABLE  Categories(
       ...
   )ROW FORMAT DELIMITED
FIELDS TERMINATED BY ','
           LINES TERMINATED BY '\n'
          STORED AS TEXTFILE;
 LOAD DATA INPATH '/northwind/Categories.csv' OVERWRITE INTO TABLE
Categories ;
... 以下省略内容都是创建对应的表和加载数据的操作
```

3.5.1 导入自安装环境中

将Northwind数据库导入自安装的环境中，先将CSV文件上传到HDFS中，其具体操作命令如下。

```
(base) root@northwind# hdfs dfs -mkdir /northwind      # 在 HDFS 中创建
Northwind 文件夹
(base) root@northwind# hdfs dfs -put *.csv /northwind    # 将 CSV 数据文件上传
到新创建的文件夹中
(base) root@northwind# hdfs dfs -ls /northwind       # 查看上传的 CSV 文件
Found 11 items
-rw-r--r--   1 root supergroup     172308 2019-12-31 07:02 /northwind/
Categories.csv
-rw-r--r--   1 root supergroup      11967 2019-12-31 07:02 /northwind/
Customers.csv
...
```

将所有的 Northwind 数据文件上传到 HDFS 后，调用 Hive SQL 脚本进行创建表和加载数据的操作。

```
(base) root@northwind# hive -f 1-northwind-hive.sql
                                             # 使用 hive -f 命令调用整个 SQL 脚本
Time taken: 0.579 seconds                    # 调用执行成功后，会出现如下信息
Loading data to table northwind.categories
Table northwind.categories stats: [numFiles=1, numRows=0,
totalSize=172308, rawDataSize=0]
(base) root@northwind# hive -e "select * from northwind.region limit 3"
                                             # 使用 hive -e 查看数据
 RegionID      RegionDescription
1             Eastern
2             Western
Time taken: 2.177 seconds, Fetched: 3 row(s)
```

如果上面命令都调用执行成功，则说明 Northwind 数据库已成功导入 Hive 中，在后续的分析操作中可直接使用。

3.5.2 导入其他环境中

将 Northwind 数据库导入 HDP 中有两种方式：一种是使用第 3.5.1 节中的说明，通过调用对应命令和脚本进行一次性处理；另一种是使用 HDP 中的 File View 工具和 Hive View 工具进行可视化导入。在 Windows 的 Spark 中使用 Northwind 数据库，只需要先通过 PySpark 的 CSV 文件操作 API 读取数据，然后再使用 Spark SQL 进行处理即可。

3.6 总结

通过本章的学习，读者能够使用不同的工具将数据导入大数据环境中，且导入的数据有较为广泛的使用性和一定的质量。但是实际工作中遇到的数据可能并不会有太好的质量和完整性，所以要进行数据质量评估和 ETL 操作。虽然这些并不是本书的重点，但在实际工作中应该重点关注。

最后操作完毕后，成功将 3 份数据 Iris、MovieLens、Northwind 导入不同的环境中，这些数据将在后续章节进行演示操作时使用。

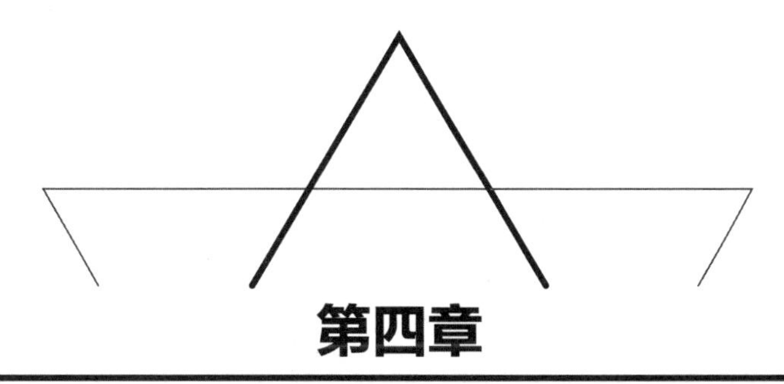

第四章

Python对Hadoop的操作

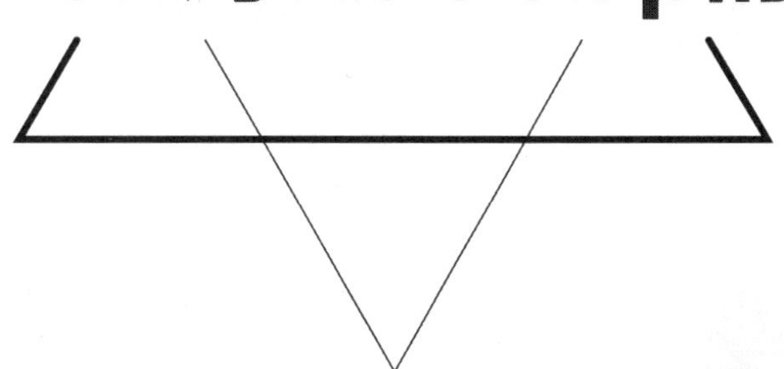

通常情况下，Hadoop 的 HDFS 客户端是由 Java 编写的，这样在开发中就会有很多依赖的 jar 包。如果启动时间很长，且要将 Hadoop 命令集成整合到 Python 项目会带来很大的不便利性，因此随之产生了由 Python 编写的 Hadoop 客户端（如 Snakebite、PyHDFS 等）。本章内容为 3 大部分，分别是 Snakebite 的说明、HDFS 命令的说明和 Snakebite 的使用。

4.1 Snakebite 的说明

Snakebite 完全是用 Python 编写的，其主要包括 4 部分：HDFS 客户端 snakebite.client；HDFS 的命令行接口 (CLI)；Hadoop 迷你集群的封装；Hadoop RPC 规范。但需要注意的是 Snakebite 目前只支持 Python 2，功能上只针对 NameNode 节点，如需要针对 DataNode 的 Python 功能库，可以使用 distribute。

4.1.1 安装 Snakebite

（1）通过 Anaconda 进行可视化安装，如下图所示，选择 Environments 项，成功搜索 Snakebite 后进行安装即可。

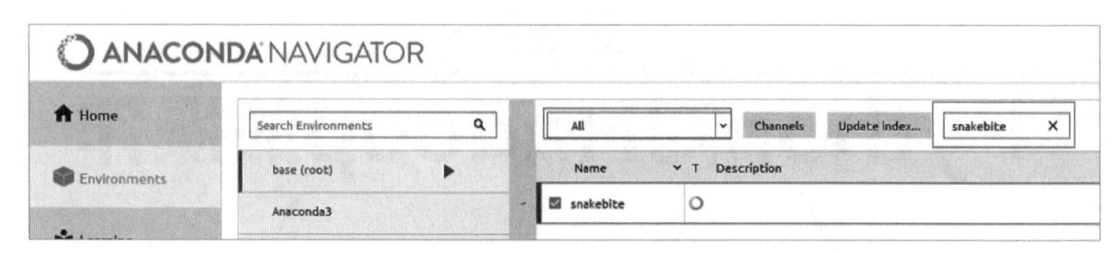

可视化安装 Snakebite

（2）使用 conda install 命令安装。

```
[root@sandbox bin]# ./conda install snakebite 使用 conda 命令安装 snakebite 库
Collecting package metadata (current_repodata.json): done
Solving environment: done
...
```

（3）如果不使用 Anaconda，则可以使用 pip 或 easy_install 进行安装。

```
pip install snakebite              # 使用 pip 进行安装
easy_install snakebite             # 使用 easy_install 进行安装
```

4.1.2 Snakebite Client 的主要 API

Snakebite 库主要包括 3 个类，分别为 snakebite.client.Client、snakebite.client.AutoConfigClient、snakebite.client.HAClient。其中 snakebite.client.Client 是主要的功能类，另外两个类用于高性能集群。下面主要介绍 snakebite.client.Client 类中的函数，更多相关说明请在 Snakebite 官网中查阅，网址为 https://snakebite.readthedocs.io/en/latest/client.html。

（1）构造函数，通过构造函数连接到 Hadoop，函数定义如下所示，其说明如表 4-1 所示。

```
snakebite.client.Client(host, port=8020, hadoop_version=9, use_
trash=False, effective_user=None, use_sasl=False, hdfs_namenode_
```

```
principal=None, sock_connect_timeout=10000, sock_request_
timeout=10000, use_datanode_hostname=False)
```

表 4-1　Client 构造函数的参数说明

参 数	类 型	说 明
host	string	Hadoop NameNode 的 IP 或主机名
port	int	Hadoop NameNode 的 RPC 端口
hadoop_version	int	使用的 Hadoop 协议版本，默认为 9
use_trash	boolean	是否使用回收站功能（针对可能的误删）
effective_user	string	操作 HDFS 的用户，默认为当前用户
use_sasl	boolean	是否使用 SASL 认证
sock_connect_timeout	int	Socket 连接 Hadoop 的超时设置
sock_request_timeout	int	Socket 接收信息的超时设置
use_datanode_hostname	boolean	使用主机名而不是 IP 地址与数据节点进行通信

（2）函数 chgrp(paths,group,recurse=False) 可改变文件权限组。其中参数 paths 表示需要改变所属组的路径列表，参数 group 表示新的组名，参数 recurse 表示是否对文件夹下的文件进行递归操作。

（3）函数 chown(paths,owner,recurse=False) 可改变 HDFS 文件（夹）的所属用户。其中参数 paths 表示需要改变所属用户的路径列表，参数 owner 表示新的用户，参数 recurse 表示是否对文件夹下的文件进行递归操作。

（4）函数 copyToLocal(paths,dst,check_crc=False) 可将文件从 HDFS 复制到本地。其中参数 paths 表示需要复制的路径，参数 dst 表示本地目标路径，参数 check_crc 表示是否检查正确性。

（5）函数 count(paths) 可统计 HDFS 文件夹下的文件个数。其中参数 paths 表示需要统计的路径列表。

（6）函数 delete(paths,recurse=False) 可删除 HDFS 路径下的文件。其中参数 paths 表示需要删除的路径列表，参数 recurse 表示是否对文件夹下的文件进行递归操作。

（7）函数 chmod(paths,mode,recurse=False) 可改变在 HDFS 文件中的权限，权限规则与 Linux 一样。其中参数 paths 表示要进行改变权限的路径列表，参数 mode 表示具体的权限，参数 recurse 表示是否对文件夹下的文件进行递归操作。

（8）函数 mkdir(paths,create_parent=False,mode=493) 可在 HDFS 下创建目录。其中参数 paths 表示需要创建的目录列表；参数 create_parent 表示是否同时创建父目录；mode 表示创建目录的模式。

（9）函数 rename(path,dst) 可进行文件（夹）重命名，有移动的作用。其中参数 path 表示原来目录，参数 dst 表示新的目录名。

（10）函数 stat(paths) 可查看一个文件（夹）的状态。其中参数 paths 表示路径，返回的数据是字典。

（11）函数 df() 表示获取 HDFS 文件系统的信息。

4.2 HDFS 命令说明

HDFS 命令是实现 Hadoop 管理的根本方法，下面介绍 HDFS 的基本使用命令，其中 dfs 命令和 shell 命令有很多地方是相似的。HDFS 命令说明如表 4-2 所示。

表 4-2　HDFS 命令说明

命　令	说　明
dfs	执行 Nadoop 支持的文件系统
namenode -format	格式化文件系统
secondarynamenode	启用 secondary namenode 服务
namenode	启用 namenode 服务
journalnode	启用 journalnode 服务
zkfc	启用 ZK 备援控制驻守服务
datanode	启用 datanode 服务
dfsadmin	启用 DFS admin 客户端
haadmin	启用 DFS HA admin 客户端
fsck	启用 DFS 文件系统检查组件
balancer	启用集群负载均衡
oiv	应用脱机 fsimage 查看器
getconf	获取配置信息
groups	获取用户所属的组
snapshotDiff	比较一个目录中两个快照的不同
lsSnapshottableDir	获取用户所属的组
portmap	启用 portmap 服务

接下来将选取一些命令进行操作说明，并通过这些命令同 Snakebite 中的 API 进行对应，以更好地理解其作用。

（1）使用 – ls 命令进行查看。查看的结果和在 Linux 上使用 ls 命令类似，可将文件（夹）的读写权限和所属者、所属群的信息列举出来。

```
(base) root@hadoop# hdfs dfs -ls /          # 查看 HDFS 根目录下的文件
Found 4 items
drwxr-xr-x   - root supergroup          0 2019-08-29 02:14 /output_data
drwxr-xr-x   - root supergroup          0 2019-09-02 02:13 /test_data
drwx-wx-wx   - root supergroup          0 2019-09-02 01:37 /tmp
drwxr-xr-x   - root supergroup          0 2019-09-02 01:39 /user
```

（2）使用 – count 命令进行统计。通过这个命令可对 HDFS 中某个文件夹的文件个数和大小进行统计，有利于了解 HDFS 系统文件夹的情况。

```
(base) root@~# hdfs dfs -count /test_data
1           7            3314972 /test_data
```

（3）使用 groups 命令，可查看用户所属的组。

```
(base) root@hadoop# hdfs groups
root : root
```

（4）使用 fsck 命令进行检查。通过这个命令可对 HDFS 进行运维管理，通过 Python 获取这些信息后，在 Web 上显示或整合到监控系统中以完成对 Hadoop 的有效管理。

```
(base)root@hadoop# hdfs fsck /
Connecting to namenode via http://localhost:50070/fsck?ugi=root&path=%2F
FSCK started by root (auth:SIMPLE) from /127.0.0.1 for path / at Wed Sep
11 02:00:22 PDT 2019
..Status: HEALTHY                                # 这次对 NDFS 进行 block 检测的结果
 Total size:   7373 B                            # 目录中文件的总大小
 Total dirs:   12                                # 目录中总共有目录的数量
 Total files:  2                                 # 目录中总共有文件的数量
 Total symlinks:      0                          # 目录中符号连接数量
 Total blocks (validated):     2 (avg. block size 3686 B)
                                                 # 目录中 block 的有效个数
 Minimally replicated blocks:  2 (100.0 %)       # 复制最小 block 的数量
 Over-replicated blocks: 0 (0.0 %)               # 大于指定副本的 block 数量
 Under-replicated blocks:      0 (0.0 %)         # 小于指定副本的 block 数量
 Mis-replicated blocks:        0 (0.0 %)         # 丢失的 block 数量
 Default replication factor:   1                 # 默认的副本数
 Average block replication:    1.0               # 当前 block 的平均复制数
 Corrupt blocks:      0                          # 坏 block 的数量
 Missing replicas:        0 (0.0 %)              # 丢失的副本数
 Number of data-nodes:         1                 # 节点数
 Number of racks:      1
FSCK ended at Wed Sep 11 02:00:22 PDT 2019 in 109 milliseconds
```

（5）使用 dfsadmin – report 命令获取 HDFS 状态报告 (限管理员)。这个命令相对于 fsck 命令有着更宏观的信息输出，且对运维管理有很大的价值。

```
(base) root@~# hdfs dfsadmin -report
```

```
Configured Capacity: 41083600896 (38.26 GB)           # HDFS 存储可用的总容量
Present Capacity: 26662498304 (24.83 GB)              # 非 HDFS 文件系统可用的空间
DFS Remaining: 26659074048 (24.83 GB)                 # HDFS 还可使用的空间
DFS Used: 3424256 (3.27 MB)                           # HDFS 已使用的空间
DFS Used%: 0.01%                                      # HDFS 使用空间的比例
Under replicated blocks: 0                            # 重复的数据块数量
Blocks with corrupt replicas: 0                       # 损坏的数据块数量
Missing blocks: 0                                     # 丢失的数据库数量
Missing blocks (with replication factor 1): 0
...
Live datanodes (1):                                   # 数据节点的信息
Name: 127.0.0.1:50010 (localhost)
Hostname: Ubuntu                                      # 主机域名
...
Xceivers: 1
```

4.3 Snakebite Client 类的使用

在 SnakebiteClient 类中封装了 dfs 命令的很多功能。接下来将使用这些函数在 Jupyter notebook 中进行操作，对应的 Jupyter 文件可在附录中的 github 工程中下载，Snakebite 具体操作环境的说明如表 4-3 所示。

表 4-3 Snakebite 操作环境的说明

应 用 项	说 明
操作	Snakebite 操作 HDFS 进行演示
需要的模块函数	snakebite.client
运行环境	第三章中已将 MovieLens 和 Iris 的数据上传到了 HDFS 的路径 /test_data

（1）通过 Snakebite 连接到 Hadoop。

```
from snakebite.client import Client  # 导入 Snakebite Client
client = Client("hadoop_env.com", 9000, use_trash=False)  # 连接到 Hadoop，
这里主机名是在 hosts 文件中配置的，端口请查看 Hadoop 中 core-site.xml 文件的配置
```

（2）调用 ls 函数，查看文件信息。

```
ls_files=client.ls(['/test_data'])    # 查看 test_data 下的文件，ls 函数返回的是
一个迭代器
for x in ls_files:
    print x # 输出 ls 函数返回迭代器中的文件信息 ，结果如下
{'group': u'supergroup', 'permission': 420, 'file_type': 'f', 'access_
time': 1568194427743L, 'block_replication': 1, 'modification_time':
1568194428062L, 'length': 4551L, 'blocksize': 134217728L, 'owner':
```

```
u'root', 'path': '/test_data/iris.data'}
...
```

（3）使用 count 函数，查看统计信息。

```
list(client.count(['/']))                    # 统计 HDFS 根目录下的文件数量，并
                                             返回迭代器，这里转为列表，结果如下
[{'directoryCount': 12L,
'fileCount': 7L,
'length': 3306717L,
'path': '/',
'quota': 9223372036854775807L,
'spaceConsumed': 3306717L,
'spaceQuota': 18446744073709551615L}]
```

（4）使用 mkdir 函数，创建文件夹。

```
mkdirs=client.mkdir(['/temp_data','/201909'],create_parent=True)
                                             # 在 HDFS 中创建文件夹
list(mkdirs)                                 # 处理结果如下
[{'path': '/temp_data', 'result': True}, {'path': '/201909', 'result':
True}]
```

（5）使用 rmdir 函数，删除新创建的一个文件夹。

```
rmdir_res=client.rmdir(['/temp_data'])      # 删除新创建的一个文件夹
list(rmdir_res)                              # 将由mkdir返回的迭代器转化为列表，
                                               处理结果如下
[{'path': '/temp_data', 'result': True}]
```

（6）使用 delete 函数删除文件。

```
delete_files=client.delete(['/test_data/temp.py'])
                                             # 删除文件操作，返回结果为迭代器
list(delete_files)                                        # 处理结果如下
[{'path': '/test_data/temp.py', 'result': True}]
```

（7）使用 df 函数获取 HDFS 文件系统的信息。

```
client.df()                                  # 返回信息如下
{'capacity': 41083600896L,
'corrupt_blocks': 0L,
'filesystem': 'hdfs://hadoop_env.com:9000',
'missing_blocks': 0L,
'remaining': 26666823680L,
'under_replicated': 0L,
'used': 3439893L}
```

（8）使用 stat 函数，查看文件状态。

```
client.stat(['/test_data'])                  # 返回的信息如下
{'access_time': 0L,
'block_replication': 0,
'blocksize': 0L,
```

```
'file_type': 'd',
'group': u'supergroup',
'length': 0L,
'modification_time': 1568197308654L,
'owner': u'root',
'path': '/test_data',
'permission': 493}
```

（9）使用 du 函数，获取文件的大小。

```
du_info=client.du(['/test_data'])     # 获取文件（夹）的大小信息
[{'length': 4365L, 'path': '/test_data/func.py'},
{'length': 4551L, 'path': '/test_data/iris.data'},
{'length': 197979L, 'path': '/test_data/links.csv'},
............]
```

（10）使用 copyToLocal 函数，将文件从 HDFS 复制到本地目录。

```
copy_res=client.copyToLocal(['/test_data/func.py'],'/home/hadoop/func_
copy.py',check_crc=True)
list(copy_res)                         # 处理的结果如下
[{'error': '',
'path': '/home/hadoop/func_copy.py',
'result': True,
'source_path': '/test_data/func.py'}]
```

4.4 Snakebite CLI 的使用

Snakebite CLI 是一个命令行工具，通过使用 snakebite.client 类可以对 HDFS 进行操作。它的配置方法如表 4-4 所示。

表 4-4　Snakebite CLI 的配置方法

方 法	说 明
命令参数	通过 Snakebite 的 -n、-p、-V 选项进行查看
.snakebiterc	对家目录下的 .snakebiterc 文件进行配置
/etc/snakebiterc	对 etc 目录下的 snakebiterc 文件进行配置
Hadoop 配置文件	在 core-site.xml 或 hdfs-site.xml 中配置文件

4.4.1 Snakebite CLI 的命令参数说明

Snakebite CLI 通过在 Bash 中输入对应的命令参数完成操作，以达到灵活查看和操作 HDFS 的目的，其命令同 snakebite.client 中的函数名呈对应关系，具体内容如下。

```
(base) root@~# snakebite  --help      # 进入 Snakebite CLI 查看帮助信息
snakebite [general options] cmd [arguments]
general options:
  -D --debug                          # 显示 debug 信息
  -V --version                        #  Hadoop 协议版本
  -h --help                           # 查看帮助信息
  -j --json                           # 以 Json 输出
  -n --namenode                       #  namenode 节点地址
  -p --port                           #  namenode RPC 端口，默认 8020
  -v --ver                            # 查看 Snakebite 版本
commands:
  cat [paths]                         # 将对应目录下的文件显示到屏幕
  chgrp <grp> [paths]                 # 更改文件所属组
  chmod <mode> [paths]                # 更改文件的访问权限
  chown <owner:grp> [paths]           # 更新文件的拥有者
  copyToLocal [paths] dst             # 将 HDFS 中的文件复制到本地目录
  count [paths]                       # 显示文件夹状态
  df                                  # 显示文件系统信息
  du [paths]                          #  HDFS 空间的使用统计
  get file dst                        # 将 HDFS 中的文件复制到本地目录
  getmerge dir dst                    # 将源目录中的文件连接到目标本地文件
  ls [paths]                          # 查看目录中的文件
  mkdir [paths]                       # 创建目录
  mkdirp [paths]                      # 创建目录及其父目录
  mv [paths] dst                      # 移动文件
  rm [paths]                          # 删除文件夹
  rmdir [dirs]                        # 删除文件夹
  serverdefaults                      # 显示服务信息
  setrep <rep> [paths]                # 设置 HDFS 对应文件夹下文件的副本数
  stat [paths]                        # 文件夹的状态信息
  tail path                           # 展示文件的最后几行信息
  test path                           # 验证一个文件夹是否存在
  text path [paths]                   # 显示文件内容
  touchz [paths]                      # 创建空文件
  usage <cmd>                         # 查看命令的用法，其中 cmd 表示具体的命令
```

4.4.2 使用 Snakebite CLI

Snakebite 安装配置完毕后就可以直接使用，在使用过程中会发现，通过 Snakebite 管理配置 HDFS 可将操作变得很简单。

（1）查看 Snakebite 版本信息。

```
[root@sandbox bin]# snakebite  -v    查看 snakebite 的版本
2.11.0
```

（2）查看 HDFS 目录中的文件。

```
[root@sandbox bin]# snakebite  ls /  通过 snakebite 命令查看 HDFS 中的文件
```

```
Found 10 items
drwxrwxrwx   - yarn       hadoop      0 2018-12-04 17:06 /app-logs
drwxr-xr-x   - hdfs       hdfs        0 2015-04-30 09:05 /apps
drwxr-xr-x   - hdfs       hdfs        0 2015-04-30 09:23 /demo
drwxr-xr-x   - hdfs       hdfs        0 2015-04-30 08:55 /hdp
.......................
```

（3）查看 HDFS 文件系统。

```
[root@sandbox bin]# ./snakebite df         通过 snakebite 调用 df，查看 HDFS 文件的系统信息
Filesystem                                 Size         Used        Available     Use%
hdfs://sandbox.hortonworks.com:8020        44716605440  2079416320  29239353344   4.65%
```

（4）查看 HDFS 文件内容。

```
[root@sandbox bin]# ./snakebite cat /apps/hive/warehouse/testdb.db/iris_
data/iris.data
5.1,3.5,1.4,0.2,Iris-setosa
4.9,3.0,1.4,0.2,Iris-setosa
4.7,3.2,1.3,0.2,Iris-setosa
4.6,3.1,1.5,0.2,Iris-setosa
```

（5）将 HDFS 文件复制到本地目录。

```
[root@sandbox bin]#./snakebite get /apps/hive/warehouse/testdb.db/iris_
data/iris.data /root/test_data
OK: /root/test_data/iris.data
```

4.5 总结

通过本章的学习可掌握对 Python Snakebite 库的安装和使用方法，但有一些需要注意的事项：

（1）Snakebite 仅支持 Python 2。

（2）连接 Hadoop 的端口时，应在 Hadoop 的 core-site.xml 中确认。

（3）Snakebite 有很多函数返回的结果是一个迭代器，应注意其使用方法。

（4）Snakebite 只支持对 Hadoop Namenode 的操作。

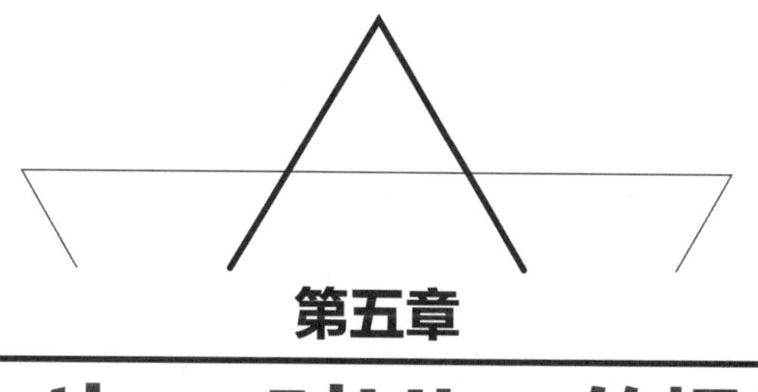

第五章 Python对Hive的操作

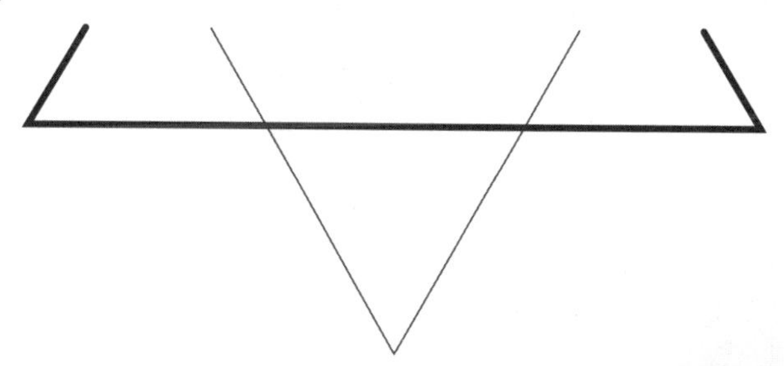

本章将介绍 Python 对 Hive 的操作，Hive 作为在 Hadoop 大数据平台上的数据仓库，既可以通过 Python 库的 pyHive 或 Impyla 连接到 Hive 操作，也可以通过使用 Python 编写 Hive UDF 函数进行扩展操作。本章内容分为 3 大部分，包括 Hive 的说明、pyHive 的使用和 Impyla 的使用，通过了解 Hive 在大数据体系中的作用，掌握 Python 操作 Hive 的方法和步骤。

5.1 Hive 说明

Hive 作为 Hadoop 大数据平台的数据仓库，可以避免编写复杂的 MapReduce 程序。在选择 Hive SQL 进行数据分析处理时，主要使用 SQL，但有特殊功能需要时也可以编写 UDF 进行扩展，接下来将对 Hive 的一些特点进行说明。

5.1.1 数据类型

Hive 不仅支持关系数据库中的基本类型，也支持集合类型，如表 5 1 所示。

表 5-1 Hive 的数据类型

类 型	说 明	是否为集合类型
TINYINT	1 字节 8 位有符号整数	否
SMALLINT	2 字节 16 位有符号整数	否
INT	4 字节 32 位有符号整数	否
BIGINT	8 字节 64 位有符号整数	否
FLOAT	4 字节 32 位单精度浮点数	否
DOUBLE	8 字节 64 位双精度浮点数	否
BOOLEAN	布尔值 true 或 false	否
STRING	字符串	否
TIMESTAMP	整型、浮点或字符串	否
BINARY	字节数组	否
ARRAY	一组有序字段，其字段类型必须相同	是
MAP	一组无序的键值对	是
STRUCT	一组命名的字段，其字段类型可以不同	是

在创建 Hive 的过程中，不仅会使用上述的类型定义列，而且还会定义存储格式，其创建语句如下。

```
CREATE TABLE IF NOT EXISTS mydb.employees          # 创建复合数据类型的 Hive 表
(
    name STRING  COMMENT 'Employee name',
    salary FLOAT COMMENT 'Employee salary',
    subordinates ARRAY<STRING>  COMMENT '队列数据类型',
    deducations  MAP<STRING,FLOAT>  COMMENT'键值对数据类型',
    address  STRUCT<street:STRING,city:STRING,state:STRING,zip:INT>
```

```
)
COMMENT 'the table of empoyee'                          #COMMENT 表说明
ROW FORMAT DELIMITED
FIELDS TERMINATED BY '\001'                # 指定列分隔符，使用默认分隔符 ^A
COLLECTION ITEMS TERMINATED BY '\002'  # 指定集合元素间的分隔符，使用默认分隔符 ^B
MAP KEYS TERMINATED BY '\003'              # 指定 MAP 中键和值之间的分离，使用默认分隔符 ^C
LINES TERMINATED BY '\n'                   # 指定行分隔符，使用默认的换行符 \n
STORED AS TEXTFILE                         # 指定 Hive 表的存储格式
```

5.1.2 存储格式

同大多数数据库相比 Hive 具有一个显著的特点，就是对数据在文件中的编码方式具有相当大的灵活性。Hive 将这些方面的控制权交给用户，以便在运用各种各样的工具管理和处理数据时变得更加容易，如表 5-2 和表 5-3 所示。

表 5-2　Hive 支持的文件存储格式

存储格式	说明
Text file	数据以 unicode 编码的原始文本格式存储
Sequence file	数据以二进制键值对格式存储
RCFile	数据以列优化格式存储（不是行优化）
ORC	优化行列格式，可显著提高 Hive 性能
Parquet	一种列格式，可提供对其他 Hadoop 工具的可移植性

表 5-3　默认数据编码

分隔符	说明
\n	对于文本文件来说，每行都是一条记录，因此使用换行符可以分隔记录
^A(Ctrl+A)	用于分隔字段（列）。在 CREATE TABLE 语句中，可以使用八进制编码 \001 表示
^B(Ctrl+B)	用于分隔 ARRAY 或者 STRUCT 中的元素，或用于 MAP 中键值对之间的分隔。可以使用八进制 \002 表示
^C(Ctrl+C)	用于 MAP 中键和值之间的分离。在 CREATE TABLE 中可以使用八进制编码 \003 表示

5.1.3 Hive 命令和命名空间

通过 Hive CLI 的 hive –h 可查看具体的命令参数，其说明如表 5-4 所示。

表 5-4　Hive 命令参数的说明

参 数	说 明
-d,--define <key=value>	定义变量
-e	从命令行执行 SQL
-f	从 SQL 文件中调用
-H	获取帮助信息
-h	连接到远程 Hive 服务
--hiveconf	对给定的属性应用指定的值
--hivevar	在 Hive 命令中进行参数定义
-i	初始化 SQL 文件
-p	要连接 Hive Server 的端口号
-S	在集成 Shell 中开启静默模式
-v	输出详细信息

为满足不同的执行需要，用户可在命令行中自定义变量。Hive 将这些自定义的变量存放到 Hivevar 的命名空间，这样就可以同其他 3 种内置命名空间 hiveconf、system、env 进行区分，接下来将对一些自定义参数进行说明。

（1）使用 -e 执行 SQL 语句。

```
hive -e "SELECT * FROM testdb.iris_data2 where species = 'Iris-setosa'
LIMIT 2 "
OK
5.1     3.5     1.4     0.2     Iris-setosa
4.9     3.0     1.4     0.2     Iris-setosa
```

（2）使用 --hiveconf 改变配置信息，并覆盖 hive-site.xml 的参数值。

```
hive --hiveconf hive.cli.print.current.db=true    # 表头 Hive SQL 默认查询不
显示表头
hive -e "SELECT * FROM testdb.iris_data2 where species = 'Iris-setosa'
LIMIT 2 "
OK
sepal_length sepal_width petal_length petal_width species
5.1     3.5     1.4     0.2     Iris-setosa
4.9     3.0     1.4     0.2     Iris-setosa
```

（3）使用 -f 指定特定的 SQL 脚本执行。

```
hive -f hql.sql
```

（4）向 SQL 脚本中传递参数，以实现动态化操作。

```
hive --hivevar param=param_value -f hql.sql
```

5.2 使用 PyHive

PyHive 的使用和操作主要涉及两个方面：使用 PyHive 连接到 Hive 查询和使用 Python 编写 UDF 函数供 Hive 使用。

5.2.1 安装说明

通过 PyHive 连接到 Hive 进行数据查询，具体的使用说明如表 5-5 所示。操作前需开启 hiveserver2 服务，并默认端口为 10000。

表 5-5 PyHive 使用说明

应 用 项	说 明
操作	PyHive 连接到 Hive 进行数据查询
使用模块	pyhive.hive
数据	数据使用 iris.data
运行环境	在自安装大数据环境中使用 Jutpyter 进行操作

通过 Anaconda，使用 conda install pyhive 进行安装。安装过程中的信息提示如图 5-1 所示，可将需要安装的依赖库和版本信息打印出来。

```
[root@sandbox bin]# ./conda install pyhive
Collecting package metadata (current_repodata.json): done
Solving environment: done

## Package Plan ##

  environment location: /root/anaconda2

  added / updated specs:
    - pyhive


The following NEW packages will be INSTALLED:
```

图 5-1 安装 PyHive 命令

5.2.2 代码说明

在 Jupyter 中进行代码的操作演示。通过 PyHive 连接到 Hive 后，创建对应的数据并使用 SQL 进行查询，在编写代码前先确保 Hiveserver2 服务已经开启。

（1）连接 Hive 并使用 show databases 查看目前有哪些数据库。

```
from pyhive import hive                              # 导入 Pyhive
connection = hive.Connection(host='hadoop_env.com', port=10000)
                                                     # 连接 Hive
cursor = connection.cursor()
cursor.execute('show databases')                     # 查看在 Hive 中的数据库
print cursor.fetchall()                              # 输出查看，如下所示
[(u'default',), (u'test',)]                          #  Hive 中有两个数据库
```

（2）使用 CREATE DATABASE testdb 命令创建 testdb 数据库。

```
cursor.execute("CREATE DATABASE testdb")             # 创建 testdb 数据库
cursor.execute('show databases')                     # 在 PyHive 中查看数据库
print cursor.fetchall()                              # 查看新创建的数据库，如下所示
[(u'default',), (u'test',), (u'testdb',)]
```

（3）使用 USE testdb 切换到 testdb 数据库，并创建表。

```
cursor.execute("USE testdb")                         # 切换到 testdb 数据库
cursor.execute("CREATE TABLE iris_data2(sepal_length string , sepal_width
string , petal_length string , petal_width string , species string) ROW
FORMAT DELIMITED FIELDS TERMINATED BY ',' LINES TERMINATED BY '\n' STORED
AS TEXTFILE")                                        # 创建表
cursor.execute('show tables')
print cursor.fetchall()                              # 查看 testdb 数据库中的表
[(u'iris_data2',)]
```

（4）使用 LOAD DATA INPATH 装载数据并查看。

```
cursor.execute("LOAD DATA INPATH '/test_data/iris.data' OVERWRITE INTO
TABLE iris_data2")
cursor.execute("select * from iris_data2 limit 3")        # 导入数据并查看
print cursor.fetchall()                                   # 查询结果如下所示
[(5.1, 3.5, u'1.4', u'0.2', u'Iris-setosa'), (4.9, 3.0, u'1.4', u'0.2',
u'Iris-setosa'), (4.7, 3.2, u'1.3', u'0.2', u'Iris-setosa'), (4.6, 3.1,
u'1.5', u'0.2', u'Iris-setosa'), (5.0, 3.6, u'1.4', u'0.2', u'Iris-
setosa')]
```

5.3 使用 Python 编写 Hive UDF

5.3.1 应用说明

当 Hive SQL 不能满足一些功能要求时，可以通过编写 UDF 进行扩充。在这里使用 Python 编写用户自定义函数（UDF），并在 Hive SQL 中调用进行数据处理。数据的传递是通过 STDOUT 和 STDIN 进行的，其操作说明如表 5-6 所示。

表 5-6 操作说明

应 用 项	说 明
操作说明	Python 编写自定义函数（UDF）
相关函数	使用 Hive SQL TRANSFORM 语句调用 Python 编写的 UDF
操作数据	使用 Iris 鸢尾花卉数据集
运行环境	在 HDP Sandbox 中进行操作

5.3.2 代码说明

在本地编写一个 Python UDF 脚本，并上传到 Linux 目录中。具体的处理代码如下所示，在对鸢尾花卉数据集中提取的各测量值进行拼接后，计算 MD5 值。

```
import sys
import string
import hashlib                                  # 为了计算 MD5 值，引入数据库
while True:
    line = sys.stdin.readline()                 # 从 STDIN 中读取一行数据
    if not line:
        break
line = string.strip(line, "\n ")                # 删除尾随换行符
# 进行流处理时，将单行包含每个值之间带有制表符的所有值进行拆分
sepal_length , sepal_width , petal_length , petal_width , species  =
string.split(line, "\t")
# 拼接鸢尾花卉的各测试值，以便进行 MD5 值计算
connect_value = sepal_length + ' ' + sepal_width + ' ' + petal_length + '
' + petal_width
# 必须作为单行写入 STDOUT，并用制表符分隔
print "\t".join([hashlib.md5(connect_value).hexdigest(),species])
```

将 Python 编写的 UDF 函数脚本准备好后，接下来在 Hive 中调用。首先添加脚本使用的 add file 命令，随后在 SQL 中使用 Transfrom 子句进行调用操作。

```
add file /root/chapter5.py;              # 添加 Python UDF 脚本
```

```
SELECT TRANSFORM (sepal_length  , sepal_width  , petal_length  , petal_
width  , species)
    USING 'python chapter5.py' AS    # 调用 Python 编写的 UDF 脚本
    (connect_value string , species string)
FROM iris_data LIMIT 5;
```

5.3.3 调用执行步骤

（1）进入 Hive 环境中，创建 Iris 鸢尾花卉表并装载数据。

```
hive (default)> use testdb;                          # 切换到 testdb 库
OK
Time taken: 2.184 seconds
hive (testdb)> CREATE TABLE iris_data(sepal_length string , sepal_width
string , petal_length string , petal_width string , species string)
             > ROW FORMAT DELIMITED
             > FIELDS TERMINATED BY ','
             > LINES TERMINATED BY '\n'
             > STORED AS TEXTFILE;                   # 创建 iris_data 表
OK
Time taken: 1.0 seconds
# 本次使用的数据在本地路径上，命令为 LOAD DATA LOCAL INPATH
hive (testdb)> LOAD DATA LOCAL INPATH '/root/iris.data' OVERWRITE INTO
TABLE iris_data;
Loading data to table testdb.iris_data
Table testdb.iris_data stats: [numFiles=1, numRows=0, totalSize=4702,
rawDataSize=0]
OK
Time taken: 1.249 seconds
```

（2）查看数据并加载 Python 脚本。

```
hive (testdb)> select * from iris_data limit 2;    # 查看数据成功加载
OK
5.1     3.5     1.4     0.2     Iris-setosa
4.9     3.0     1.4     0.2     Iris-setosa
Time taken: 0.543 seconds, Fetched: 2 row(s)
hive (testdb)> add file /root/chapter5.py;
Added resources: [/root/chapter5.py]               # 添加 Python 脚本
hive (testdb)>SELECT TRANSFORM (sepal_length , sepal_width , petal_length
, petal_width , species)
             > USING 'python chapter5.py' AS
             > (connect_value string , species string)  # 使用 Transform 子
句调用 Python UDF
             > FROM iris_data LIMIT 5;
```

（3）使用 Python UDF 函数的结果输出。在 HDP 上进行 Hive SQL 调用时，会出现一个进度处理说明，这样能更好地体现定位问题，如图 5-2 所示。

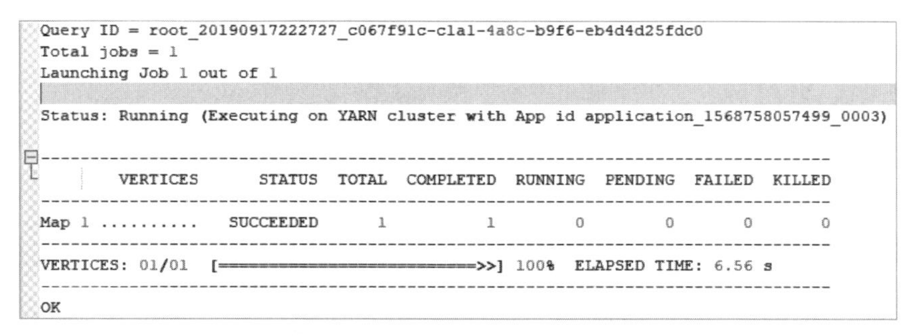

图 5-2 HDP 的 Hive 查询输出

经过 Python UDF 函数处理后的最终结果输出如下，显示每行数据中鸢尾花卉属性拼接后计算的 MD5 值。

```
05a888532c570229af2b539e18030dc4          Iris-setosa
7db4a6dcd27fd81316b7987dad40936c          Iris-setosa
6d69a940d56f671953aabcf4030352a1          Iris-setosa
...
Time taken: 10.708 seconds Fetched: 5 row(s)
```

5.4 Impyla 的使用

安装 Implyla 的方法同 PyHive 的一样，使用 conda install impyla 命令即可，具体的操作在自安装的大数据环境中实施。

虽然 Impyla 实现了针对 Hiveserver2 的功能，但 Impyla 处理的数据并不是仅有 Hive，并且 Impyla 也有自己的特点。

（1）登录应该通过明确的认证方式，如 Kerberos、LDAP、SSL。配置认证方式应在 Hive 的 hive-site.xml 文件中的 hive.server2.authentication 节点下进行配置，这里配置为 NONE，即没有认证方式。

```
<property>
<name>hive.server2.authentication</name>
<value>NONE</value>
<description>
Expects one of [nosasl, none, ldap, kerberos, pam, custom].
Client authentication types.
...
</description>
</property>
```

（2）使用 SQLAlchemy 连接器，具备 SQLAlchemy 的特征。

（3）将数据转换为 Pandas 的 DataFrame 结构，可轻松集成 Python 的数据分析模块。

（4）需要 Thrift 服务的支持，因为版本间的问题会引起查询出错。

（5）封装实现 DB API 2.0 后可支持更多的数据源查询。

（6）查询 Hive 代码的使用说明如下。

```
from impala.dbapi import connect        # 导入 Impyla 数据库
conn=connect(host='hadoop_env.com',port=10000,auth_mechanism='NOSASL',
database='testdb')                      # 通过 NOSASL 进行认证
cursor = conn.cursor()
cursor.execute('SELECT * FROM iris_data LIMIT 5')       # 查询数据
results = cursor.fetchall()             # 将查询的数据存放在 results 中
for row in cursor:                      # 对 Cursor 对象实现的迭代器结果，也可查询如下：
    process(row)
```

5.5 Hive SQL 调优方法

Hive SQL 调优方法有很多，下面介绍一些常用的技术以提高 Hive 的查询速度。

（1）使用 Tez 进行速度优化处理。Tez 是从 MapReduce 计算框架演化而来的通用 DAG 计算框架。它可作为 MapReduce、Pig、Hive 等系统的底层数据处理引擎，且能提高计算速度。虽然在 HDP SandBox 中默认安装了 Tez，但没有被开启，还需要在 hive.execution.engine 中进行设置后，才可以直接在 Hive View 功能界面上使用。

```
set hive.execution.engine=tez;
```

（2）使用 ORCFILE 格式存储数据。Hive 支持 ORCFILE 这种新的表存储格式，通过谓词下推、压缩等技术可实现极佳的速度提升。因此在创建表时，指定为 ORCFILE 格式即可。

```
CREATE TABLE A_ORC (
customerID int, name string, age int, address string
) STORED AS ORC tblproperties (“orc.compress" = “SNAPPY”);    # 指定 ORC，
并用 SNAPPY 进行压缩
```

（3）使用 VECTORIZATION 查询。VECTORIZATION 可一次批量执行 1024 行的查询，提高了扫描、聚合、过滤器和连接等操作的性能。该功能在 Hive 0.13 版中被引入，明显缩短了查询执行的时间，且只要对两个配置项参数进行设置即可。

```
set hive.vectorized.execution.enabled = true;
set hive.vectorized.execution.reduce.enabled = true;
```

（4）通过查询成本配置项来提高查询速度。

在提交最终执行前，Hive 会使用不同的决策：如何排序连接，执行哪种类型的连接等等。基于成本的优化可通过以下配置项实现。

```
set hive.cbo.enable=true;
set hive.compute.query.using.stats=true;
set hive.stats.fetch.column.stats=true;
set hive.stats.fetch.partition.stats=true;
```

配置完毕后，通过运行 Hive 的 analyze 命令为 CBO 准备数据，以收集表中的各种统计信息。

```
analyze table orders compute statistics;    # 使用 analyze 命令统计分析表
```

执行后返回的信息如下。

```
INFO:Dag name:analyze table orders compute statistics(Stage-0)
INFO:Status:Running (Executing on YARN cluster with App id
application_1565486749519_0023)
INFO:Table northwind.orders stats:[numFiles=1, numRows=831,
totalSize=133719, rawDataSize=132054]
```

（5）编写良好的 SQL 语句以提高查询速度。与其他声明性语言一样，编写 SQL 语句的方法有多种。尽管每个语句的功能都相同，但可能具有截然不同的性能特征，其中的两种查询方式如下。

```
SELECT orders.*
FROM  orders inner join
(   select orderID, max(timestamp) max_ts from orders
    group by orderID
) latest                                # 通过子查询获取订单表的最新订单号
ON orders.orderID = latest.orderID      # 通过内部联接过滤掉其他时间的订单
AND orders.timestamp = latest.max_ts;
```

上面的查询虽然是一个合理的解决方案，但从功能的角度来看，还有一种更好的查询方法，即使用窗口函数，这样不需要通过关联也能达到同样的目的。删除不必要的连接总能带来更好的性能，尤其是使用大数据时会更为重要。

```
SELECT * FROM
(   SELECT *,
    RANK() over (partition by orderID,order by timestamp desc) as rank
    FROM orders
) ranked_orders    # 使用窗口函数。通过订单号进行分区排序后，最终筛选出最新的订单
WHERE ranked_orders.rank=1;
```

5.6 总结

本章学习通过 PyHive 连接 Hive，可使用 Python 编写 Hive UDF 函数来扩展 HiveSQL 的功能。这其实是一个扩展补充的过程，可以将 Python 项目集成到 Hive 中，并将查询的数据结果在 Web 上展示。对于介绍的两个库 PyHive 和 Impyla 都实现了 DB API 2.0 的接口。它们的连接调用方法都大致相同，但是需要注意，不同库依赖的模块和其需要的版本等问题。

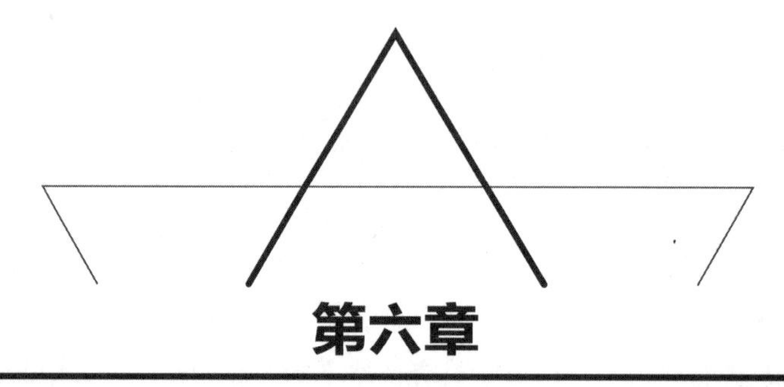

第六章

Python对HBase的操作

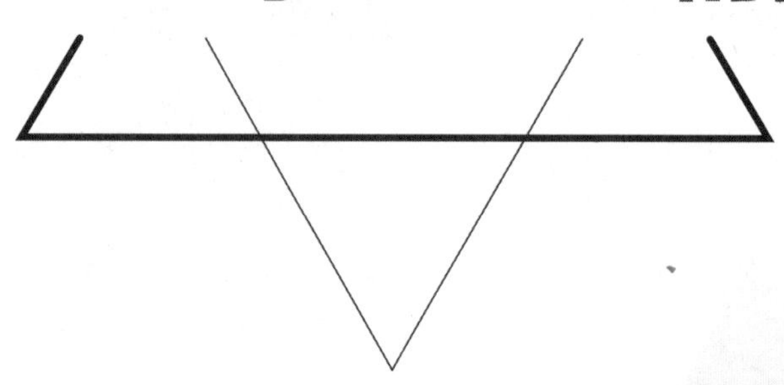

本章介绍的 HBase，是 Apache 的 Hadoop 项目的子项目，也是一个适合于非结构化数据存储的数据库。通过对 HBase 的基本认识，能够使用 Happybase 进行操作。本章分为 4 部分，依次是 HBase 说明、HBase Shell 命令、HappyBase 说明和使用。

6.1 HBase 说明

HBase 是建立在 Hadoop 文件系统之上的分布式面向列的开源数据库，其数据是横向扩展的。HBase 类似谷歌的大表设计，可以提供快速随机访问的海量结构化数据，并具有容错能力。因此要对 HBase 的数据结构进行说明并重新学习。下面将对这些数据模型和概念进行说明。

6.1.1 表和列族

图 6-1 所示为网页浏览数据的 HBase 表，下面通过具体示例进行相关概念的解读。

row key	时间戳Timestamp	列族：web_info		列族：parse	
		url	title	head	body
R1	t10	www.nba.cn	play off	<head>…</head>	<body>…</body>
	t11	www.nba.cn	all nba	<head>…</head>	<body>…</body>
	t12	www.nba.cn	FMVP	<head>…</head>	<body>…</body>
R2	t13	www.fifa.cn	world Cup	<head>…</head>	<body>…</body>
	t14	www.fifa.cn	fifa	<head>…</head>	<body>…</body>

图 6-1 HBase 表网页浏览信息示例

（1）Row Key 行键：与 Nosql 数据库一样，Row Key 是用来表示唯一一行记录的主键。HBase 的数据是按照 Row Key 的字典顺序进行全局排序的，所有的查询都只能依赖于这一个排序维度。

（2）Timestamp：时间戳。每次数据操作都通过时间戳进行定位，可以将其看作是对应数据的版本号。

（3）Columns Family 列族：HBase 表中的每个列都归属于某个列族。列族是表模型的一部分 (但列不是)，必须在使用表之前定义列族，列族中列名都以列族作为前缀进行表示。如图 6-1 中的 web_info、parse 都是列族。

（4）Cell 单元：指由 {row key,columnFamily,version} 这样的格式唯一确定的单元。Cell 中的数据是没有类型的，全部以字节码形式存储。如图 6-1 中的 url、title、head 等都是 Cell 单元。每个 Cell 单元都是同一份数据的不同版本，版本可通过时间戳进行索引。

6.1.2 HRegion 和 HFile

当 HBase 表随着记录数不断增加而变大时，就会逐渐分裂成多份 splits 进而成为 regions。一个 region 由 [startkey,endkey) 半开空间进行界定，region 会被 Master 分配给相应的 RegionServer 进行管理，其具体的关系及其数据流如图 6-2 所示。

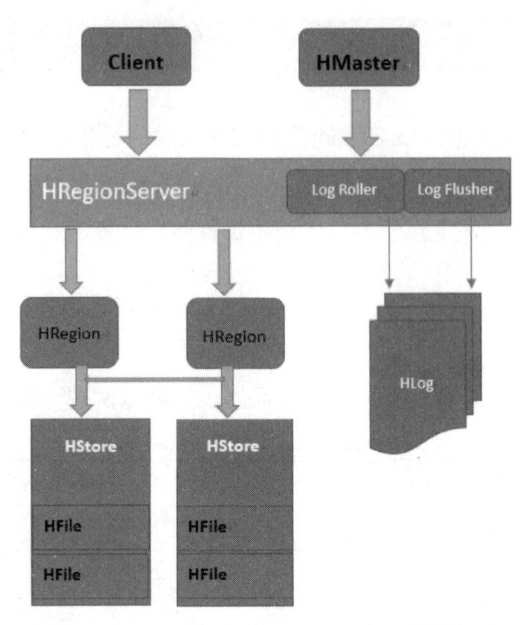

图 6-2　Hregion 和 HFile 的关系及其数据流

（1）HRegion：HRegion 是 HBase 的核心模块，主要负责响应用户的 I/O 请求，向 HDFS 文件系统中读 / 写。表在行的方向上分隔为多个 Region，其是 HBase 中分布式存储和负载均衡的最小单元。当 Region 的某个列族达到一个阀值（默认 256M）时就会分成两个新的 Region。

（2）HStore：HStore 作为 HBase 存储的核心，由 MemStore 和 StoreFile 组成。处理数据时先把数据加载到 MemStore 中，直到数据多至 MemStore 被占满后，再写入硬盘的 StoreFile 中，每次写入都会形成一个单独 StoreFile。当 StoreFile 达到一定的数量时，就会开始把小 StoreFile 合并成大 StoreFile，因为文件越大性能越好。

（3）HLog：当 HRegionServer 意外退出时，MemStore 中的内存数据就会丢失，引入 HLog 就是为了出现这种情况时能进行恢复。

（4）HMaster：HBase 可以启动多个 HMaster，通过 Zookeeper 的 Master Election 机制可以保证总有一个 Master 在运行。它主要负责 Table 和 Region 的管理工作：管理用户对表的“增删改查”操作；管理 HRegionServer 的负载均衡；负责新 Region 的分布；在 HRegionServer 停机后，负责失效 Region 的迁移。

（5）HFile：HFile 是 Hadoop 的二进制格式文件，以 Key-Value 数据为存储格式。实际上 StoreFile 就是对 HFile 进行了轻量级包装，即 StoreFile 底层就是 HFile。

6.1.3　各组件间的关系

通过对前面内容的学习，读者对 HBase 数据模型的概念已有了一定了解，下面将对它们之间的关系进行总结，以加深记忆。

（1）HRegionServer 管理一系列 HRegion 对象。

（2）每个 HRegion 对应表中的行的集合，且 HRegion 由多个 HStore 组成。

（3）每个 HStore 对应表中的 Column Family 的对象集合。

（4）Column Family 是一个或多个列的集合。

（5）HBase 使用三层结构来定位 Region，即 < 表名 ,startRowKey, 创建时间 >。

6.2 HBase Shell 命令

HBase 提供了类 Shell 命令，能够对 HBase 进行运维、管理、开发。下面对命令总结归类，并在 HBase Shell 中进行说明和演示。先开启 HBase 服务。

```
(base) root@bin# start-hbase.sh          开启 HBase 服务
starting master, logging to /usr/hbase-1.2.2/logs/hbase-root-master-
ubuntu.out
Java HotSpot(TM) 64-Bit Server VM warning: ignoring option PermSize=128m;
support was removed in 8.0
(base) root@bin# hbase shell
```

6.2.1 通用命令

这里所说的通用命令，是指通过这些命令可以获取目前的状态信息和帮助信息，如表 6-1 所示。

表 6-1 HBase 通用命令

命 令	说 明
status	提供 HBase 的状态，如服务器的数量
version	提供正在使用的 HBase 版本
table_help	表引用命令提供帮助
whoami	当前操作用户

接下来将在 HBase Shell 中进行操作，查看通用命令输出的信息。

```
hbase(main):001:0> status       # 查看 HBase 的服务状态
1 active master, 0 backup masters, 1 servers, 0 dead, 2.0000 average load
hbase(main):002:0> version      # 查看 HBase 的版本信息
1.2.2, r3f671c1ead70d249ea4598f1bbcc5151322b3a13, Fri Jul  1 08:28:55 CDT
2016
hbase(main):003:0> table_help  # 查看表操作的帮助信息（在第 6.2.2 节中详细说明）
Help for table-reference commands.
See the standard help information for how to use each of these
```

```
commands..........
hbase(main):004:0> whoami      # 查看当前的操作用户
root (auth:SIMPLE)
    groups: root
```

6.2.2 数据定义命令

数据定义命令的主要划分依据是对表的创建、状态、删除的操作，如表 6-2 所示。

表 6-2 数据定义命令

命令表达式	说 明
查看所有表	list
创建表	create '表名', '列族名 1', '列族名 2', '列族名 N'
查看表信息	describe '表名'
判断表存在	exists '表名'
判断是否禁用启用表	is_disabled '表名'
禁用一张表	disable '表名'
删除表	drop '表名'
修改一个表	alter '表名'

将数据定义命令在 HBase Shell 中进行操作，查看创建效果和输出信息。

```
hbase(main):005:0> list  # 查看所有的表。由于目前还没有创建表，所以结果为空
TABLE
0 row(s) in 0.0890 seconds
=> []
hbase(main):006:0> create 'user', 'user name', 'address'
                         # 创建表 user 有两个列族 use name 和 address
0 row(s) in 1.3400 seconds
=> Hbase::Table - user
hbase(main):009:0> describe 'user'
                         # 查看新创建 user 表的信息，包含表是否禁用、
Table user is ENABLED              列族名、列族的版本、数据缓存压缩方法等
user
COLUMN FAMILIES DESCRIPTION
{NAME => 'address', BLOOMFILTER => 'ROW', VERSIONS => '1', IN_MEMORY =>
'false', KEEP_DELETED_CELLS => 'FALSE', DATA_BLOCK_ENCODING => 'NONE',
TTL
......
hbase(main):010:0> exists 'user'          # 查看 user 是否存在
Table user does exist
0 row(s) in 0.0190 seconds
```

```
hbase(main):012:0> is_enabled 'user'          # 查看表是否可用
true
0 row(s) in 0.0270 seconds
hbase(main):013:0> disable 'user'             # 禁用表
0 row(s) in 2.3360 seconds
hbase(main):014:0> drop 'user'                # 删除表。删除前应确保表被禁用
0 row(s) in 1.2920 seconds
```

6.2.3 数据操作命令

数据操作命令是对表“增删改查”的操作，表 6-3 中说明了相关的命令表达式。

表 6-3　HBase 数据操作命令

名称	命令表达式
添加记录	put '表名', 'rowkey', '列族：列',' 值'
获取某个列族	get '表名', 'rowkey', '列族'
获取某个列族的某个列	get '表名', 'rowkey', '列族：列'
删除记录	delete '表名', '行名', '列族：列'
删除整行	deleteall '表名', 'rowkey'
重新创建表	truncate '表名'
查看表中的记录总数	count '表名'
查看所有记录	scan '表名'
查看 Rowkey 中的所有数据	get '表名', 'rowkey'
查看某个表及某个列的所有数据	scan '表名', {COLUMNS=>' 列族名：列名 '}

接下来在 HBase Shell 中进行演示操作。使用第 6.2.2 节中的 user 表，其中有两个列族 user name 和 address。这里设置 user name 列族有两个列 first_name、last_name，address 列族也有两个列 city 和 region，用来模拟在“北上广深”四个城市的用户工作区域，并且对工作地插入了两个版本的数据，具体代码如下所示。

```
先修改 user 中的 address 列族，让其支持 3 个版本的数据，然后再插入数据
hbase(main):002:0> alter 'user',{NAME=>'address',VERSIONS=>3}
Updating all regions with the new schema...
1/1 regions updated.
Done.
0 row(s) in 2.1440 seconds
构造的测试数据如下，将下列的语句在 HBase Shell 中执行
put 'user' , '1' , 'user name:first_name' , 'mike'
put 'user' , '1' , 'user name:last_name' , 'lee'
```

```
put 'user' , '1' , 'address:city' , 'BeiJin'
put 'user' , '1' , 'address:region' , '海淀区'
put 'user' , '1' , 'address:city' , 'ShangHai'
put 'user' , '1' , 'address:region' , '闵行区'
put 'user' , '2' , 'user name:first_name' , 'lily'
put 'user' , '2' , 'user name:last_name' , 'wang'
put 'user' , '2' , 'address:city' , 'ShangHai'
put 'user' , '2' , 'address:region' , '徐汇区'
put 'user' , '2' , 'address:city' , 'GuangZhou'
put 'user' , '2' , 'address:region' , '越秀区'
put 'user' , '3' , 'user name:first_name' , 'petter'
put 'user' , '3' , 'user name:last_name' , 'lee'
put 'user' , '3' , 'address:city' , 'GuangZhou'
put 'user' , '3' , 'address:region' , '天河区'
put 'user' , '3' , 'address:city' , 'ShenZhen'
put 'user' , '3' , 'address:region' , '南山区'
put 'user' , '4' , 'user name:first_name' , 'bill'
put 'user' , '4' , 'user name:last_name' , 'lan'
put 'user' , '4' , 'address:city' , 'ShenZhen'
put 'user' , '4' , 'address:region' , '福田区'
put 'user' , '4' , 'address:city' , 'BeiJin'
put 'user' , '4' , 'address:region' , '朝阳区'
```

（1）通过 scan 命令查看表数据。由 scan 命令查看整张 HBase 表的数据，结合在第 6.1.1 节中说明的 HBase 数据模型，可以更深刻地理解 HBase。查询语句和结果如图 6-3 所示，由于是列式数据库，所以其数据格式看起来有些不同，其每一行的 Cell 都是通过“列族名 : 列名”的方式表示的。

```
hbase(main):032:0> scan 'user'
ROW                                COLUMN+CELL
 1                                 column=address:city, timestamp=1569163076365, value=ShangHai
 1                                 column=address:region, timestamp=1569163076399, value=\xE9\x97\xE
 1                                 column=user name:first_name, timestamp=1569163075969, value=mike
 1                                 column=user name:last_name, timestamp=1569163076184, value=lee
 2                                 column=address:city, timestamp=1569163076655, value=GuangZhou
 2                                 column=address:region, timestamp=1569163076716, value=\xE8\xB6\x8
```

图 6-3　使用 scan 命令查看整张表的数据

（2）通过 get 命令获取某行的列族数据。在 HBase 命令中获取第一行的数据信息，由于 HBase 是通过时间戳作为版本信息，默认获取最新版本的数据，所以对于 Row Key 值为 1 的记录中，最新的记录中 address:city 的值为 shanghai。

```
hbase(main):096:0> get 'user' , '1' , 'address'   # 获取 user 表中第一行的
address 列族数据
COLUMN                                CELL
 address:city      timestamp=1569158776506, value=ShangHai
 address:regison     timestamp=1569158776541, value=\xE9\x97\xB5\xE8\xA1\
x8C\xE5\x8C\xBA
2 row(s) in 0.0120 seconds
```

通过指定 Version 值方式获取需要的数据，若 Row Key 值为 1，当 VERSIONS=>2，对应 address:city 的值为 BeiJin。

```
在查询时指定对应的 VERSIONS 版本号，以获取更多的相关数据
hbase(main):033:0> get 'user' , '1' , {COLUMNS=>['address:city','address:
region'],VERSIONS=>2}
COLUMN                          CELL
address:city                        timestamp=1569163076365,
value=ShangHai
address:city                        timestamp=1569163076242, value=BeiJin
address:region   timestamp=1569163076399, value=\xE9\x97\xB5\xE8\xA1\x8C\
xE5\x8C\xBA
address:region   timestamp=1569163076301, value=\xE6\xB5\xB7\xE6\xB7\x80\
xE5\x8C\xBA
4 row(s) in 0.0720 seconds
```

（3）获取列族的所有数据。为了能像关系型数据库一样，获取特定行或列的信息，可以使用如下方法查看数据统计。

```
hbase(main):036:0> scan 'user',{COLUMNS=>['address:city','address:regi
on']}                                           # 获取 address 列族
ROW    COLUMN+CELL
 1     column=address:city, timestamp=1569163076365, value=ShangHai
 1     column=address:region, timestamp=1569163076399, value=\xE9\...
 2     column=address:city, timestamp=1569163076655, value=GuangZhou
 2     column=address:region, timestamp=1569163076716, value=\xE8\...
 3     column=address:city, timestamp=1569163076948, value=ShenZhen
 3     column=address:region, timestamp=1569163077004, value=\xE5\...
 4     column=address:city, timestamp=1569163077252, value=BeiJin
 4     column=address:region, timestamp=1569163078434, value=\xE6\...
4 row(s) in 0.0380 seconds
hbase(main):035:0> get 'user' , '1'            # 获取第一行数据
COLUMN                          CELL
 address:city                   timestamp=1569163076365, value=ShangHai
 address:region                 timestamp=1569163076399, value=\xE9\x97\...
 user name:first_name            timestamp=1569163075969, value=mike
 user name:last_name            timestamp=1569163076184, value=lee
```

（4）删除 HBase 表中数据。由于 HBase 可以维护多个版本的数据，所以对一些不需要的老旧版本可以进行删除操作。

```
hbase(main):002:0> deleteall 'user' , '1'   # 删除整行数据
0 row(s) in 0.1910 seconds
hbase(main):004:0> count 'user'             # 删除后查看，发现统计行数只有 3 行
3 row(s) in 0.0540 seconds
=> 3
hbase(main):008:0> delete  'user','2','address:region'
0 row(s) in 0.0070 seconds
hbase(main):009:0> scan 'user'              # 查看删除后的第 2 行数据
ROW       COLUMN+CELL
 2        column=address:city, timestamp=1569163076655, value=GuangZhou
 2        column=user name:first_name, timestamp=1569163076467, value=lily
 2        column=user name:last_name, timestamp=1569163076517, value=wang
...
```

6.3 HappyBase 说明

HappyBase 是由 Python 开发的，它可同 HBase 进行交互。其主要由 4 个大类构成，分别是 Connection、Table、Batch、ConnectionPool，下面将进行详明说明。

6.3.1 Connection 类

Connection 类是 HBase 应用程序的主要入口，可提供对 HBase 表的管理方法，但需要通过 Thrift 服务才能连接到 HBase。

1. 构造函数

通过 Connection 类构造函数，可构建一个连接 HBase Thrift 的 Connection 对象。对构造函数中的多个参数进行设置，其代码如下。

```
happybase.Connection(host='localhost',port=9090,timeout=None,autoconnect=
True,table_prefix=None,table_prefix_separator=b'_',compat='0.98',transport=
'buffered',protocol='binary')
```

相关参数说明如下。

（1）host(str)：表示连接 HBase 服务器的地址。

（2）port(int)：表示连接 HBase 服务器的端口，默认为 9090。

（3）timeout(int)：表示 Socket 通信超时设置，时间单位是毫秒。

（4）autoconnect(bool)：表示是否应直接打开连接。

（5）table_prefix：表示用于设置所有表的前缀，非强制配置。

（6）table_prefix_separator(str)：表示用于对 table_prefix 分割的符号。

（7）compat：表示设置通信协议版本，也有着兼容以前通信版本的作用。

（8）transport：表示 Thrift 服务通信模型的设置。

2. 其他函数

Connection 类中的函数主要用于打开或关闭连接，以及对表对象的操作，如表 6-4 所示。

表 6-4　Connection 类其他函数的说明

函 数 名	功 能
open()	打开底层 Thrift 服务的 TCP 连接和 HBase 通信
close()	关闭底层 Thrift 服务的 TCP 连接
table(name,user_prefix)	获取一个 Table 对象，并通过表名进行确定
tables()	获取连接 HBase 实例上的表列表

续表

函数名	功能
create_table(name,families)	用来创建表。其中参数 name 为表名，参数 families 为表列族，用字典类型表示
delete_table(name,disable)	删除表操作。其中参数 name 为表名，参数 disable 表示是否禁用表，在 HBase 中删除表之前要先禁用表
enable_table(name)	使表变为可用，其中参数 name 为表名
disable_table(name)	禁用表，其中参数 name 为要禁用的表名
is_table_enable(name)	查看表是否可以用，其中参数 name 为要检验的表名
compact_table(name,major)	对表进行压缩操作，其中参数 name 为要进行压缩操作的表名

6.3.2 Table 类

Table 类是与表中数据交互的主要类。该类能够提供数据检索和操作方法，使用 Connection.table() 方法可获得该类的实例。

（1）构造函数：由于 Table 类是 HBase 表的抽象，所以不能直接创建实例化。它需要通过 Connection 连接到 HBase 后，再调用 Connection.table() 函数返回一个 Table 对象。

（2）families() 函数：检索此表的列族。它返回的数据是字典类型的列信息，其代码如下。

```
>>> user = connection.table('user')                # 通过 Connection 获取 Table 对象
>>> type(user)
<class 'happybase.table.Table'>                    # 确认为 Table 类型
>>> user_families=user.families()                  # 调用 families 函数获取列族的信息
>>> type(user_families)
<type 'dict'>                                      # families 函数返回的是字典类型
>>> print user_families
{'user name': {'max_versions': 1, 'bloom_filter_vector_size': 0, 'name':
'user name:', 'bloom_filter_type': 'ROW', 'bloom_filter_nb_hashes': 0,
'time_to_live': 2147483647, 'in_memory': False, 'block_cache_enabled':
True, 'compression': 'NONE'}, 'address': {'max_versions': 3, 'bloom_
filter_vector_size': 0, 'name': 'address:', 'bloom_filter_type': 'ROW',
'bloom_filter_nb_hashes': 0, 'time_to_live': 2147483647, 'in_memory':
False, 'block_cache_enabled': True, 'compression': 'NONE'}}
```

（3）regions 函数：检索此表的 Region 的信息。HRegion 是行的集合，通过 Row Key 值界定范围。当其达到阈值大小时会自动分解成两个，通过这个函数就可以查找这些数据节点的信息。

```
>>> regions=user.regions()        # 检索 Region 的分布信息
>>> type(regions)
<type 'list'>                     # regions 返回的函数是 list
```

```
>>> print regions
[{'name': 'user,,1569221034420.96c7a186cea88af439ebabd9b3fb4f9f.',
'server_name': 'ubuntu', 'port': 44541, 'end_key': '', 'version': 1,
'start_key': '', 'id': 1569221034420}]
```

（4）通过 row 函数和 rows 函数来获取行数据。

```
>>> row_1=user.row('1')                    # 获取第一行数据
>>> type(row_1)
<type 'dict'>                              # row 函数返回字典数据类型
>>> print row_1
{'address:region': '\xe9\x97\xb5\xe8\xa1\x8c\xe5\x8c\xba', 'user
name:last_name': 'lee', 'user name:first_name': 'mike', 'address:city':
'ShangHai'}
>>> rows_1=user.rows(['2','3','4'])  # rows 获取多行数据
>>> type(rows_1)
<type 'list'>                              # rows 函数返回列表类型，其实质是由 row 函
数返回的字典构成的列表
```

（5）通过 cells 函数来获取 HBase 单元数据。它可以用来获取 cell 单元的多个版本的值，cells 函数有 5 个参数，其中前两个参数表示要执行的行和对应的列，后 3 个参数虽是可选的，却能达到筛选数据的功效。

```
# 函数原型 cells(row,column,versions=None,timestamp=None,include_
timestamp=False)
>>> cells=user.cells('1','address:city')    # 获取 row key 值为 1 的所有城市数据
>>> type(cells)
<type 'list'>                               # cells 函数返回列表类型
>>> print cells
['ShangHai', 'BeiJin']
```

（6）通过 scan 函数获取数据。scan 函数返回的结果是一个迭代器，它可以遍历其中的数据，有可能会减少 HappyBase 端对内存的消耗。scan 函数有 12 个参数，部分参数说明如下。

row_start(str) 表示获取数据的开始行（包括此行）；row_stop(str) 表示获取数据的结束行（不包括此行）；row_prefix(str) 表示必须匹配的行键前缀；Columns(list_or_tuple) 表示需要获取列元组的列表；filter(str) 表示用于筛选过滤；timestamp(int) 表示时间戳；include_timestamp(bool) 表示结果是否返回时间戳；batch_size(int) 表示每次获取数据的大小；limit(int) 表示返回最大的数据行数。在实际处理中可以不加参数，统一使用默认值。

```
>>> sanner=user.scan()                     # 创建 scan 迭代器
>>> type(sanner)
<type 'generator'>
>>> for key , data in sanner:
...     print key , data                   # 获取迭代器中的数据
...
1 {'address:region': '\xe9\x97\xb5\xe8\xa1\x8c\xe5\x8c\xba', 'user
name:last_name': 'lee', 'user name:first_name': 'mike', 'address:city':
```

```
'ShangHai'}
................
```

（7）使用 put 函数插入数据。将数据存储在按 row key 值指定的行中。put 函数有 4 个参数，分别是：row(int) 表示要插入的行号；columns(list) 表示列值对的列表；timestamp(int) 表示时间戳；wal(bool) 表示是否覆盖传递给的批处理范围的值。

```
>>> user.put('5',{'user name:first_name':'kate','user name:last_
name':'jane',
                 'address:city':'chengdu','address:region':'tianfu'})
# 插入新数据
>>> user.row('5')                          # 查看新插入的数据是否存在
{'address:region': 'tianfu', 'user name:last_name': 'jane',
'user name:first_name': 'kate', 'address:city': 'chengdu'}
```

（8）使用 delete 函数删除数据。将数据从表中删除，如果未指定删除行，则删除指定行的所有列，删除新插入的数据方法如下。

```
>>> user.delete('5')                       # 删除新插入的数据
>>> user.row('5')
{}
```

（9）使用 batch 函数添加批处理。返回一个可用于大规模数据操作的新批处理实例。batch 函数有 4 个参数，分别是：transaction(bool) 表示用此批处理是否应表现为事务；batch_size(int) 表示指定发送到服务器最大批处理的大小；timestamp(int) 表示时间戳参数适用于批处理的操作；wal(bool) 表示是否覆盖批处理范围的值。

```
batch=user.batch()                         # 生成 batch 对象
batch.put('5',{'user name:first_name':'kate','user name:last_name':'jane',
              'address:city':'chengdu','address:region':'tianfu'})
                                           # 在 batch 中添加 put 操作
batch.delete('5')                          # 在 batch 中添加 delete 操作
batch.send()                               # 执行批处理操作
```

（10）counter_* 系列函数。counter_inc() 方法和 Table.counter_dec() 方法允许原子递增和递减 8 字节宽的值，HBase 将这些值解释为大端 64 位带符号的整数。

计数器在第一次使用时将自动初始化为 0。当计数器递增或递减时将返回修改后的值，总共有 4 个 counter_* 函数，分别如下。

counter_get(row,column)：表示检索计数器列的当前值。

counter_set(row,column, value=0)：表示将计数器列设置为特定值。

counter_inc(row,column, value=1)：表示自动递增。

counter_dec(row,column, value=1)：表示自动递减。

6.3.3 Batch 类

Batch 类用于实现数据批处理操作的 API，可以通过 Table.batch() 方法获得，且一次性提交多个操作。

构造函数：Batch 类和 Table 类一样，不是通过构造函数创建的，而是使用 Table 类调用 batch() 函数获取的。由于 Batch 类是进行批处理类，所以可以一次性提交多个操作。

send() 函数：将批处理请求发送至 HBase 服务器中。

put(row,data,wal=None) 函数：将数据保存到表中，同 Table 类中 put 函数的参数说明相似。但是 wal 参数通常是不需要使用的，其唯一的用途是覆盖批处理范围的值。

delete(row,columns=None,wal=None)：从表中删除数据，同 Table 类中的 delete 函数的参数说明相似。但是 wal 参数通常是不需要使用的，它唯一的用途是覆盖传递给的批处理范围的值。

6.3.4 ConnectionPool 类

ConnectionPool 类实现了一个线程安全的连接池，允许应用程序使用多个连接。有了连接池就能够有效地管理连接数，以及更有效地利用资源，防止因忘记关闭连接而导致的性能问题。

（1）构造函数：通过 ConnectionPool 构造函数，创建一个 HBase 连接池，统一管理多个连接。其构造函数中 size 表示连接池可支持同时连接的最大数目；**kwargs 为可变参数，和 Connection 的构造函数参数一样，也可用来配置连接。

```
happybase.ConnectionPool(size, **kwargs)
```

（2）connection(timeout=None) 函数：它可以从连接池中获取连接，只有一个参数 timeout 用来设置连接超时，返回的类型是 Connection 对象。这个函数需要通过 Python 的上下文管理器进行操作，且使用 with 语句。

```
with pool.connection() as connection:
    pass   # 进行一些处理
```

6.4 HappyBase 的使用

通过学习用 HBase Shell 命令对 HBase 进行操作，以及对 HappyBase API 的说明，下面就可以进行编写 HappyBase 脚本的操作，执行操作的环境说明如表 6-5 所示。特别说明，HBase 也可以通过 SQL 进行数据处理，但需要借助 Phoenix SQL，可参见第二章相关说明。

表 6-5 HappyBase 操作的环境说明

应用项	说明
操作说明	使用 Python HappyBase 进行 HBase 操作
相关函数	HappyBase 有 4 大类，详见第 6.3 节
使用数据	自行构造的模拟数据
运行环境	自安装大数据平台上；HBase 1.2.2

6.4.1 HappyBase 安装

在 Anaconda 上安装 HappyBase 有一些特殊情况：①在软件界面上无法搜索到 HappyBase 包；②使用 conda install happybase 也无法完成安装。因此需要在 Anaconda 官网上查询添加使用特殊命令参数进行安装，可以选择以下三种方法之一进行安装。

```
使用 caonda 命令 HappyBase 的方法
conda install -c conda-forge happybase
conda install -c conda-forge/label/gcc7 happybase
conda install -c conda-forge/label/cf201901 happybase
```

使用 conda install -c conda-forge happybase 安装过程和依赖的包，如图 6-4 所示。

```
(base) root@~# conda install -c conda-forge happybase
Collecting package metadata (current_repodata.json): done
Solving environment: done

## Package Plan ##

  environment location: /usr/Anaconda2

  added / updated specs:
    - happybase
```

图 6-4 HappyBase 的安装

在开始编写 HappyBase 脚本时，先要将 HBase 的 thrift 服务打开，这样才能进行正常连接和通信，使用的命令如下，开启并使用 compact 协议。

```
(base) root@usr# hbase-daemon.sh start thrift -c compact protocol    # 开启 thrift 服务
starting thrift, logging to /usr/hbase-1.2.2/logs/hbase-root-thrift-ubuntu.out
```

6.4.2 HappyBase 使用

在使用 HappyBase 和 HBase 进行通信时，需要开启 thrift 服务。因此，在代码中连接 HBase 时，其协议配置要和 hbase-daemon.sh 命令中的参数一致，否则就会出现 TTransportException(type=4， message='TSocket read 0 bytes') 这样的错误。通常情况下 Connection 构造函数中大多数的参数使用默认值，个性化的连接时注意对配置的修改。以下代码中，在 Jupter 中处理 Movie 数据。

（1）连接 HBase 需要主机名或 IP，端口号为 9090。

```
import happybase                                          # 导入 HappyBase 库
connection = happybase.Connection(host='hadoop_env.com',port=9090
,timeout=100000)                                          # 连接 Hbase
# connection.open()    由于在 Connection 中的 autoconnect=True 默认是直连的，所以可以不使用 open 函数
tables_list = connection.tables()                         # 获取所有的表
```

（2）使用 create_table 函数创建 movie 表。

```
families = {
'movieId':dict(),
'title':dict(max_versions=3),
'genres':dict()
}                                                         # 列族字典，创建表时使用
connection.create_table('movie' , families )              # 创建 movie 表，包含 3 个列族
movie = connection.table('movie')                         # 获取 movie 表对象
```

（3）插入和查看数据，输出结果如图 6-5 所示。

```
movie.put('1',{'movieId:Id':'1','title:name':'ToyStory(1995)','genres:name':'Adventure|Animation|Children|Comedy|Fantasy'})
movie.put('2',{'movieId:Id':'2','title:name':'Jumanji(1995)','genres:name':'Adventure|Children|Fantasy'})
movie.put('3',{'movieId:Id':'3','title:name':'GrumpierOld Men(1995)','genres:name':'Comedy|Romance'})
movie.put('4',{'movieId:Id':'4','title:name':'WaitingtoExhale(1995)','genres:name':'Comedy|Drama|Romance'})
movie.put('5',{'movieId:Id':'5','title:name':'FatheroftheBridePartII(1995)','genres:name':'Comedy'})
movie.put('6',{'movieId:Id':'6','title:name':'Heat(1995)','genres:name':'Action|Crime|Thriller'})
movie.put('7',{'movieId:Id':'7','title:name':'Sabrina(1995)','genres:name':'Comedy|Romance'})
movie.put('8',{'movieId:Id':'8','title:name':'TomandHuck(1995)','genres:name':'Adventure|Children'})
scaner=movie.scan()
for key, data in scaner:
    print key, data
```

```
In [ ]:  scaner=movie.scan()

In [35]: for key, data in scaner:
             print key, data

1 {'genres:name': 'Adventure|Animation|Children|Comedy|Fantasy', 'movieId:Id': '1', 'title:name': 'Toy Story (1995)'}
2 {'genres:name': 'Adventure|Children|Fantasy', 'movieId:Id': '2', 'title:name': 'Jumanji (1995)'}
3 {'genres:name': 'Comedy|Romance', 'movieId:Id': '3', 'title:name': 'Grumpier Old Men (1995)'}
4 {'genres:name': 'Comedy|Drama|Romance', 'movieId:Id': '4', 'title:name': 'Waiting to Exhale (1995)'}
```

图 6-5　操作执行的数据

6.4.3　HappyBase 进行批处理操作

接下来对上一步创建的 movie 表继续进行操作，可先往表中插入一些脏数据，然后再删除这些数据，但是通过批处理可以将这两步整合一起提交。

（1）连接 HBase，并创建 Batch 对象。

```
import happybase
connection = happybase.Connection(host='hadoop_env.
com',port=9090,timeout=100000, autoconnect=False , protocol='compact')
# 连接 HBase
connection.open()                          # 由于自动连接关闭，所以需要 open 操作
movie=connection.table('movie')            # 实例化 Movie 表对象
batch=movie.batch()                        # 创建 batch 对象
```

（2）批处理操作。插入一些脏数据后，再删除数据列。

```
batch.put('9',{'moveieId:Id':'9','title:name':'xx','genres:name':'xx'})
batch.put('10',{'moveieId:Id':'10','title:name':'xx','genres:name':'xx'})
batch.put('11',{'moveieId:Id':'11','title:name':'xx','genres:name':'xx'})
batch.put('12',{'moveieId:Id':'12','title:name':'xx','genres:name':'xx'})
new_rows=batch.rows(['9','10','11','12'])     # 将插入的数据另保存
batch.delete('9',{'title:name','genres:name'})
batch.delete('10',{'title:name','genres:name'})
batch.delete('11',{'title:name','genres:name'})
batch.delete('12',{'title:name','genres:name'})
batch.send()                               # 提交批处理
```

（3）查看数据和关闭连接，获取的数据如图 6-6 所示。

```
scaner=movie.scan()
for key, data in scaner:
    print key, data
connection.disable_table('movie')          # 禁用表
connection.close()                         # 关闭连接
```

```
In [21]: scaner=movie.scan()

In [22]: for key, data in scaner:
             print key, data

1 {'genres:name': 'Adventure|Animation|Children|Comedy|Fantasy', 'movieId:Id': '1', 'title:name': 'Toy Story (1995)'}
10 {'movieId:Id': '10'}
11 {'movieId:Id': '11'}
12 {'movieId:Id': '12'}
2 {'genres:name': 'Adventure|Children|Fantasy', 'movieId:Id': '2', 'title:name': 'Jumanji (1995)'}
3 {'genres:name': 'Comedy|Romance', 'movieId:Id': '3', 'title:name': 'Grumpier Old Men (1995)'}
4 {'genres:name': 'Comedy|Drama|Romance', 'movieId:Id': '4', 'title:name': 'Waiting to Exhale (1995)'}
```

图 6-6　批处理后的表数据

6.4.4　HappyBase 的连接池操作

使用 HappyBase 的连接池对 HBase 进行操作，分别创建两个线程并从连接池中获取连接，其

中一个线程用于处理 user 表，另一个线程用于处理 movie 表。

（1）使用 ConnectionPool 创建连接池，其中有 3 个可用的连接。

```
import happybase
import thread               # 导入线程库
import time
pool = happybase.ConnectionPool(size=3, host='hadoop_env.com', table_
prefix='pool_test')
```

（2）创建两个线程回调函数。

```
def user_table():           # 处理 user 表
    with pool.connection() as connection:
        user=connection.table('user')
        scaner=user.scan()
        for key, data in scaner:
            print key, data
def movie_table():          # 处理 movie 表
    with pool.connection() as connection:
        connection.enable_table('movie')
        movie=connection.table('movie')
        scaner=movie.scan()
        for key, data in scaner:
            print key, data
```

（3）开启两个线程。

```
try:
   thread.start_new_thread( user_table )
   thread.start_new_thread( movie_table )
except:
   print "Error: 无法开启线程"
```

6.5 总结

HBase 作为大数据平台的数据库具有很重要的作用。NoSQL 数据库能够适应大数据的增长。通过 Python HappyBase 能够对 HBase 进行操作，且 API 接口易于使用。但由于 HBase 的数据模型和以往的关系式数据库有很大不同，因此，需要对 HBase 模型进行深刻理解，并逐渐适应。

第七章

Python集成到Pig

本章介绍将 Apache Pig 运行在 Hadoop 中的方法，以及 Hadoop 分布式文件系统 HDFS 和 Hadoop 处理系统 MapReduce。本章内容包括 Pig 说明、Pig Latin 的使用和 Python Pig 的整合。

7.1 Pig 说明

Pig 是一个基于 Hadoop 并行执行数据流的处理引擎，包含一种脚本语言 Pig Latin 可用来描述这些数据流。Pig Latin 本身提供了很多传统数据操作，如连接、过滤、排序等，同时还允许用户开发一些自定义函数来读取处理数据。

7.1.1 Pig 数据模型

在使用 Pig Latin 之前，需要先了解 Pig 的数据模型，包含 Pig 数据类型和处理思想，如缺失数据的处理，以及通过 Pig 导入数据的方法。

1. 数据类型

Pig 的数据类型可以分为单个值的基本类型和复合类型两种，如表 7-1 和表 7-2 所示。

表 7-1 Pig 单个值的基本类型

类 型	说 明
int	通过 java.lang.Integer 实现，存储 4 字节大小带符号的整数
long	通过 java.lang.Long 实现，存储 8 字节大小带符号整数
float	通过 java.lang.Float 实现，用 4 个字节存储
double	双精度浮点数，通过 java.lang.Double 实现
chararray	字符串或字符串组，通过 java.lang.String 实现
bytearray	一组字节，通过封装 java 的 byte[] 的 DataByteArray 类实现

表 7-2 Pig 的复合类型

类 型	说 明
map	chararray 和数据元素间的键值对映射
tuple	一个定长，包含有序 Pig 数据元素的集合
bag	无序的 tuple 集合

2. null 值

任何数据类型都可以为 null，Pig 中 null 的概念和 SQL 中的一样，但与 Python 等语言中的 null 概念完全不同，在 Pig 中 null 所表示的值是未知的。因此，在 Pig Latin 脚本和用户自定义函数 UDF 中需要注意 null 值的情况。

3. 数据模型

Pig 对于数据模式是十分宽松的，用户为数据定义一个模型，Pig 就会依照这个模式进行处理，包括预先的错误检查，以及执行过程中的优化。如果用户并没有提供明确的数据模型，那么 Pig 就会依据要处理的数据进行推测，如通过 LOAD 操作加载数据 iris.data 进行说明。

```
grunt> iris = load '/user/root/test_data/iris.data' as (sepal_length,
sepal_width, petal_length, petal_width,species);  # 通过 load 装载数据，明确数据文件。as 子句既可用来说明数据模式，也可指定对应模型字段的类型。如果没有提供数据，Pig 会自己进行推断
```

7.1.2 Grunt 命令交互工具

Grunt 是 Pig 的命令交互工具。它允许用户交互输入 Pig Latin 脚本，以及使用交互的方式操作 HDFS，并通过 Grunt 有效地对 Pig 的数据类型和模型进行认识。

1. 在 Grunt 中执行 Pig 命令

Grunt 的主要用途之一就是以交互方式输入 Pig Latin 脚本，这对快速进行数据抽样及原型设计是很有用的。Pig 有两种运行模式：一种是本地模式，只涉及单独的一台计算机，用于伪分布式模式；另一种是 MapReduce 模式，用于访问在 Hadoop 中的集群。

进入 Grunt 的操作。使用 pig –x mapreduce 开启的 Grunt Shell 将访问集群 HDFS 的文件系统，使用 pig –x local 开启访问本地文件系统的 Grunt Shell。

```
[root@sandbox ~]# pig -x mapreduce    # 以 mapredece 方式进入，本地模式 pig -x local
19/09/25 05:21:45 INFO pig.ExecTypeProvider: Trying ExecType : LOCAL
19/09/25 05:21:45 INFO pig.ExecTypeProvider: Trying ExecType : MAPREDUCE
Connecting to hadoop file system at: hdfs://sandbox.hortonworks.com:8020
grunt>
```

2. 在 Grunt 中使用 HDFS 命令

Grunt 除可以交互式输入 Pig Latin 脚本外，它的另一个主要用途是可以作为访问 HDFS 的一个 Shell 使用。在 Pig 0.5 及之后的版本中，所有的 hadoop fs shell 命令都可以在 Grunt 中使用。

```
grunt> fs -ls /                      # 查看 HDFS 文件系统根目录下的文件
Found 10 items
drwxrwxrwx   - yarn   hadoop         0 2018-12-04 17:06 /app-logs
drwxr-xr-x   - hdfs   hdfs           0 2015-04-30 09:05 /apps
drwxr-xr-x   - hdfs   hdfs           0 2015-04-30 09:23 /demo
drwxr-xr-x   - hdfs   hdfs           0 2015-04-30 08:55 /hdp
drwxr-xr-x   - mapred hdfs           0 2015-04-30 08:54 /mapred
.............
```

7.2 Pig Latin 的使用

Pig Latin 是一种数据流语言，其每个步骤都会产生一个新的数据集或一个新的关系。如在 input=load'data' 这种语句中，input 就是加载数据集 data 后的关系名称，并不是变量。关系操作是 Pig Latin 用于操作数据的主要工具，使用关系操作符可以让用户对数据进行分组、排序、连接、推测和过滤，下面将对 Pig Latin 的数据存取和关系进行说明。

7.2.1 Pig Latin 数据的读 / 写

数据的加载和输出是数据操作的必要环节。

1. load 加载数据

使用 load 命令进行操作语法如下。

```
LOAD '/ 数据文件路径 ' using 分隔符函数
```

默认情况下分隔符函数是通过 PigStorage 加载存放在 HDFS 中的文件，且文件内容是以制表键分隔的，默认文件路径是当前用户的 HDFS 目录。然后对 iris.data 数据文件进行加载，需要注意的是，语法上等号两边必须有空格。

```
iris = load '/user/root/test_data/iris.data' using PigStorage(',') as
(sepal_length, sepal_width, petal_length, petal_width,species) ;
# 由于 iris 数据文件是用逗号分隔的，所以用 PigStorage(',')，且等号两边必须有空格
```

2. store 存储数据

数据处理完毕后需要进行存储。在 Pig 中使用 Store 语句进行写入操作时，默认情况下数据结果将以制表键作为分隔符存储到 HDFS 中。对于 store 和前面介绍的 load 操作，则互为方向操作，因此可以使用一些共通的参数，这样可以方便记忆。

```
store processed into '/user/root/test_data' using PigStorage(',') ; # 将
数据存储到 HDFS 的 /user/root/test_data 目录
```

3. dump 输出数据

在加载或处理完数据后，可以通过 dump 关键字查看数据。

```
dump 关系名称
```

每个步骤都会产生一个新的数据集或一个新的关系，如在 input= load 'data' 这种语句中，input 就是加载数据集 data 后的关系名称。

7.2.2 foreach 关系操作

foreach 语句表示接受一组表达式，并对其中的每条数据进行应用操作。在下面的代码中先加

载一份数据，然后再分别输出。

```
grunt> iris = load '/user/root/test_data/iris.data' using PigStorage(',')
as (sepal_length, sepal_width, petal_length, petal_width,species);
# 加载 Iris 数据
grunt> iris_10 = LIMIT iris 10 ;              # 使用 10 条数据（简单起见）
# 使用 foreach
grunt>cell = foreach iris_10 generate sepal_length, sepal_width, petal_
length, petal_width,species ;
grunt> dump cell;     # 输出数据，转换 Mapreduce 程序执行的信息如图 7-1 所示。
```

输出结果如下。

```
08:28:19,525 [main] INFO  org.apache.pig.backend.hadoop.executionengine.
util.MapRedUtil - Total input paths to process : 1
(5.1,3.5,1.4,0.2,Iris-setosa)
(4.9,3.0,1.4,0.2,Iris-setosa)
(4.7,3.2,1.3,0.2,Iris-setosa)
(4.6,3.1,1.5,0.2,Iris-setosa)
...
```

图 7-1 是执行 Pig 脚本转换为 MapReduce 程序输出的相关信息。从中可以看到转换处理中的步骤、耗费的时间，以及处理成功后的数据存放。

```
HadoopVersion    PigVersion       UserId  StartedAt        FinishedAt          Features
2.6.0.2.2.4.2-2 0.14.0.2.2.4.2-2          root     2019-09-25 08:19:18     2019-09-25 08:23:40     UNKNOWN

Success!

Job Stats (time in seconds):
JobId      Maps      Reduces MaxMapTime      MinMapTime      AvgMapTime      MedianMapTime    MaxReduceTime
lias       Feature Outputs
job_1569388191536_0002  1        0       55       55      55       55       0        0        0        0
orks.com:8020/tmp/temp-1643266101/tmp-1569721899,
```

图 7-1　foreach 转化为 MapReduce 的信息

7.2.3　filter 关系操作

通过 filter 语句可以选择一些数据保留到数据流中。在 filter 中包含一个断言，对于一条记录而言，该断言如果为 true，那么这条记录就会在数据流中传下去，否则会被过滤掉。断言包含等值比较操作符，以及判断是否相等 ==、!=、>、>= 和 <=。

```
grunt> iris_ver = filter iris by species matches 'Iris-versicolor;
                              # 只过滤 versicolor 数据
grunt> iris_ver_10 = limit iris_ver 10 ;
                              # 只要 10 条数据
grunt> cell_ver = foreach iris_10 generate petal_length, petal_
width,species ;
grunt> dump cell_ver;         # 输出结果如下
2019-09-25 09:05:02,457 [main] INFO  - Total input paths to process : 1
(4.7,1.4,Iris-versicolor)
```

```
(4.5,1.5,Iris-versicolor)
(4.9,1.5,Iris-versicolor)
...
```

7.2.4 group 关系操作

group 将具有相同键值的数据聚合在一起，同 SQL 中的 group by 子句的功能相似。group 关键字将包含特定键所对应的所有记录都封装到一个 bag 中，用于汇总操作。由于涉及的计算量较大，因此耗费的时间要长一些，转换 MapReduce 的过程信息如图 7-2 所示。

```
grunt> group_num = group iris by species ; # 通过 group 关系将 species 列聚合
grunt> cnt = foreach group_num generate group, COUNT(iris);
grunt> dump cnt;
2019-09-25 09:48:31,282 [main] INFO backend.hadoop.executionengine.util.
MapRedUtil - Total input paths to process : 1
(Iris-setosa,50)
(Iris-virginica,50)
(Iris-versicolor,50)
...
```

```
HadoopVersion   PigVersion      UserId  StartedAt       FinishedAt      Features
2.6.0.2.2.4.2-2 0.14.0.2.2.4.2-2        root    2019-09-25 09:32:44     2019-09-25 09:48:26     GROUP_BY

Success!

Job Stats (time in seconds):
JobId   Maps    Reduces MaxMapTime      MinMapTime      AvgMapTime      MedianMapTime   MaxReduceTime
lias    Feature Outputs
job_1569388191536_0003  1       1       158     158     158     158     428     428     428     428
/sandbox.hortonworks.com:8020/tmp/temp-823389658/tmp2116757313,
```

图 7-2 group by 转换 MapReduce 程序的信息

7.2.5 order by 关系操作

order by 语句可以对数据进行排序，产生一个全排序的输出结果。全排序意味着不仅是对每个文件中数据的排序，而且也是对分布式系统的所有文件内容进行排序。

```
grunt>order_by = order iris by petal_length ;     # 通过 order by 关系对
petal_length 排序
grunt>order_by_cell = foreach order_by generate petal_length ,species ;
grunt>dump order_by_cell ;
2019-09-25 10:07:29,822 [main] INFO  .pig.backend.hadoop.executionengine.
util.MapRedUtil - Total input paths to process : 1
(,)
(1.0,Iris-setosa)
(1.1,Iris-setosa)
(1.2,Iris-setosa)
...
```

7.2.6　distinct 关系操作

distinct 语句可将重复值去掉，但它只对整条记录进行处理。

```
uniq =  distinct iris ;
```

7.2.7　join 关系操作

join 是数据处理中非常重要的操作之一，在 Pig Latin 脚本中经常使用这个操作。join 可以将一个输入的记录和另一个输入的数据放在一起，并指定每个输入的键。当这些键值相等时数据就会连接在一起，下面以 movie 数据进行样式说明。

```
# 加载 movie 数据
grunt>movies = load '/user/root/test_data/movies.csv' using
PigStorage(',') as (movieId, title, genres);
# 加载 links 数据
grunt>links = load '/user/root/test_data/links.csv' using PigStorage(',')
as (movieId, imdbId, tmdbId);
# 通过 movieId 将 movies 和 links 进行关联
grunt>movie_links = join movies by movieId , links by movieId ;
# 限制 10 条数据
grunt>movie_links_10 = limit movie_links 10 ;
# 由于 movieId 在两个数据集中都有，所以需要进行使用 movies::moveId
grunt>movie_links_10_cell = foreach movie_links_10 generate
movies::movieId ,title ,imdbId , tmdbId;
# 查看数据
grunt>dump movie_links_10_cell
2019-09-26 02:57:45,434 [main] INFO  org.apache.pig.backend.hadoop.
executionengine.util.MapRedUtil - Total input paths to process : 1
(1,Toy Story (1995),0114709,862)
(2,Jumanji (1995),0113497,8844)
(3,Grumpier Old Men (1995),0113228,15602)
(4,Waiting to Exhale (1995),0114885,31357)
...
# 类似 SQL 的左连接方式如下
join movies by moviedId left outer , links by movieId ;
```

7.2.8　Parallel 关系操作

Pig 的核心之一就是提供一种并行数据处理的方法，尽管 parallel 语句可以附加到 Pig Latin 中任一关系操作符的后面，但是其只会控制 reduce 阶段并行。因此只有使用可以触发 reduce 过程操作符才有意义，可以触发 reduce 过程操作符的有 group、order、distinct、join。

```
# 加载 Iris 数据
grunt>iris = load '/user/root/test_data/iris.data' using PigStorage(',')
as (sepal_length, sepal_width, petal_length, petal_width,species);
```

```
# 使用 parallel 设置并行执行，其 reduce 个数为 10
grunt>group_num = group iris by species parallel 10;
grunt>cnt = foreach group_num generate group, COUNT(iris);
grunt>dump cnt
2019-09-26 04:15:26,307 [main] INFO pig.backend.hadoop.executionengine.
util.MapRedUtil - Total input paths to process : 10
(Iris-versicolor,50)
(,0)
(Iris-setosa,50)
(Iris-virginica,50)
```

7.3 Python Pig 的整合

Pig 可以像 Hive 一样，通过用户自定义 UDF 和 Pig Latin 代码结合在一起，从 Pig0.8 版本开始可以使用 Python 编写 UDF。

Pig 和 Hadoop 都是 Java 编写的，Java 也是编写 UDF 的原生语言，但 Java 编写需要通过编译打成 Jar 包后才能进行部署，其过程是很烦琐的。但通过 Python 来编写 UDF 就变得十分快捷，至少在功能测试阶段是很方便的，如表 7-3 所示。

表 7-3 操作环境

应 用 项	说 明
操作	使用 Python 编写 Pig UDF
主要模块	pig_util.py；使用 Jython 作为编译器
环境	自安装大数据环境，使用 Pig 本地模式

7.3.1 pig_util 模块说明

对于 pig_util 模块可以在安装 Pig 的目录中获取，具体的存放路径为 pig-0.xx.0/src/python/streaming/pig_util.py，在 Python 脚本中使用 pi_util 的装饰器 outputSchema 可以定义函数返回到 Pig 的数据格式。接下来进行代码演示，在 Pig local 模式下先将 pig_util.py 文件复制到家目录的 test_data 文件夹下。

先以 Hello World 程序举例说明。在这个例子中只是单纯地输出数据，并没有使用 Pig 传递的数据。

（1）编写 Python 脚本，脚本名为 hello_world.py。

```
from pig_util import outputSchema      # 导入 pig_util 下的 outputSchema 装饰器
```

```
@outputSchema('word:chararray')        # 使用 outputSchema 装饰器
def hello_world():
    return "hello world"
```

（2）进入 Grunt 中调用 Hello World UDF。

```
(base) root@test_data# pig -x local
#1 注册 Python 脚本，并通过输出信息，判断注册 Python 脚本已成功
grunt> REGISTER /home/hadoop/test_data/hello_world.py using streaming_
python as hello_udf ;
#2 加载数据
grunt> movies_data = load '/home/hadoop/test_data/movies.csv' using
PigStorage(',') as (movieId:chararray, title:chararray, genres:chararray) ;
grunt> movies_10 = LIMIT movies_data 10 ;
#3 调用 Python 的 udf
grunt> movies_10_hello = FOREACH movies_10 GENERATE hello_udf.hello_
world() ;
grunt> dump movies_10_hello ;          # 输出 10 个 hello world，如下所示
2019-09-26 20:10:45,505 [MainThread] INFO  org.apache.pig.backend.hadoop.
executionengine.util.MapRedUtil - Total input paths to process : 1
(hello world)
(hello world)
(hello world)
```

7.3.2 Pig 调用 Python UDF

在第 7.3.1 节中对 pig_util.py 的使用并没有进行数据操作，只是演示了一个处理流程。下面对 Python UDF 操作 Pig 数据进行演示。在使用 Python 脚本时需要指定解释器，即 Jpython 和 C Ptyhon。

```
使用 Jython: register '/path/to/pigudf.py' using jython as myfuncs;
使用 C Python: register '/path/to/pigudf.py' using streaming_python as
myfuncs;
```

使用第三章介绍的 Movies 数据进行操作。由于电影名中包含出品年份，如 Toy Story (1995)，可以使用 Python 先将影名和年份拆开，然后计算至今发行了多少年。

（1）通过 Python 计算电影至今发行了多少年，对应的脚本名为 date_diff.py。

```
from pig_util import outputSchema
from datetime import datetime
import re
@outputSchema('title:chararray')
def parse_title(title):
"""
    取得电影名，并计算至今发行了多少年
"""
    movie_name = re.sub(r'\s*\(\d{4}\)','', title)        # 获取电影名
    groups=re.search(r'\s*\(\d{4}\)',title,re.M|re.I)     # 获取时间和计算发行
```

```
了多少年
    if groups:
        # 拆分数据，获取发行的年份，并用当前的年份减去发行年份
        issue_year=int(title[groups.span()[0]:groups.span()[1]].strip()[1:5])
        year_diff=datetime.now().year - issue_year
        # 返回的数据包括电影名、发行年份，以及至今发行了多少年
        return movie_name , issue_year , year_diff
    return movie_name , -1 , -1
```

（2）在 Pig Latin 中调用 Python 脚本。

```
grunt> REGISTER '/home/hadoop/test_data/date_diff.py' USING streaming_
python AS date_diff;
grunt>records = LOAD '/home/hadoop/test_data/movies.csv' USING
PigStorage(',') AS (movieId:int, title:chararray, release_date:chararray);
grunt> titles = FOREACH records GENERATE date_diff.parse_title(title) ;
grunt> data = limit titles 10 ;
grunt> dump data;     # 输出的数据如下
(|(_Toy Story|,_1995|,_24|)_)
(|(_Jumanji|,_1995|,_24|)_)
(|(_Grumpier Old Men|,_1995|,_24|)_)
...
```

7.3.3 在 Python 中嵌入 Pig 脚本

Pig 是数据流语言，与常规的编程语言不同，它不包含控制流功能，如 if、while、for 等语句。因此，当它需要对同一个数据流按可变的次数重复执行，或需要基于一个操作符的结果进行分流时就会遇到困难，所以要将 Pig 脚本嵌入一种编程语言中，这样既不需要对 Pig Latin 的功能进行扩展使其变得复杂，也可以降低学习成本。

1. 操作步骤

在 Python 中嵌入 Pig 脚本的主要操作步骤包括编译、绑定、运行，其需要的模块是 org.apache.pig.scripting。

（1）编译处理。调用 Compile 函数返回一个表示管道的 Pig 对象，其调用方法有三种，如下所示。

```
P = Pig.compile("P1", """A = load '$in'; store A into '$out';""")
                                                  # 通过管道的方法传递
P = Pig.compileFromFile("myscript.pig")           # 通过调用脚本
P = Pig.compileFromFile("P2", "myscript.pig")     # 向脚本中传递参数
```

（2）绑定方法。bind 方法将变量与管道中的参数绑定，并返回一个 BoundScript 对象，其调用的方法如下所示。

```
Q = P.bind()                               # 最简单的方法是不需要参数
Q = P.bind({'in':input, 'out':output})     # 绑定相关的参数
```

（3）执行调用。通过 run 函数执行 Pig 逻辑功能，执行过程如下所示。

```
result = Q.runSingle()
```

2. 代码

下面将使用 Python 进行一次完整的代码例子。先对前面讲过的 3 个步骤进行说明，可让读者有一个具体的认识，Python 脚本名为 pig_test.py。

```
!/usr/bin/python
# 导入需要使用的 Pig 模块
from org.apache.pig.scripting import Pig
# 进行编译操作，将数据存放到 A 中，然后存储（打印）到屏幕
P = Pig.compile("""A = load '$in'; store A into '$out';""")
# 初始化参数 input 和 output
input = "original"
output = "output"
# 绑定操作，将前面创建的 input 和 output 参数进行绑定
Q = P.bind({'in':input, 'out':output})
# 执行操作
result = Q.runSingle()
# 查看执行结果
if result.isSuccessful():
    print "Pig job 执行成功"
else:
raise "Pig job 执行失败"
```

具体的调用方法如下。

```
pig  pig_test.py
```

7.4 总结

本章通过对 Pig 的学习，读者可以掌握在 Grunt 中使用 Pig Latin 脚本的方法。Pig Latin 作为数据流语言，具有安装简单且语法简单易用的特点，并且 Pig 和 Python 的结合是可以相互双向调用的。

由于 Pig 和 Hadoop 同是雅虎研发的，因此在兼容性和稳定性方面都很好，在作为客户端应用时无须对 Hadoop 进行修改。Pig 能够快速地分析数据，并与 Hive SQL 相互配合能够有效地完成工作。下面将 Pig 和 Hive 的功能进行对比，以便于读者记忆。

7.4.1 适用场景

（1）Pig：没有 SQL 使用经验的开发人员可以用它处理非格式化数据。由于它无须像 Hive 一样构建表，所以能在短时间内编写脚本进行数据处理，有较高的执行速度，但需要程序具有较高的灵活性和复杂的逻辑性。

（2）Hive：由于 Hive 是 Hadoop 的数据仓库，所以构建过程是长期且有计划的。因此 Hive 适合进行历史数据分析和处理，对于有 SQL 使用经验的开发人员可以快速上手。

7.4.2 功能对比

通过对比 Pig 和 Hive 间的功能差异，可以在特定情景下选择合适的解决方案，如表 7-4 所示。

表 7-4 Hive 和 Pig 的功能对比

特 征	Hive	Pig
数据模型和类型	支持（显式）	支持（隐式）
分区	支持	不支持
用户自定义函数	支持	支持
自定义序列化	支持	支持
直接访问 HDFS	支持（隐式）	支持（显式）
网络接口	支持	不支持
JDBC/ODBC	支持（有限的）	不支持

第八章 PySpark Shell应用

本章对 Python Spark 进行统一说明，包括在 Pyspark Shell 中使用 Spark 2 完成演示操作，但必要时也会使用 Spark 1 进行说明。通过本章的学习，读者可以建立起如何使用 PySpark 的整体概念，为后续的 Spark RDD、Spark DataFrame、Spark Streaming、Spark SQL 操作打下基础。

8.1 操作步骤

Spark 操作主要遵循 3 大步骤：数据读取、数据操作、数据保存。其中数据的读取和保存相对来说操作比较单一，但数据操作过程中的使用方法却是千差万别的，因此在实际操作中要有主次之分。

8.1.1 数据读取

数据读取是实际操作中的第一步，由于面对的数据环境和格式是多变的，就需要选择合理的编程对象进行处理。为了使演示操作更加丰富，操作时会涉及很多的数据源和目标，如文本文件（CSV、Json）、关系型数据库（MySQL、Postgresql）、从大数据平台获取数据（Hive、HBase）等。因此针对不同的数据源就需要不同的驱动程序。

8.1.2 数据操作

数据操作包括 Spark RDD、Spark DataFrame、Spark Streaming、Spark SQL 的操作。对于这些数据对象可进行 Transformation 或 Action 处理，并调用对应的 API。在操作中会对各种类 API 进行演示说明，主要包括：将数据转换为符合程序处理要求的格式；对数据集中的异常值或空值的判断和处理；对数据进行不同的维度汇总统计分析，并形成可用的对比结果等。

8.1.3 数据保存

由于 Spark 是基于内存计算的，但内存的成本较高，所以将计算的结果数据保存在分布式系统上，如 Hadoop、MapR，这样可将分布式数据存储和分布式数据处理计算区分开。但也可以将 Spark 计算的结果数据做进一步的展示和报告，特别是针对数据量不大，且结论性数据可以保存在数据库中或本地文件中的。

8.2 应用对象

Spark 操作可简略归纳为：三个编程对象是 RDD、DataFrame、DataSet；两种操作类型是 Transformation 和 Action；三类数据存储系统是本地文档系统、分布式系统、云系统。

8.2.1 三个编程对象

RDD、DataFrame、DataSet 都是 Spark 平台的分布式弹性数据集，可为处理超大型数据提供便利。

（1）RDD 数据集。RDD 在 Spark 1.0 版时就已经被引入作为 Spark 中的基本抽象对象。它是一个不可变的分布式对象集合，每个 RDD 都被分为多个分区，并运行在集群中的不同节点上。RDD 可以包含 Python、Java、Scala 中任意类型的对象，甚至是用户自定义的对象。它可以轻松有效地处理结构化和非结构化的数据，但 RDD 不能推断出所提取数据的模式。

（2）DataFrame 数据集。在 Spark 1.3 版时加入的 DataFrame，是组织成命名列的分布式数据集合。它在概念上等同于关系数据库中的表，仅适用于结构化和半结构化数据。Spark SQL 的功能也是建立在 DataFrame 基础上的，使用 Spark SQL 就要创建对应的 DataFrame。DataFrame API 不支持编译时错误，它仅在运行时检测属性的错误。

（3）DataSet 数据集。DataSet 在 Spark1.6 时被加入，它是 DataFrame API 的扩展。提供了 RDD API 的类型安全、面向对象编程接口的功能。DataSet 的 API 支持各种的数据源，它提供编译时的类型安全性，因此成为优秀的编程对象，只是目前它的支持性还不完善。

8.2.2 两种操作类型

RDD 支持两种操作：Transformation 和 Action，各种 API 都可以归类为这两类。

（1）Transformation 操作。RDD 的 Transformation 操作是返回新 RDD 的操作，且 Transformation 操作是惰性计算的，只有在行动操作中用到这些 RDD 时才会被计算。许多转化操作都是针对各个元素的，即每次只能操作 RDD 中的一个元素。

（2）Action 操作。通过 Action 操作对 RDD 计算出一个结果，并把该结果返回到驱动器程序中，或把结果存储到外部存储系统中。

8.2.3 三类数据存储系统

Spark 具有良好的扩展性，可以支持所有的数据源。如图 8-1 所示，显示了 Spark 支持的数据源，它们都归类到存储系统中，包括本地文档系统、分布式系统和云系统。

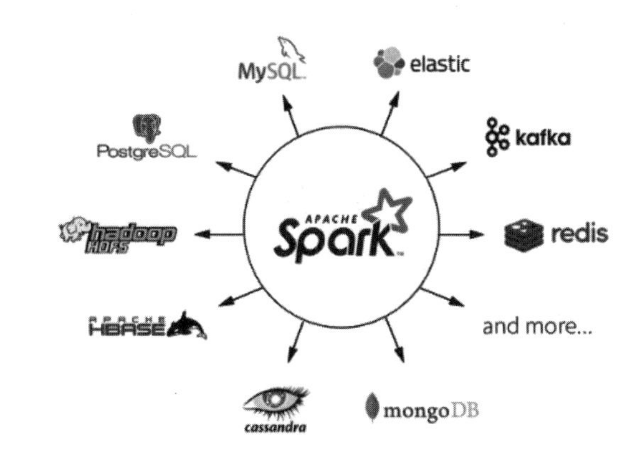

图 8-1 Spark 支持的数据源

（1）本地文件系统。它可以从 Windows 的 NTFS 文件系统或 Linux 的 Ext 文件系统中读取和存储数据，这类本地文件的路径格式为 file://home/spark/README.md。

（2）分布式文件系统。它是指分布式文件系统的数据读 / 取和存储，如 Hadoop 或 MapR，这样的分布式文件系统的路径格式为 hdfs://master:port/path。

（3）云存储系统。 它的数据读 / 取和存储方式更加灵活和丰富，对这类文件的读 / 取的路径格式为 s3n://bucket/path-within-bucket。

8.3 Spark 核心模块

Spark 构架分为五大核心模块，分别是 Spark Core API、Spark SQL+DataFrames、Spark Streaming 、Spark MLlib（Machine Learning）和 GraphX（Graph Computation），并且 Python 对这五大模块的功能进行了良好的封装，这方面内容将在后续详细说明，对于五大模块的构架如图 8-2 所示。

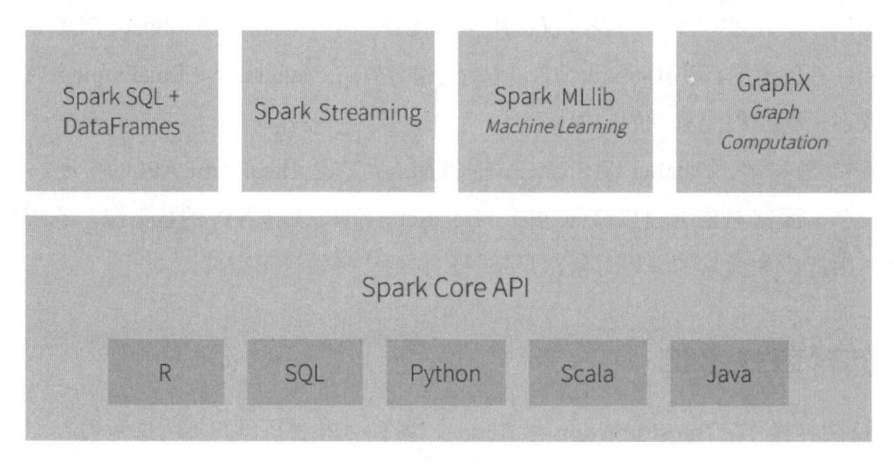

图 8-2　Spark 的核心模块

8.3.1 Spark Core

Spark Core 实现了 Spark 的基本功能，包括任务调度、内存管理、错误恢复、存储系统、交互等功能。Spark Core 中封装了针对弹性分布式数据集的 API，可支持五种编程语言，分别是 R、SQL、Python、Scala、Java。

8.3.2 Spark SQL

Spark SQL 是在 Spark 1.0 版中被引入的，是 Spark 用来操作结构化数据的应用。许多数据科学家、分析师和一般商业智能用户都依赖于交互式 SQL 查询来研究数据，而 Spark SQL 正是一个用于结构化数据处理的 Spark 模块，它提供了一个 DataFrames 的编程抽象，还可以充当分布式 SQL 查询引擎，无缝对接 Hive 并使查询速度成倍提高。

8.3.3 Spark Streaming

Spark Streaming 作为 Spark 提供的对实时数据进行流式计算的组件，能够及时地清洗、整合大量实时数据（如 web 服务器日志、票务系统的余票数据等），并进行及时的分析。通过 Spark Streaming 能够处理以前无法适应的大量数据和快速处理有严苛要求的场景。

8.3.4 Spark MLlib

MLlib 构建于 Spark 中，是一个可伸缩的机器学习库。它可提供高质量的算法，如通过多次迭代来提高精度和速度。作为 Spark 应用程序的一部分，MLlib 在 Java、Scala 和 Python 中都是可用的，因此可以将它包含在完整的工作流中。

8.3.5 Spark GraphX

GraphX 是一个基于 Spark 的图计算引擎，提供了一个通用算法库。用户可以通过它对图形结构化数据进行大规模的交互构建、转换和推理，从而表示出复杂的现实关系。如网络社交图、城市交通流量图，这些图表示的数据量虽很大，但通过 Spark GraphX 能进行快速地计算处理。

8.4 Spark Shell 的使用

本节将开始介绍和使用 Spark Shell。对 Spark 默认安装后 Scala Shell 即可使用，但是需要付出一定的学习成本。虽然使用 PySpark 是一种较为合理的选择，但由于目前 Spark 对 Python 的支持并不像对 Scala 那样完善，因此有必要在使用 PySpark Shell 前先对 Spark Shell 说明，并结合 Spark Web UI 进行解析。

8.4.1 Spark Shell 的使用

虽然开启 Spark Shell 的操作很简单，但是由于本书涉及 3 个不同的操作环境，所以开启方式还是有些差异的。下面进行简要说明，并演示 Scala 的执行操作，主要目的是在 Spark Web UI 中进行讲解。

1. 开启 Spark Shell

（1）Windows 中的 Spark 环境。在 Spark 安装路径的 bin 目录中调用 spark-shell.cmd 脚本，命令如下所示。成功开启后的输出信息如图 8-3 所示。

```
Admin@Yct MINGW64 /e/spark-2.4.2-bin-hadoop2.7/bin
$ ./spark-shell2.cmd
```

```
Administrator@Yct201811021847 MINGW64 /e/spark-2.4.2-bin-hadoop2.7/bin
$ ./spark-shell2.cmd
19/10/09 10:01:01 WARN NativeCodeLoader: Unable to load native-hadoop library fo
r your platform... using builtin-java classes where applicable
Using Spark's default log4j profile: org/apache/spark/log4j-defaults.properties
Setting default log level to "WARN".
To adjust logging level use sc.setLogLevel(newLevel). For SparkR, use setLogLeve
```

图 8-3　Windows 环境中开启 Spark Shell

（2）HDP 和自安装环境中开启 Spark Shell。由于同是在 Linux 环境中，所以和开启 Spark Shell 的方法是一样的。如下所示，成功开启后的输出信息类似图 8-3 所示。在终端中开启 Spark 会默认创建 SparkContext 和 SparkSession 对象实例，其中 SparkContext 对象的名字是 sc，SparkSession 对象名字是 spark。可以直接使用这个变量进行 Spark 开发，并且带来一定的便利性。

```
(base) root@hadoop# spark-shell
...
Spark context Web UI available at http://NEO:4040
Spark context available as 'sc' (master = local[*], app id =
local-1577197601514).
Spark session available as 'spark'.
```

2. 操作演示

演示中处理的数据是 Spark 的一份官方文档说明，其地址为 https://spark.apache.org/docs/latest/api/python/pyspark.html#pyspark.SparkContext。先将内容复制到文件 spark.txt 中，然后在 Spark Shell 中对 spark.txt 文件进行处理。

（1）创建 RDD 操作，从不同的数据源构建 RDD。

```
scala> val data=sc.textFile("D:/spark.txt") # 从文件中读取数据创建 RDD
data: org.apache.spark.rdd.RDD[String] = D:/spark.txt MapPartitionsRDD[1]
at textFile at <console>:24
scala> val num = Array(1, 2, 3, 4, 5, 6, 7, 8, 9, 10)
                                            # 通过集合创建 RDD
num: Array[Int] = Array(1, 2, 3, 4, 5, 6, 7, 8, 9, 10)
scala> val newRDD = no.map(num => (num * 2)) # 通过已有的 RDD 创建
newRDD: Array[Int] = Array(2, 4, 6, 8, 10, 12, 14, 16, 18, 20)
```

（2）对 RDD 中的元素进行查看或转换操作。

```
scala> data.count()                         # 元素统计
res0: Long = 1627
scala> val contextdata = data.filter(line => line.contains("sparkcontext"))
                                            # 过滤包含 sparkcontext 字段的操作
contextdata: org.apache.spark.rdd.RDD[String] = MapPartitionsRDD[2] at
filter at <console>:25
scala> data.filter(line => line.contains("TaskContext")).count()     #
res5: Long = 12
scala> data.first()                         # 查看第 1 个元素
res7: String = nextprevious |Pyspark2.4.4 documentation ?
scala> data.take(5)                         # 查看前 5 个元素
res8: Array[String] = Array(nextprevious |Pyspark2.4.4 documentation
?, Pysparkpackage, Subpackages, Pyspark.sql module, Pyspark.streaming
module)
scala>  data.partitions.length              # 查看分区数
res9: Int = 2
scala>  data.cache()                        # 换成数据是惰性操作，需要一个
action 操作来执行
res10: data.type = D:/spark.txt MapPartitionsRDD[1] at textFile at
<console>:24
```

```
scala> data.count()                    # 触发 cache 操作进行换成数据
res11: Long = 1627
```

8.4.2 使用 Spark Web UI 分析

第三章在安装 Spark 时简单介绍过 Spark Web UI。这里将使用 Spark Web UI 对上面执行的 Scala 语句进行分析说明（分析方法同样适用 PySpark）。

（1）打开 Spark Web UI。Spark Web UI 默认的端口是 4040，在开启 Spark Shell 时会有提示类信息：Spark context Web UI available at http://Yct201811021847:4040。打开后出现如图 8-4 所示界面，其中包括 5 个主要标签页：Jobs、Stages、Storage、Environment、Executors。下面对这 5 个标签页进行详细说明。

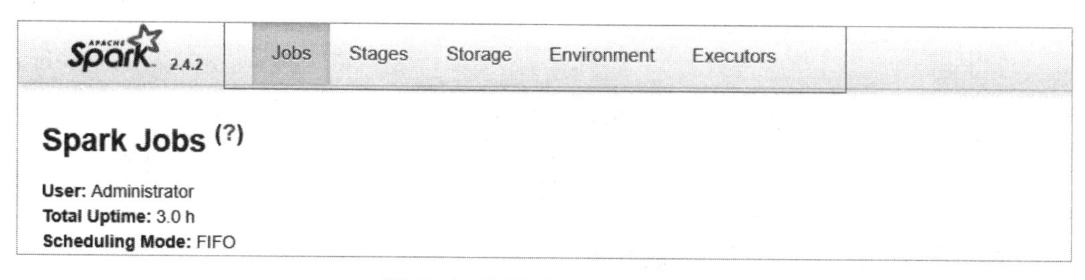

图 8-4 打开 Spark Web UI

（2）Jobs 标签页信息。通过 Jobs 标签页面可以查看已经处理完成的任务。如图 8-5 所示的 Event Timeline，它展示了 Job 的执行时间及最后的运行状态，在对应的 Job 执行图形上点击可跳转到 Job 的详细信息页面。

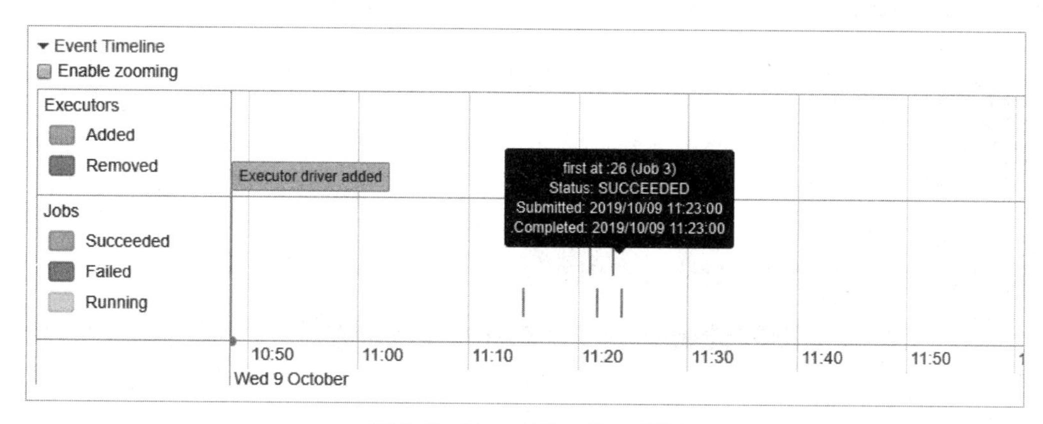

图 8-5 Event Timeline 页面

Completed Jobs 展示执行的 Job 列表，如图 8-6 所示。Submitted 列表示 Job 提交的时间，Duration 列为 Job 处理的时间，Stages 列为 Job 下要处理的 stage 情况，Tasks 列为 stage 下要处理的 task 情况。

Completed Jobs (6)

Job Id	Description	Submitted	Duration	Stages: Succeeded/Total	Tasks (for all stages): Succeed
5	count at <console>:26 count at <console>:26	2019/10/09 13:13:21	0.5 s	1/1	2/2
4	take at <console>:26 take at <console>:26	2019/10/09 11:23:49	21 ms	1/1	1/1
3	first at <console>:26 first at <console>:26	2019/10/09 11:23:00	25 ms	1/1	1/1

图 8-6　Completed Jobs 页面

（3）Stages 标签页信息。在 Spark 中 Stages 是 Job 的组成部分，而一个 Job 可被切分成一个或多个的 Stage。然后各个 Stage 按照顺序执行，而 Stage 又是由 Task 组成的。可以在 Stage 信息的 DAG Visualization 中查看每个 RDD 从创建到应用的流程，如图 8-7 所示。

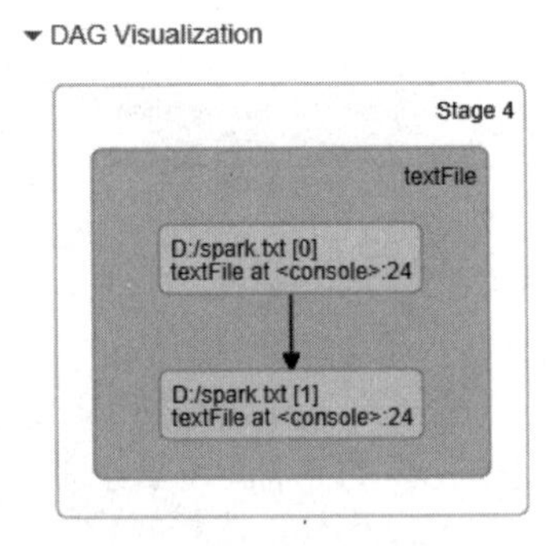

图 8-7　Stage DAG Visualization 页面

通过 Show Additional Metrics 可以添加显示执行过程的信息，勾选后的信息在 Summary Metrics 下显示。Event Timeline 可以查看 Stage 执行各步骤的耗时占比，如图 8-8 所示。

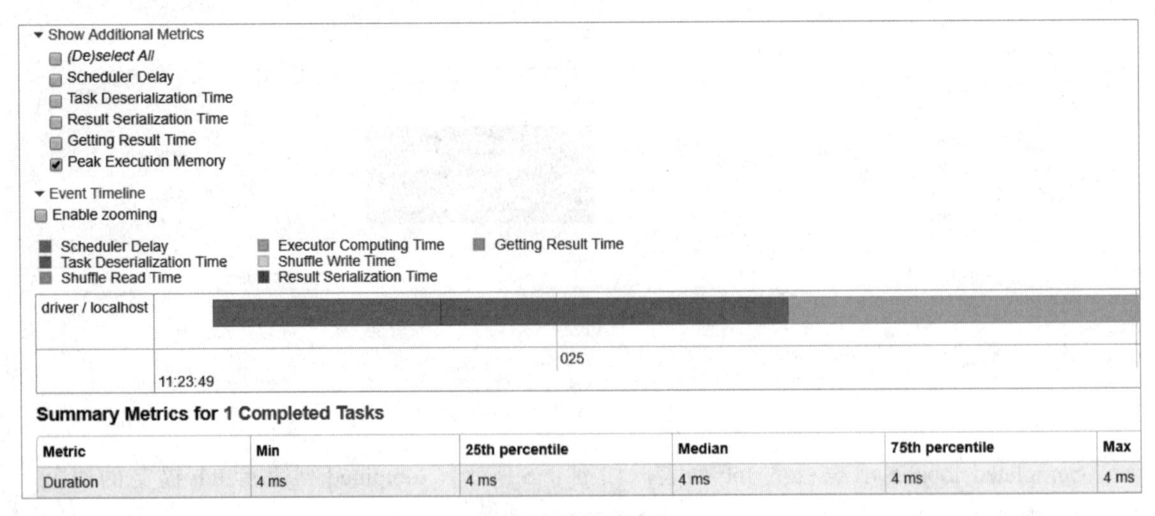

图 8-8　执行信息

通过 Aggregated Metrics by Executor 和 Tasks 可以分别查看 Executor 的执行情况。在 Stage 中

Task 的执行情况如图 8-9 所示。

▾ Aggregated Metrics by Executor

Executor ID ▴	Address	Task Time	Total Tasks	Failed Tasks	Killed Tasks	Succeeded Tasks	Input Size / Records
driver	Yct201811021847:41944	9 ms	1	0	0	1	64.0 KB / 5

▾ Tasks (1)

Index ▴	ID	Attempt	Status	Locality Level	Executor ID	Host	Launch Time	Duration	GC Time	Peak Execution Memory	Input Size /
0	7	0	SUCCESS	PROCESS_LOCAL	driver	localhost	2019/10/09 11:23:49	4 ms		0.0 B	64.0 KB / 5

图 8-9　Executor 和 Tasks 页面

（4）Storage 标签页信息。操作中的缓存、持久化操作的相关信息都可以在这里查看，如之前实施的 cache 缓存操作。如图 8-10 所示，点击 RDD Name 链接可以查看更详细的信息。如图 8-11 所示，可以查看具体的 Executor 和分区信息。

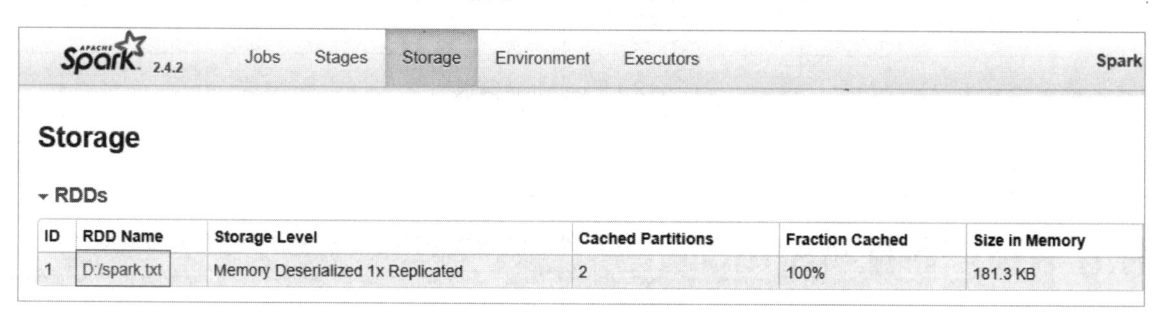

Storage

▾ RDDs

ID	RDD Name	Storage Level	Cached Partitions	Fraction Cached	Size in Memory
1	D:/spark.txt	Memory Deserialized 1x Replicated	2	100%	181.3 KB

图 8-10　Storage 缓存信息

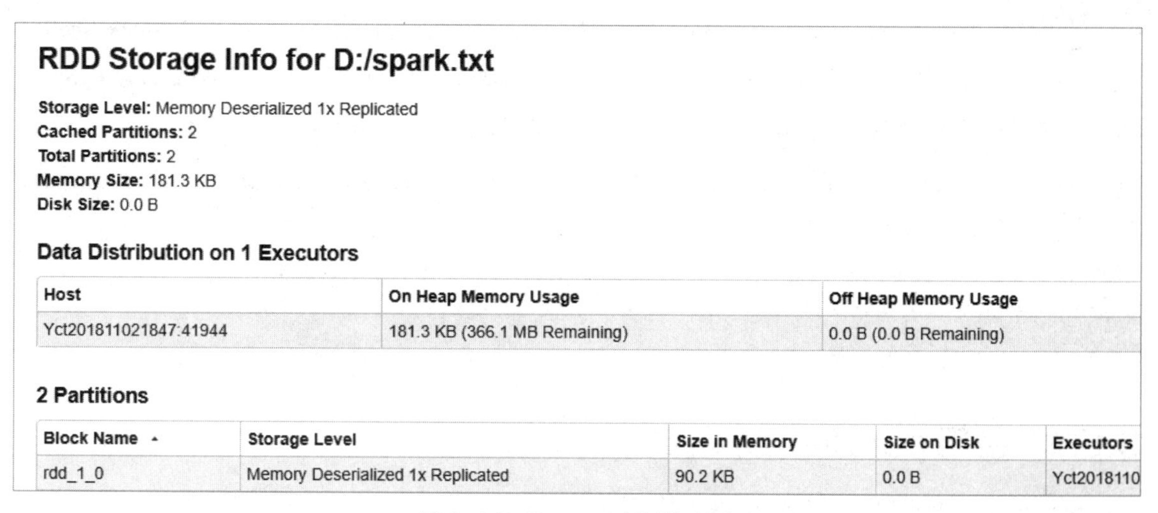

RDD Storage Info for D:/spark.txt

Storage Level: Memory Deserialized 1x Replicated
Cached Partitions: 2
Total Partitions: 2
Memory Size: 181.3 KB
Disk Size: 0.0 B

Data Distribution on 1 Executors

Host	On Heap Memory Usage	Off Heap Memory Usage
Yct201811021847:41944	181.3 KB (366.1 MB Remaining)	0.0 B (0.0 B Remaining)

2 Partitions

Block Name ▴	Storage Level	Size in Memory	Size on Disk	Executors
rdd_1_0	Memory Deserialized 1x Replicated	90.2 KB	0.0 B	Yct2018110

图 8-11　Storage 的详细信息

（5）Environment 和 Executor 的标签页信息。通过 Environment 可以查看执行环境信息，如 Java 版本、操作系统信息、Spark 的配置信息等。通过 Executor 可以看到执行者申请使用的内存，以及 shuffle 中 input 和 output 等数据，如图 8-12 所示。

Executors

Summary

	RDD Blocks	Storage Memory	Disk Used	Cores	Active Tasks	Failed Tasks	Complete Tasks	Total Tasks	Task Time (GC Time)	Input	Shuffle Read	Shuffle Write	Blacl
Active(1)	2	223.4 KB / 384.1 MB	0.0 B	4	0	0	10	10	3 s (70 ms)	568.2 KB	0.0 B	0.0 B	0
Dead(0)	0	0.0 B / 0.0 B	0.0 B	0	0	0	0	0	0 ms (0 ms)	0.0 B	0.0 B	0.0 B	0
Total(1)	2	223.4 KB / 384.1 MB	0.0 B	4	0	0	10	10	3 s (70 ms)	568.2 KB	0.0 B	0.0 B	0

Executors

Show 20 entries　　Search:

Executor ID	Address	Status	RDD Blocks	Storage Memory	Disk Used	Cores	Active Tasks	Failed Tasks	Complete Tasks	Total Tasks	Task Time (GC Time)	Input
driver	Yct201811021847:41944	Active	2	223.4 KB / 384.1 MB	0.0 B	4	0	0	10	10	3 s (70 ms)	568.2 KB

图 8-12　Executor 信息

8.5 PySpark Shell 的使用

在成功安装 PySpark 后，就可以使用 PySpark Shell 连接各种不同的数据源。在 Windows 环境中，可以使用 Jupyter notebook。在 Linux 上使用如下所示的 pyspark 命令即可进入 PySpark Shell，并且在接下来的 3 章内容中，对 API 的介绍都是在 PySpark Shell 上执行，所以务必要熟悉 PySpark Shell，并使用默认创建名为 spark 的 SparkSession 对象和名为 sc 的 SparkContext 对象。

```
(base) root@hadoop# pyspark                    # 开启 PySpark Shell
Python 2.7.16 |Anaconda, Inc.| (default, Mar 14 2019, 21:00:58)
...
Using Python version 2.7.16 (default, Mar 14 2019 21:00:58)
SparkSession available as 'spark'.
>>>
```

8.5.1 使用 parallelize 函数

parallelize 函数可以读取 Python 集合数据并将其转换成 RDD。但是除开发原型和测试时间外，这种方式用得并不多。毕竟这种方式需要把整个数据集先放在一台机器的内存中，这是无法处理大数据量的。

```
#glom 方法，返回的是 RDD，collect 返回的是一个列表
>>> sc.parallelize([0, 2, 3, 4, 6], 5).glom().collect() # 查看 RDD 数据
[[0], [2], [3], [4], [6]]
```

```
# 使用 xrange 生成数据
>>> sc.parallelize(xrange(0, 6, 2), 5).glom().collect()
[[], [0], [], [2], [4]]
```

8.5.2 使用 textFile 和 wholeTextFiles

从 HDFS、本地文件系统（在所有节点上可用）或任何 Hadoop 支持的文件系统中，通过 URI 读取文本文件并将其作为字符串的 RDD 返回。

```
>>> path = os.path.join("/home/hadoop/test_data", "iris.data")
>>> textFile = sc.textFile(path)                # 读取文件内容
>>> textFile.collect()
[u'5.1,3.5,1.4,0.2,Iris-setosa', u'4.9,3.0,1.4,0.2,Iris-setosa', ........]
```

同时处理整个文件夹，如果文件足够小，则可以使用 SparkContext.wholeTextFiles() 方法，该方法会返回一个 pair RDD，其中键是文件名，而值是文本的内容。

```
>>> dirPath = os.path.join("/home/hadoop/", "files")     # 读取本地文件
>>> os.mkdir(dirPath)                                    # 创建文件夹
>>> with open(os.path.join(dirPath, "1.txt"), "w") as file1:
...     _ = file1.write("1")                             # 创建文件，写入数据
...
>>> with open(os.path.join(dirPath, "2.txt"), "w") as file2:
...     _ = file2.write("2")                             #创建文件,写入数据
...
>>> textFiles = sc.wholeTextFiles(dirPath)  # 读取刚才创建文件夹中的文件内容
>>> sorted(textFiles.collect())
[(u'file:/home/hadoop/files/1.txt', u'1'), (u'file:/home/hadoop/files/2.txt',
u'2')]
```

8.5.3 CSV 和 Json 数据

CSV 文件作为常用的一种文本存储格式使用十分广泛。通过 PySpark 读取 CSV 文件内容就可以直接构造 DataFrame 数据集。

```
# 直接使用 sparksession 的 read.csv 函数；对于 spark 1，使用 SQLContext 进行读取
>>> df=spark.read.csv('/home/hadoop/test_data/movies.csv',header=True,
inferSchema=True)
>>> df.show(3)    # 查看数据
movieId     title                   genres
  1         Toy Story (1995)        Adventure|Animati...
  2         Jumanji (1995)          Adventure|Childre...
  3         Grumpier Old Men ...    Comedy|Romance
```

同 CSV 文件一样，Json 文件也是常用的格式文件。它作为一种轻量级的数据交换格式，易于机器的解析和生成。

```
>>> df = spark.read.json('/home/hadoop/test_data/test.json',
multiLine=True)   # 读取 Json 文件
>>> df.show()
  name            url
Google          http://www.google...
 Baidu          http://www.baidu.com
  bing          http://www.bing.com
```

8.5.4 PostgreSQL 和 MySQL 数据

虽然 Spark 可以从各种不同的关系数据库中获取数据，但是对于特定的数据库则需要使用特定的 JDBC 驱动 Jar 包，如 PostgreSQL 数据库，其对应的驱动下载地址为 https://jdbc.postgresql.org/download.html。下载完毕后将文件复制到 spark 安装目录的 jars 目录中即可。

```
>>>df=spark.read.format('jdbc').options(
        url='jdbc:postgresql://localhost:5432/northwind',
                                                # 连接 PostgreSQL 数据库的 URI
        dbtable='public.orders',                # 数据库中的表
        user='postgres',
        password='123456'                       # 数据库的账号和密码
).load()
>>>df.show(3)
```

和 PostgreSQL 数据库一样，不同版本的 MySQL 需要使用不同的驱动包，驱动包到 MySQL 官网下载即可，同样也复制到 Spark 安装目录的 jars 目录中。

```
>>>df=spark.read.format('jdbc').options(
        url='jdbc:mysql://localhost:3306',  # 连接 MySQL 数据库的 URI
        dbtable='mysql.db',
        user='root',
        password='123456'
        ).load()
>>>df.show()
```

8.5.5 Hive 数据

通过 PySpark 访问 Hive，需要知道 Hive 的配置信息，所以需要将 Hive 的 hive-site.xml 配置文件复制到 Spark 安装路径的 conf 目录下。

```
>>>spark = SparkSession.builder \
    .appName(appName) \
    .master(master) \
    .enableHiveSupport() \              # 启用对 Hive 的支持
    .getOrCreate()
>>>df = spark.sql("select * from test_db.test_table")
>>>df.show()
```

8.6 总结

通过学习本章，认识了 Spark 的编程涉及的核心对象和模块，为后续章节学习使用 PySpark 各核心模块做了铺垫。

本章主要说明在进行 PySpark 开发中涉及的数据源和数据格式。它们的操作分类和相关 API 的说明通过 Spark Shell 进行简单的展示。通过 Spark Web UI 对 Spark 应用程序进行分析，可以把握 Spark 程序运行的状态，并进行对应的优化和排错处理。

第九章 PySpark对RDD操作

本章重点介绍 Python Spark 的核心模块 pyspark.RDD，包括对 pyspark.RDD 主要 API 接口的使用场景进行说明，以及对不同数据源的读取和存储进行演示。本章内容分为 3 部分，包括 Spark RDD 说明、RDD API 说明和 Spark RDD 的应用操作。

9.1 Spark RDD 说明

RDD（Resilient Distributed Datasets）是 Spark 最基本的数据结构，是不可变分布式集合。RDD 中的每个数据集都可分为逻辑分区，这样可以在群集的不同节点上进行计算。RDD 不仅包含任何类型的 Python、Java、Scala 编程对象，也可以是用户定义的编程语言类。

Spark 可以利用 RDD 的概念来实现更快、更有效的 MapReduce 计算。如图 9-1 所示为来自 Spark 官方的数据，通过测试 Spark 和 Hadoop 的计算速度，可以发现 Spark 计算速度在特定情形下是 Hadoop 的 100 多倍，所以下面对 Hadoop 和 Spark 的数据迭代进行说明，揭示为什么会在速度上产生这么大的差异。

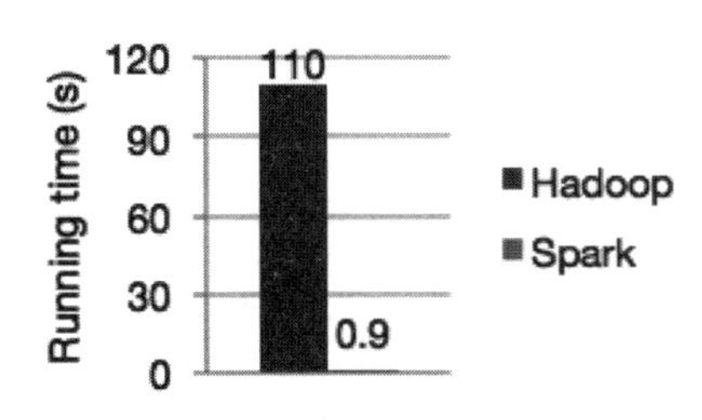

图 9-1 Spark 和 Hadoop 的计算速度对比

9.1.1 Hadoop 的数据迭代

Hadoop 允许用户使用一组高级运算符编写并进行计算，而不必担心工作分配和容错性。但在两个 MapReduce 间重用数据的唯一方法是，将其写入外部稳定的存储系统中。虽然 Hadoop 框架提供了许多用于访问群集的抽象计算资源，但编写 MapReduce 程序还是有一定难度的。

在多阶段应用程序中，跨多个计算重用中间结果的方式如图 9-2 所示，说明在 MapReduce 中迭代操作的方式，会由于数据复制、磁盘 I/O 和序列化，导致产生大量开销从而使系统变慢。

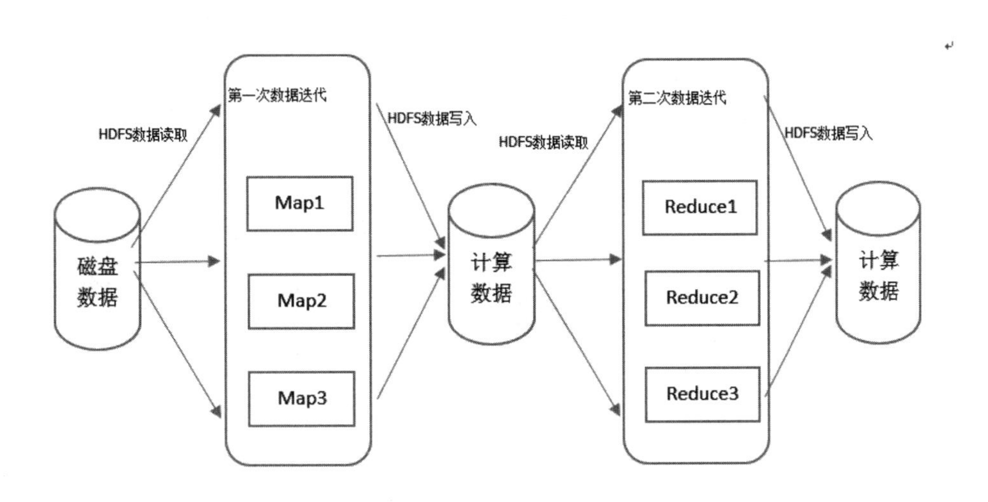

图 9-2 Hadoop MapReduce 数据迭代

对同一数据子集运行临时查询时，每个查询都会在稳定存储上执行磁盘 I/O，这可能会影响应用程序的执行时间。图 9-3 展示了 MapReduce 中交互式查询的工作方式，可以看到每进行一次查询就会读取 3 次磁盘数据，但效率并不高。

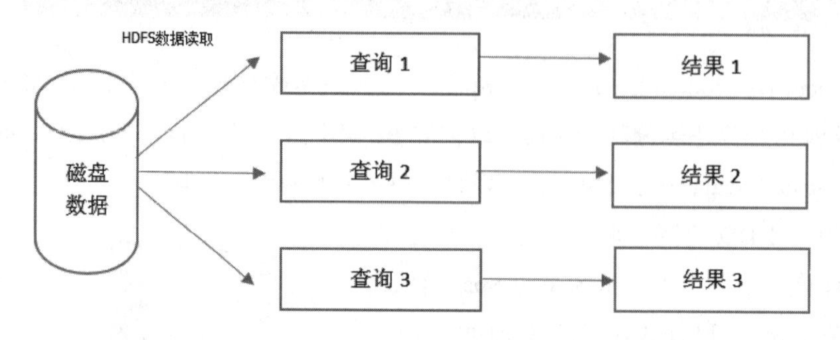

图 9-3　MapReduce 上交互查询

9.1.2　Spark 的数据迭代

由于复制、序列化和磁盘 I/O 在 MapReduc 中的数据共享速度很慢，所以在大多数 Hadoop 应用程序中，会花费 90% 以上的时间进行 HDFS 读 / 写操作。针对这样的现象，Spark 提出了解决方案：弹性分布式数据集，其支持内存中的处理计算。这样意味着将内存状态存储为跨作业的对象，并且可在这些作业之间共享。因此，会出现 Spark 的计算速度是 Hadoop 的 100 多倍的情况，单从这一点就可以使 Spark 脱颖而出。

从图 9-4 所示的 Spark RDD 数据迭代可以看出，它将中间结果存储在分布式内存中，而不是存储在稳定的磁盘中，这样可使系统运行更快，也更容易进行数据共享。但如果分布式内存不足以存储中间结果，则将这些结果存储在磁盘上。

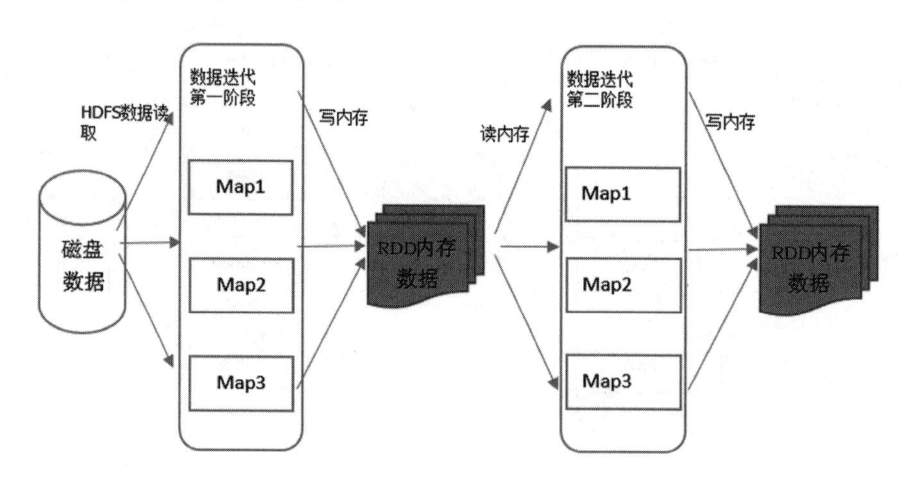

图 9-4　Spark RDD 的数据迭代

如果对同一组数据重复执行不同的查询，则可以将这些数据保留在内存中，以缩短执行时间。默认情况下每次在其上次执行结果的基础上进行，但有可能以不同的方式计算每个转换的 RDD，将 RDD 保留在内存中，并把下次要查询的数据保留在群集中，以加快访问速度。如图 9-5 所示，只要从磁盘中读取一次数据，就可以实现三种不同的操作处理。

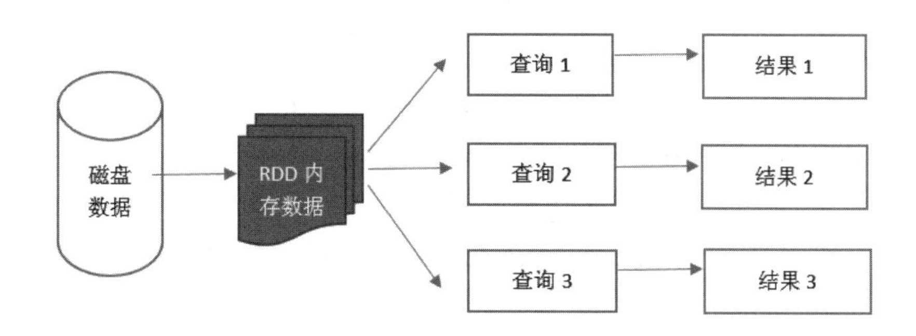

图 9-5 Spark RDD 交互操作

9.1.3 RDD 的特性

RDD 的主要特性包括：弹性计算、分布式数据存储计算、延迟计算、不可变性、可分区，其中两种操作与前面讲过的 Transformation 和 Action 有关，具体的特征说明如下。

（1）弹性计算主要包括以下内容。存储弹性：内存与磁盘的自动切换。容错弹性：数据丢失可自动恢复。计算弹性：计算出错重试机制。分片弹性：根据需要重新分片。

（2）分布式数据存储计算。RDD 数据集被分割到不同服务器节点的内存上，以实现分布式计算的目的。由于 Spark 是分布式计算引擎，所以有这个特性是必然的，只是在 Spark 中将其定义为一个抽象的对象。

（3）延迟计算带来的好处。在 Spark 中 RDD 执行 Transformation 后，相应的计算并不会马上开始，而是需要有一个 Action 操作调用后，实际计算才会开始。通过延迟计算，Spark 可以在有机会全面查看 DAG 之后采用许多优化决策。

（4）不可变性的必要性。RDD 数据是只读模式，不可以修改，只能通过相关的转换生成新的数据来变相达到修改的目的。不变性是高并发 (多线程) 系统的方法，如果同时读 / 写 (更新)，那么并发程序就更难实现，并且不可变数据也更容易在内容中存储和操作。

（5）可分区的必然性。Spark 是一个分布式计算系统，支持数据可分区是其根本功能，所以可以在任何现有的 RDD 上执行分区，以创建可变的逻辑部分。

（6）RDD 计算操作过程处理。如图 9-6 所示，可以清晰展示出 RDD 计算中相关特征和操作方式。RDD 数据可分布到不同的节点上，并通过 Transformation 操作产生新的 RDD，最终通过一个 Action 操作触发其结果生成。

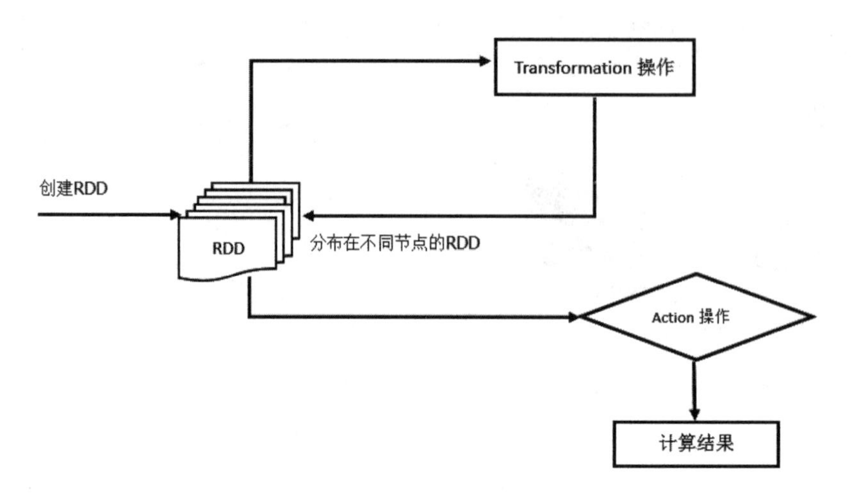

图 9-6　RDD 计算

9.1.4　Pair RDD

Pair RDD 操作是键值对 RDD，是 Spark 中最常见的数据类型。Pair RDD 是类似 { 苹果：100 个，梨子：80 个，橘子：120 个…} 这样的数据。

键值对几乎在所有的编程语言中都使用数据结构。但是在 Spark 中还是特别提出 Pair RDD 的使用，在分布式数据查询中使用 Key-Value 具有快速处理大数据量的特性，特别是通过主键查询有很大的优势，而且有些操作允许对每个键进行并行操作，这样就让数据操作变得更加灵活，如图 9-7 所示。

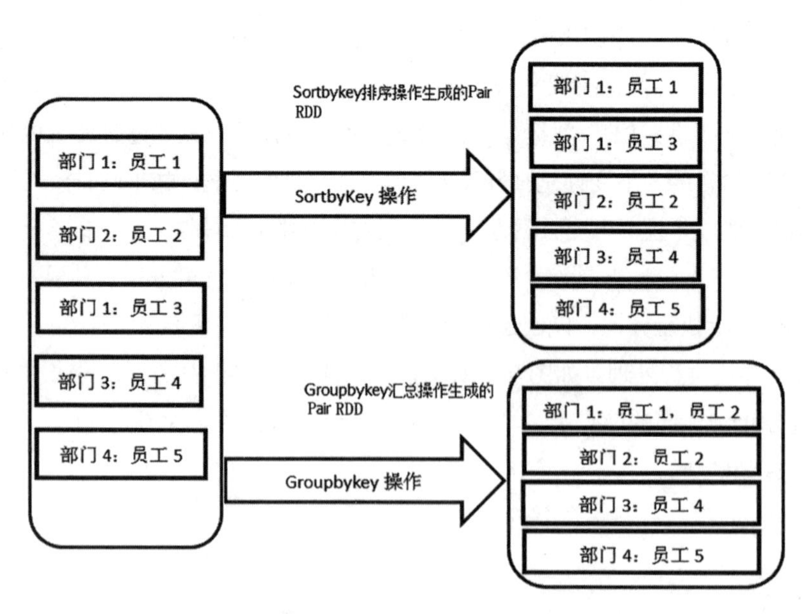

图 9-7　Pair RDD 计算

9.2 RDD API 说明

本节内容分为 3 部分，分别是创建 RDD 的方式、RDD API 的分类和 Spark 的存储模式。

9.2.1 创建 RDD 的方式

创建 RDD 有 3 种方法，分别是从 HDFS、本地目录、网络存储等各类数据源中读取数据构建 RDD；在现有的 RDD 基础上创建新的 RDD；使用 parallelize 加载结构像 Python 列表这样的数据。

（1）从 Python List 结构创建 RDD。

```
>>> list_data = ['a','b','c','d','e']
>>> list_data
['a', 'b', 'c', 'd', 'e']
>>> rdd_list = sc.parallelize(list_data,2)
>>> type(rdd_list)
<class 'pyspark.rdd.RDD'>              # 从 Python List 读取数据，返回 RDD 数据类型
```

（2）从已有的 RDD 创建，即在已有的 rdd_list 基础上创建。

```
>>> rdd_map=rdd_list.flatMap(lambda x: x + 'x')
>>> type(rdd_map)
<class 'Pyspark.rdd.PipelinedRDD'>     # PipelinedRDD 是 RDD 子类，
                                        即可调用 RDD 中的所有函数
>>> list_map=rdd_map.glom().collect()
>>> list_map
[['a', 'x', 'b', 'x'], ['c', 'x', 'd', 'x', 'e', 'x']]
```

（3）从外部数据源创建 RDD。

```
>>> rdd_file=sc.textFile('/home/hadoop/test_data/iris.data')
>>> type(rdd_file)
<class 'pyspark.rdd.RDD'>
```

9.2.2 pyspark.RDD 类

现在开始介绍 pyspark.RDD 类，承接上面讲述的创建 RDD 基础，说明可以在 RDD 上实施的操作，下面可将函数划分为 Transformation、Action 和其他三类进行说明。

1. Transformation 函数

（1）cogroup(other,numPartitions=None) 函数，对两个 RDD 中的 KV 元素，每个 RDD 中相同 key 中的元素分别聚合成一个集合。

```
>>> x = sc.parallelize([("a", 1), ("b", 4)])
>>> y = sc.parallelize([("a", 2)])
>>> [(x, tuple(map(list, y))) for x, y in sorted(list(x.cogroup(y).
collect()))]
```

```
[('a', ([1], [2])), ('b', ([4], []))]
```

（2）distinct(numPartitions) 函数，表示将 RDD 元素去重，相当于 SQL 中的 distinct 操作。

```
>>> dis=sc.parallelize([1, 1, 2, 3]).distinct()
>>> type(dis)
<class 'yspark.rdd.PipelinedRDD'>      # 使用 distinct 操作后，返回 PipelinedRDD
类型
>>> dis.collect()      # 去重后的结果如下
[1, 2, 3]
```

（3）coalesce(numPartitions,shuffle) 函数，表示将 RDD 分区数调整为 numpartitions。

```
>>> sc.parallelize([1, 2, 3, 4, 5], 3).glom().collect()
[[1], [2, 3], [4, 5]]
>>> sc.parallelize([1, 2, 3, 4, 5], 3).coalesce(1)    # 将分区数据调整为 1 个
[[1, 2, 3, 4, 5]]
```

（4）filter(f) 函数，表示对 RDD 实施过滤处理。参数 f 为一个函数，用以完成过滤逻辑的操作。

```
>>> rdd = sc.parallelize([1, 2, 3, 4, 5])
>>> data1=rdd.filter(lambda x: x % 2 == 0)  # 从 RDD 中挑选出偶数
>>> data1.collect()                         # 返回的数据中只要偶数
[2, 4]
```

（5）flatMap(f,preservesPartitioning) 函数，表示将 RDD 中的每个元素在 f 函数的操作后，返回一个新的 RDD。

```
>>> data2=rdd.flatMap(lambda x: range(1, x)) # 将每个元素通过 range 构成元组
>>> data2.glom().collect()
[[], [1], [1, 2], [1, 2, 3, 1, 2, 3, 4]]
```

（6）flatMapValues(f) 函数，表示将每个值和对应的键生成一个单一的键值对，但不会改变键。

```
>>> x = sc.parallelize([("a", ["x", "y", "z"]), ("b", ["p", "r"])]) # 元素
由包含列表的元组构成
>>> def f(x): return x
...
>>> data3=x.flatMapValues(f)          # 将 RDD 元素中的列表值和键值组成新的元组
>>> type(data3)
<class 'Pyspark.rdd.PipelinedRDD'>
>>> data3.collect()
[('a', 'x'), ('a', 'y'), ('a', 'z'), ('b', 'p'), ('b', 'r')]
```

（7）fullOuterJoin 函数，表示对两个 RDD 进行 fullOuterJoin 操作，相当于 SQL fulljoin 操作。

```
>>> x = sc.parallelize([("a", 1), ("b", 4)])
>>> y = sc.parallelize([("a", 2), ("c", 8)])
>>> x.fullOuterJoin(y)                # fulljoin 操作，没有关联上的用 None 值替代
>>> type(data4)
<class 'Pyspark.rdd.PipelinedRDD'>
>>> data4.collect()                   # 查看关联结果，没关联上的值用 None 替代
[('a', (1, 2)), ('c', (None, 8)), ('b', (4, None))]
```

（8）glom() 函数，表示将返回每个分区中的所有元素合并到列表中，并以新的 RDD 返回。

```
>>> rdd = sc.parallelize([1, 2, 3, 4,  5 , 6 , 7 , 8 , 9 , 10], 3)
>>> data5=rdd.glom().collect()
 [[1, 2, 3], [4, 5, 6], [7, 8, 9, 10]]
```

（9）groupByKey(…) 函数，对 RDD 中的键进行分组并做一些类似计数、求和之类的操作。

```
>>> rdd = sc.parallelize([("a", 1), ("b", 1), ("a", 1)])
>>> sorted(rdd.groupByKey().mapValues(len).collect())
[('a', 2), ('b', 1)]
```

（10）intersection(other) 函数，表示返回 RDD 和另一个 RDD 的交集，其输出将不包含任何重复的元素。

```
>>> rdd1 = sc.parallelize([1, 10, 2, 3, 4, 5])
>>> rdd2 = sc.parallelize([1, 6, 2, 3, 7, 8])
>>> data7=rdd1.intersection(rdd2)      # 计算 RDD1 与 RDD2 的交集
>>> data7.collect()                    # 计算得到的交集为 1,2,3
[1, 2, 3]
```

（11）join(other,numPartitions) 函数，表示返回包含在两个 RDD 匹配键所有元素中新的 RDD，相当于 SQL 中的 join 操作。

```
>>> x = sc.parallelize([("a", 1), ("b", 4)])
>>> y = sc.parallelize([("a", 2), ("a", 3)])
>>> data8=x.join(y)
>>> data8.collect()
[('a', (1, 2)), ('a', (1, 3))]
```

（12）leftOuterJoin(other, numPartitions) 函数，表示相当于 SQL 的左外连接。返回调用 RDD 的全部元素，没关联上的用 None 代替。

```
>>> x = sc.parallelize([("a", 1), ("b", 4)])
>>> y = sc.parallelize([("a", 2)])
>>> sorted(x.leftOuterJoin(y).collect())# 和左关联一样，没关联上的用 None 代替
[('a', (1, 2)), ('b', (4, None))]
```

（13）map(f, preservesPartitioning) 函数，表示通过将函数 f 应用于此 RDD 的每个元素，返回新的 RDD。

```
>>> data9=rdd.map(lambda x: (x, 1))   # 将 RDD 中的每个元素和 1 构成元组
>>> data9.collect()
[('b', 1), ('a', 1), ('c', 1)]
```

（14）mapPartitions(f, preservesPartitioning) 函数，表示对每个分区使用函数 f 处理并返回新的 RDD。

```
>>> rdd = sc.parallelize([1, 2, 3, 4], 2)
>>> def f(iterator): yield sum(iterator)
...
```

```
>>> data10=rdd.mapPartitions(f)
>>> type(data10)
<class 'Pyspark.rdd.PipelinedRDD'>
>>> data10.collect()
[3, 7]
```

2. Action 函数

（1）collect() 函数，表示返回包含此 RDD 中的所有元素列表。

```
>>> sc.parallelize([(1,3),(1,2),(1,4),(2,3)]).collect()
[(1, 3), (1, 2), (1, 4), (2, 3)]
```

（2）count() 函数，表示计算 RDD 中的元素个数。

```
>>> data.count()
4
```

（3）collectAsMap() 函数，表示以字典形式返回键值对的 RDD。

```
>>> m = sc.parallelize([(1, 2), (3, 4)]).collectAsMap()
>>> m[1] , m[3]
(2, 4)
```

（4）countByKey() 函数，表示计算每个键的元素个数，并将结果以字典返回。

```
>>> rdd = sc.parallelize([("a", 1), ("b", 1), ("a", 1)])
>>> rdd.countByKey()
defaultdict(<type 'int'>, {'a': 2, 'b': 1})
```

（5）foreach(f) 函数，表示对 RDD 中的每个元素使用函数 f 进行迭代操作。

```
>>> def f(x): print(x)
...
>>> sc.parallelize([1, 2, 3, 4, 5]).foreach(f)
1
2
3...
```

（6）通过 f 函数对 RDD 列表中的两个元素进行操作，并用返回的结果替代这两个元素。

```
>>> from operator import add
>>> sc.parallelize([1, 2, 3, 4, 5]).reduce(add)
15
>>> sc.parallelize((2 for _ in range(10))).map(lambda x: 1).cache().
reduce(add)
10
```

（7）reduceByKey(f, numPartitions, partitionFunc) 函数，表示对 RDD 中的每个元素都使用函数 f 进行聚合。

```
>>> from operator import add
>>> rdd = sc.parallelize([("a", 1), ("b", 1), ("a", 1)])
```

```
>>> sorted(rdd.reduceByKey(add).collect())    # 依据某个 Key 进行聚合操作
[('a', 2), ('b', 1)]
```

（8）统计和存储函数。对于一些汇总统计，如总和、平均值、方差等，以及 RDD 数据存储的操作进行说明，如表 9-1 所示。

表 9-1 统计和存储函数

函 数	说 明
saveAsHadoopDataset	使用旧的 Hadoop OutputFormat API 将 Pair RDD 输出到 Hadoop 文件系统中
saveAsHadoopFile	使用旧的 Hadoop OutputFormat API 向 Hadoop 文件系统输出 Pair RDD 数据
saveAsNewAPIHadoopFile	使用新的 Hadoop OutputFormat API 向 Hadoop 文件系统输出 Pair RDD 数据
saveAsPickleFile	以 SequenceFile 文件格式存储 RDD 数据
saveAsSequenceFile	使用 org.apache.hadoop.io 将一个键值对 Pair RDD 输出到 Hadoop 文件系统
saveAsTextFile	以文本文件格式存储 RDD
max(key=None)	计算 RDD 集合中的最大值
mean()	计算 RDD 集合均值
min(key=None)	计算 RDD 集合中的最小值
stdev()	计算 RDD 集合中的方差
sum()	汇总 RDD 集合的值
top(num，key=None)	获取前 num 个 RDD 元素

3. 其他函数

（1）aggregate(zeroValue,seqOp,combOp) 函数，表示使用给定的功能函数和初始值 zeroValue 以聚合所有分区的结果。

```
# 函数 seqOp 作用于分区中的每个 RDD，其中参数 x 的第一次计算值是 zeroValue，以后的值是上次操作返回的元组，而 y 则是 RDD 中的元素的值。
>>> seqOp = (lambda x, y: (x[0] + y, x[1] + 1))
# 函数 combOp 针对每个分区进行汇总，是对所有分区计算得到元组结果的操作
>>> combOp = (lambda x, y: (x[0] + y[0], x[1] + y[1]))
# 参数 zeroValue 表示初始化值
>>> aggre_data=sc.parallelize([1, 2, 3, 4]).aggregate((0, 0), seqOp, combOp)
>>> type(aggre_data)
```

```
<type 'tuple'>
>>> aggre_data
(10, 4)
```

（2）aggregateByKey(zeroValue，seqFunc…) 函数，表示使用给定的功能函数和初始的 Zero value 来聚合每个键的值。

```
# 其传递的参数同 aggregate 相似，但可以依据 key 值进行汇总，且可以指定分区数。
>>> data = sc.parallelize([(1,3),(1,2),(1,4),(2,3)])  # 创建 RDD 数据用于测试
>>> def seq(a,b):          # 传递的 zeroValue 为 3，通过同 RDD 中的每个 value 值进行
对比，且返回较大的
...     return max(a,b)
...
>>def combine(a,b):        # 将 combie 函数中 Key 相同的 RDD 进行汇总
...     return a+b
...
>>data.aggregateByKey(3,seq,combine,4).collect()   # 查看数据
[(1, 10), (2, 3)]
```

（3）cache() 函数，表示缓存数据。具体关于存储级别的设置，请见 pyspark.StorageLevel 类的说明。

```
# 对于需要重复使用的占用内存小的 RDD 对象，可以通过 cache() 存储起来，再次使用时可直接读取
>>> data.cache()        # 调用 cache
ParallelCollectionRDD[15] at parallelize at PythonRDD.scala:195
```

（4）checkpoint() 函数，表示设置检查点。将此 RDD 标记为检查点，保存到通过 spakcontext.setcingtdtdir() 设置的目录中，并删除对其父 RDD 的所有引用。

（5）fold(zeroValue, op) 函数，表示对每个分区元素数据进行汇总。

```
>>>from operator import add
>>>sc.parallelize([1, 2, 3, 4, 5]).fold(0, add) # 使用 add 函数和初始 zero
value 聚合所有分区中的数据
15
```

（6）getCheckpointFile() 函数，表示获取此 RDD 的 Checkpoint 文件名字，无则返回 None。

```
>>> print data6.getCheckpointFile()
None
```

（7）getNumPartitions() 函数，表示获取分区数。

```
>>> data5.getNumPartitions()
3
```

（8）getStorageLevel() 函数，表示获取当前的存储级别。

```
>>> data5.getStorageLevel()
StorageLevel(False, False, False, False, 1)
```

9.2.3 pyspark.StorageLevel 类

pyspark.StorageLevel 类用于控制 RDD 的存储级别，如每个 StorageLevel 记录是否使用内存，如果内存不足，是否将 RDD 放到磁盘上等。pyspark.StorageLevel 的定义格式如表 9-2 所示。

```
class Pyspark.StorageLevel(useDisk, useMemory, useOffHeap, deserialized,
replication = 1)
```

其中参数 useDisk 表示使用磁盘存储；参数 useMemory 表示使用内存存储；参数 useOffHeap 表示使用堆栈存储；参数 deserialized 表示支持序列化格式保存数据；replication 表示 RDD 的副本数。

表 9-2 存储格式说明

存储格式	StorageLevel 参数	说明
DISK_ONLY	StorageLevel(True, False, False, False, 1)	只在磁盘存储，且只有一份数据
DISK_ONLY_2	StorageLevel(True, False, False, False, 2)	只在磁盘存储，且保留一个副本
MEMORY_AND_DISK	StorageLevel(True, True, False, False, 1)	内存不足，将放到磁盘上存储，且保留一份数据
MEMORY_AND_DISK_2	StorageLevel(True, True, False, False, 2)	内存不足，将放到磁盘上存储，且保留一份副本
MEMORY_AND_DISK_SER	StorageLevel(True, True, False, False, 1)	内存不足，将放到磁盘上存储，且支持序列化
MEMORY_AND_DISK_SER_2	StorageLevel(True, True, False, False, 2)	内存不足，将放到磁盘上存储，且支持序列化，保留一份副本
MEMORY_ONLY	StorageLevel(False, True, False, False, 1)	只在内存保存，且只有一份数据
MEMORY_ONLY_2	StorageLevel(False, True, False, False, 2)	只在内存保存，且保留一份副本
MEMORY_ONLY_SER	StorageLevel(False, True, False, False, 1)	只在内存保存，且支持数据序列化
MEMORY_ONLY_SER_2	StorageLevel(False, True, False, False, 2)	只在内存保存，且支持数据序列化，保留一份副本
OFF_HEAP	StorageLevel(True, True, True, False, 1)	在堆栈上保存数据

在使用 StorageLevel 设置存储模式时，可结合 persist 函数，代码如下。

```
>>> rdd = sc.parallelize([1,2])
>>> rdd.persist( pyspark.StorageLevel.MEMORY_AND_DISK_2 )
ParallelCollectionRDD[10] at parallelize at PythonRDD.scala:175
>>> rdd.getStorageLevel()
StorageLevel(True, True, False, False, 2)
```

9.3 在 API 函数中使用 Lambda 表达式

从本节开始使用 RDD API 从 CSV、Json、HDFS 或关系型数据的数据源中进行数据的读取和操作，并将处理后的数据存储到不同的数据系统中，或以不同的格式进行数据存储。

9.3.1 应用场景说明

RDD API 函数的参数都是可以传递函数的，其中对于一些简单的操作可以直接使用 lambda 函数（匿名函数），lambda 函数是没有名字的函数。假设统计某工厂生产的圆形零件的半径，现将这些数据读取到 RDD 中并计算周长，如表 9-3 所示。

表 9-3　Lambda 函数的操作环境

应 用 项	说 明
操作	RDD API 中 lambda 函数的调用
使用函数	在 Python 中使用 lambda 关键字处理匿名函数
操作数据	通过 numpy 随机生成 100 个数据
运行环境	本书介绍的 3 套环境都可运行，使用 Jupyter Notebook 进行开发

9.3.2 计算代码

先构造一份圆形半径数据，并使用 parallelize 加载数据，然后根据圆形周长公式计算，再返回一个 Pair RDD 的数据。

```
[in] from pyspark import SparkContext                          # 每一个 Spark 应用都需要一
个 Spark 上下文对象
[in] import numpy as np
[in] from pyspark import SparkConf, SparkContext
[in] circle_radius=np.random.randint(5,25,size=100) # 随机生成 100 个数据表示圆
半径，值范围在 5~25
[in] circle_radius                                             # 查看随机生成的数据
[out] array([13, 18, 16, 17,  7, 24, 15, 14, 10, 15, 22,  9, 20, 23,  6,
20, 15,
       12, 13, 15, 17, 19, 18,  5,  6, 18, 24, 23,  6,  7, 22, 21,  7,
16,
       24, 23, 16, 23, 17, 24,  7, 14, 19, 19, 15,  7, 13, 24, 21, 22,
18,
       23,  5, 11, 18, 24,  6, 19,  8,  7,  9, 15,  6,  7, 20,  9, 15,
7,
       23, 22,  5, 19, 18,  7,  5, 21,  9,  9, 22,  9, 14, 20,  7, 23,
11,
       12, 16,  5, 12,  7, 10, 20, 21,  6, 23, 18,  8, 11, 23,  5])
```

```
[in] conf = SparkConf().setAppName("Pysparkrdd")  # 创建 SparkConf 对象
[in] sc=SparkContext(conf=conf)                   # 创建 SparkContext 对象
[in] circle_rdd = sc.parallelize(circle_radius)   # 创建对应的 RDD
[in] circle_pair_rdd = circle_rdd.map(lambda x : (x, 2 * x * 3.14))  # 计算圆的周长
[in] circle_pair_rdd.take(3)                      # 查看生成的数据样式
[out] [(13, 81.64),
 (18, 113.04),
 (16, 100.48)],
[in] import pyspark                               # 使用这个模块设置存储级别
[in] circle_pair_rdd.persist( Pyspark.StorageLevel.DISK_ONLY )
                                                  # 存储在磁盘上
```

将设置值存储在磁盘上，其存放路径会依据运行和配置有所不同，可以使用 scala 查看对应的存储文件。但在 Python 上还没有对应的 API。

```
[out] PythonRDD[2] at RDD at PythonRDD.scala:53
[in] circle_pair_rdd.saveAsTextFile('/home/hadoop/tmp_data/circle_data')
# 存储到对应的文件中
[in] circle_pair_rdd.unpersist()      # 删除缓存的数据
[out] PythonRDD[2] at RDD at PythonRDD.scala:53
```

对于上面的代码，有两点要进行说明。第 1 点是关于使用 perisit 存储到磁盘上的路径问题。在不同的环境和配置中存储的路径可能不同，但可以通过 spark.local.dir 配置进行查看。在本地，其路径为存储在磁盘上，但有可能是在临时目录下的。在 Windows 环境中，其路径为存储在用户目录下的 AppData\Local\Temp 中。在 Linux 环境中，其路径为存储在 /tmp 目录下。

可以在 Scala 中使用 getPersistentRDDs 查看存储的所有 RDD，获取存储的 RDD 代码如下，如果设置了存储的名字，名字也会显示出来。

```
scala> val data = Array(1, 2, 3, 4, 5)
data: Array[Int] = Array(1, 2, 3, 4, 5)
scala> val a = sc.parallelize(data)
a: org.apache.spark.rdd.RDD[Int] = ParallelCollectionRDD[1] at parallelize
at <console>:26
scala> a.persist().setName("test")
res1: a.type = test ParallelCollectionRDD[0] at parallelize at
<console>:26
scala> sc.getPersistentRDDs          # 查看缓存的 RDD，包括在内存和磁盘上的，
                                       看见设置的存储名称 "test"
res2: scala.collection.Map[Int,org.apache.spark.rdd.RDD[_]]=Map(0-> test
ParallelCollectionRDD[0] at parallelize at <console>:26)
```

第 2 点是关于 lambda 函数的 lambda x : (x, 2 * x * 3.14)。针对比较简单的功能，lambda 函数可以直接在参数中使用，如果是比较复杂的功能，还应先定义一个函数，然后再调用。

9.4 从 HDFS 中读取数据并以 SequenceFile 格式存储

在 HDFS 中将表的数据以二进制格式编码。由于数据是二进制格式，不可以直接查看。SequenceFile 支持文件切割分片功能，并提供了 none、record、block 3 种文件压缩格式，所以 SequenceFile 文件在安全性和执行效率上具有优势，推荐使用。

9.4.1 应用说明

从 HDFS 存储中读取数据，可使用 join 操作进行数据处理，生成 RDD 数据并以 SequenceFile 格式存储回 HDFS，然后对比 saveAsTextFile 和 saveAsSequenceFile 存储文件的内容，如表 9-4 所示。

表 9-4 读取 HDFS 数据操作

应 用 项	说 明
操作	从 HDFS 中读取数据，并以 SequenceFile 格式存储
使用函数	join 和 saveAsSequenceFile
操作数据	Movies 数据集
运行环境	自安装大数据环境

9.4.2 操作代码

先从 HDFS 中读取 movies.csv 文件和 links.csv 文件，然后使用 join 函数连接两份 RDD 数据，操作完毕后，将数据以 SequenceFile 格式存储回 HDFS。

```
[in] from pyspark import SparkContext
[in] sc=SparkContext(appName="rdd_hdfs")    # 创建 SparkContext 对象
[in] movies=sc.textFile('hdfs://localhost:9000/test_data/movies.csv')
                                             # 连接到 HDFS
[in] movies.take(5)                          # 查看数据
[out] [u'movieId,title,genres',
 u'1,Toy Story (1995),Adventure|Animation|Children|Comedy|Fantasy',
 u'2,Jumanji (1995),Adventure|Children|Fantasy',
 u'3,Grumpier Old Men (1995),Comedy|Romance',
 u'4,Waiting to Exhale (1995),Comedy|Drama|Romance']
[in] movies_rdd = movies.map(lambda x : (x.split(",")[0], x.split(",")[1]))
# 将数据拆分成 pair RDD 格式
[in] movies_rdd.take(3)                      # 查看拆分后的数据
[out] [(u'movieId', u'title'),
 (u'1', u'Toy Story (1995)'),
 (u'2', u'Jumanji (1995)')]
```

读取 links.csv 文件，构建以 movieId 为键，tmdbId 为值的 Pair RDD 数据。

```
[in] links=sc.textFile('hdfs://localhost:9000/test_data/links.csv')
                            # 获取 Links 数据
[in] links.take(3)          # 查看 Links 数据
[out] [u'movieId,imdbId,tmdbId', u'1,0114709,862', u'2,0113497,8844']
[in] links_pair=links.map(lambda x : (x.split(",")[0], x.split(",")[2]))
# 拆分数据
[in] links_pair.take(3)
[out] [(u'movieId', u'tmdbId'), (u'1', u'862'), (u'2', u'8844')]
```

将 movies 和 links 对应的 Pair RDD 数据通过 movieID 进行关联，并存储数据。

```
[in] join_data=movies_rdd.join(links_pair)   # 使用 join 进行数据关联，并以
movieid 作用关联项
[in] join_data.take(3)   # 查看关联后的数据
[out] [(u'104760', (u'Getaway (2013)', u'146227')),
 (u'49910', (u'Freedom Writers (2007)', u'1646')),
 (u'3724', (u'Coming Home (1978)', u'31657'))]
# 将关联后的数据以 sequenceFile 的格式进行保存
[in] join_data.saveAsSequenceFile('hdfs://localhost:9000/test_data/join_
data1')
[in] join_data.saveAsPickleFile('hdfs://localhost:9000/test_data/join_
data2')
# 将关联后的数据以 TextFile 的格式进行保存
[in] join_data. saveAsTextFile ('hdfs://localhost:9000/test_data/join_
data')
```

使用 saveAsTextFile 将数据保存后，在 HDFS 的 /test_data/join_data 中，其文件格式如图 9-8 所示，且文件中的内容是明文可见的。

```
(base) root@hadoop# hdfs dfs -ls /test_data/join_data/
Found 5 items
-rw-r--r--   3 root supergroup          0 2019-10-20 05:29 /test_data/join_data/_SUCCESS
-rw-r--r--   3 root supergroup     112509 2019-10-20 05:29 /test_data/join_data/part-00000
-rw-r--r--   3 root supergroup     114907 2019-10-20 05:29 /test_data/join_data/part-00001
-rw-r--r--   3 root supergroup     115250 2019-10-20 05:29 /test_data/join_data/part-00002
-rw-r--r--   3 root supergroup     119706 2019-10-20 05:29 /test_data/join_data/part-00003
```

图 9-8　SequenceFile 文件存储

使用 saveAsSequenceFile 将数据以 SequenceFile 保存，并将对应的文件复制一份到本地进行查看。如图 9-9 所示，文件的内容是二进制的，不能直接查看。

图 9-9　SequenceFile 文件内容

9.5 读取 CSV 文件处理并存储

使用 CSV 文件作为存储数据的纯文本格式，其数据存储容量比 XML 小，功能比 TXT 强，并且 Excel 也可直接支持 CSV 文件的查看和生成。因此，使用 CSV 文件的场景很多，有必要将其作为大数据常用的数据源之一。

9.5.1 应用说明

CSV 文件作为普遍使用的文件格式，在大数据平台进行数据汇总集成的 ETL 操作中，总会遇见 CSV 文件。接下来在代码中进行读取 Iris 文件的操作，按不同的鸢尾植物统计部位值进行计算统计，其操作环境如表 9-5 所示。

表 9-5 CSV 文件的操作环境

应 用 项	说 明
操作	读取 CSV 文件的操作
操作数据	Iris 鸢尾花植物
环境	自安装大数据环境

9.5.2 操作代码

读取 iris.data 文件，先将 sepal_length- 花萼长度、sepal_width- 花萼宽度、petal_length- 花瓣长度、petal_width- 花瓣宽度以 RDD 数据表示，然后计算平均值和方差，最后将这些计算完成的 RDD 使用 union 进行合并及存储。

```
[in] from pyspark import SparkContext
[in] sc=SparkContext(appName="rdd_csv")      # 创建 SparkContext 对象
[in] iris=sc.textFile('/home/hadoop/test_data/iris.csv')
                                             # 加载 Iris csv 文件
[in] iris.take(3)                            # 查看加载的数据
[out] [u'5.1,3.5,1.4,0.2,setosa', u'4.9,3,1.4,0.2,setosa',
u'4.7,3.2,1.3,0.2,setosa']
[in] sepal_length=iris.map(lambda x : (x.split(",")[4], float(x.split(",")
[0])))                                       # 获取花萼长度数据
[in] sepal_length.take(3)                    # 查看数据
[out] [(u'setosa', 5.1), (u'setosa', 4.9), (u'setosa', 4.7)]
[in] sepal_width=iris.map(lambda x : (x.split(",")[4], float(x.split(",")
[1])))                                       # 获取花萼宽度数据
[in] sepal_width.take(3)
[out] [(u'setosa', 3.5), (u'setosa', 3.0), (u'setosa', 3.2)]
[in] petal_length=iris.map(lambda x : (x.split(",")[4], float(x.split(",")
```

```
[2])))                                              # 花瓣长度数据
[in] petal_length.take(3)
[out] [(u'setosa', 1.4), (u'setosa', 1.4), (u'setosa', 1.3)]
[in] petal_width=iris.map(lambda x : (x.split(",")[4], float(x.split(",")
[3])))                                              # 花瓣宽度数据
[in] petal_width.take(3)
[out] [(u'setosa', 0.2), (u'setosa', 0.2), (u'setosa', 0.2)]
```

将不同鸢尾花不同部分的数据提取出来后，开始计算每个类别花的统计值，首先用 reduceByKey 函数进行汇总测试统计。

```
[in] from operator import add                       # 使用 operator 中的 add 进行汇总
[in] adds=petal_width.reduceByKey(add)              # 汇总统计
[in] adds.collect()
[out] [(u'versicolor', 66.30000000000001),
 (u'setosa', 12.199999999999996),
 (u'virginica', 101.29999999999998)]
```

取出每种鸢尾花中 Pair RDD 的 values 值进行统计，以下对 versicolor 的花瓣宽度进行计算。

```
[in] petal_width_versicolor_values=petal_width.filter(lambda x : x[0] ==
'versicolor').values()
[in] petal_width_versicolor_mean=petal_width_versicolor_values.mean()
# versicolor 类中花瓣宽度的平均值
[out] 1.3260000000000003
[in] petal_width_versicolor_stdev=petal_width_versicolor_values.stdev()
# versicolor 类中花瓣宽度的方差
[out] 0.19576516544063705
[in] petal_width_versicolor_sum=petal_width_versicolor_values.sum()
# 可以将汇总值和前面使用 reducebykey 函数的计算值比对
[out] 66.30000000000001
[in] petal_width_versicolor_max=petal_width_versicolor_values.max()
# versicolor 类中花瓣宽度的最大值
[out] 1.8
[in] petal_width_versicolor_min=petal_width_versicolor_values.min()
# versicolor 类中花瓣宽度的最小值
[out] 1.0
```

取出每种鸢尾花 Pair RDD 中的 values 值进行统计，以下对 versicolor 的花瓣长度进行计算。

```
[in] petal_length_versicolor_values=petal_length.filter(lambda x : x[0] ==
'versicolor').values()
[in] petal_length_versicolor_mean=petal_length_versicolor_values.mean()
# versicolor 类中花瓣长度的平均值
[out] 4.26
[in] petal_length_versicolor_stdev=petal_length_versicolor_values.stdev()
# versicolor 类中花瓣长度的方差
[out] 0.4651881339845202
[in] petal_length_versicolor_max=petal_length_versicolor_values.max()
# versicolor 类中花瓣长度的最大值
[out] 5.1
[in] petal_length_versicolor_min=petal_length_versicolor_values.min()
```

```
# versicolor 类中花瓣长度的最小值
[out] 3.0
```

对于花萼的长度和宽度计算不再举例说明，和上面的方法相似。最终会获得不同类别鸢尾花的花萼和花瓣的统计值，将这些统计值构建成 CSV 数据文件后保存，以下代码简化了部分操作。

```
[in] petal_length_virginica_values=petal_length.filter(lambda x : x[0] ==
'virginica').values()
petal_width_virginica_values=petal_width.filter(lambda x : x[0] ==
'virginica').values()
petal_length_setosa_values=petal_length.filter(lambda x : x[0] ==
'setosa').values()
petal_width_setosa_values=petal_width.filter(lambda x : x[0] == 'setosa').
values()
[in] petal_length_virginica_mean=petal_length_virginica_values.mean()
petal_length_virginica_stdev=petal_length_virginica_values.stdev()
petal_length_virginica_sum=petal_length_virginica_values.sum()
petal_length_virginica_max=petal_length_virginica_values.max()
petal_length_virginica_min=petal_length_virginica_values.min()
...
```

9.6 读取 Json 文件处理

Json(JavaScript Object Notation) 是一种轻量级的数据交换格式。它易于阅读、编写及机器解析和生成，并且可采用与编程语言无关的文本格式。这些特性使 Json 成为理想的数据交换格式，应将其作为大数据常用的数据源之一。

9.6.1 应用说明

Json 文件和 CSV 文件一样，也是普遍使用的文本文件格式。但是 Json 的文本内容格式会比 CSV 文件更为复杂，所以在处理中需要注意。下面的操作将读取一个 Json 文件，文件内容是统计不同搜索引擎的访问次数。数据的格式为 {"name":"Google","url":"http://www.google.com","times":"3"}，如表 9-6 所示。

表 9-6 Json 文件的操作环境

应 用 项	说 明
操作	读取 Json 文件，并解析
操作数据	自定义 Json 数据文件
操作环境	自安装大数据环境

9.6.2 操作代码

本示例Json文件中记录的是每种搜索引擎的访问次数。在代码中先读取Json文件，使用Python自带的json库，然后对所有引擎的访问数据汇总，并进行排序处理。

```
[in] from pyspark import SparkContext
[in] sc=SparkContext(appName="rdd_json")
[in] json_data=sc.textFile('/home/hadoop/test_data/test.json')
[in] import json
# 定义以下对json文件解析的函数
[in] def json_parse(line):
        parsedDict = json.loads(line)
        valueData = parsedDict.values()
        return(valueData)
[in] json_parse=json_data.map(json_parse)
[in] json_parse.take(3)
[out] [[u'http://www.google.com', u'Google', u'3'],
   [u'http://www.baidu.com', u'Baidu', u'2'],
 [u'http://www.bing.com', u'bing', u'1']]
[in] json_rdd=json_parse.map(lambda x : (x[1], float(x[2])) )
[in] json_rdd.take(3)
[out] [(u'Google', 3.0), (u'Baidu', 2.0), (u'bing', 1.0)]
[in] from operator import add
[in] adds=json_rdd.reduceByKey(add)
[in] adds.sortBy(lambda x : x[1]).collect()             # 按访问量进行排序
[out] [(u'Baidu', 52.0), (u'bing', 131.0), (u'Google', 164.0)]
[in] adds.saveAsTextFile('/home/hadoop/tmp_data/adds')  # 保存汇总的数据
```

9.7 通过RDD计算圆周率

人们开发新的算法并结合超级计算机进行圆周率的计算，一方面用于测试计算机的性能；另一方面希望能突破现有规则。因此使用大数据平台来计算圆周率，也是一种有意义的探索。

9.7.1 应用说明

通过蒙特卡罗方法在RDD中计算圆周率。由于圆周率是一个无理数，要计算得较为准确需要耗费大量的资源和时间，但是通过Spark这样的分布式计算系统就能够提高计算的精度和速度。

使用蒙特卡罗方法计算圆周率的思路是，计算在一个正方形及其内切圆坐标点的比值。具体过程为在这个正方形内部，随机产生n个点（这些点服从均匀分布），计算它们与中心点的距离是否大于圆的半径，以此判断能否落在圆的内部。统计圆内的点数与n的比值乘以4就是pi的值，理论上n越大计算的pi值越准。

9.7.2 操作代码

（1）导入需要的库和实例化 SparkSession 对象。

```
from __future__ import print_function
import sys
from random import random        # 用于产生随机数
from operator import add
from pyspark.sql import SparkSession
spark = SparkSession\
        .builder\
        .appName("PythonPi")\
        .getOrCreate()
```

（2）定义蒙特卡罗方法函数 MonteCarlo，判断随机坐标点到圆心的距离是否大于半径。

```
def MonteCarlo (_):
    x = random() * 2 - 1
    y = random() * 2 - 1
    return 1 if x ** 2 + y ** 2 <= 1 else 0
```

（3）使用 Spark RDD 计算圆周率。

```
partitions =  5                  # 计算分区数
n = 100000 * partitions          # 随机产生的坐标点个数
# 将数据初始化为 RDD，计算出落在圆内的坐标点数据
count = spark.sparkContext.parallelize(range(1, n + 1), partitions).
map(MonteCarlo).reduce(add)
pi = 4 * count / n
print '随机坐标点个数：%d；计算的 pi 值为：%f'%(n,pi)
spark.stop()
```

通过对比计算结果，可以发现随着 n 的增大，pi 值也越来越准确。

```
当 n=500000 时
随机坐标点个数：500000；计算的 pi 值为：3.136500
当 n=5000000 时
随机坐标点个数：5000000；计算的 pi 值为：3.142030
当 n=50000000 时
随机坐标点个数：50000000；计算的 pi 值为：3.141505
```

9.8 查看 RDD 计算的状态

对于任何应用程序，能够跟踪了解它的运行状态都是很重要的。在进行排错和调优时，通过实时的状态信息，就能快速有效地定位问题。

9.8.1 应用说明

Spark 作为分布式计算系统，在计算 RDD 的 Action 操作触发时生成 job，又拆分为 stage 进行执行，在 stage 中执行的单元是 task。如果能够跟踪这些信息，查看执行阶段，则对调试工作有很大帮助，接下来将演示如何获取这些信息，如表 9-7 所示。

表 9-7 RDD 的状态处理

应 用 项	说 明
操作项	获取 Spark 处理的执行状态
操作数据	parallelize 生成的 RDD 数据
操作函数	SparkContext.statusTracker
操作环境	Windows 中的 Spark 环境

9.8.2 代码

（1）导入必要的库和创建 SparkContext 对象。

```
import time
import threading
import sys
if sys.version >= '3':          # 针对不同的 Python 版本，导入 Queue 的名字也不同
    import queue as Queue
else:
    import Queue
from pyspark import SparkConf, SparkContext
conf = SparkConf().set("status_app", "false")
sc = SparkContext(appName="PythonStatusAPIDemo", conf=conf)
```

（2）处理函数的定义，获取 Spark 状态，并在一个独立的线程中执行。

```
def delayed(seconds):
'''
由于 RDD 处理时速度太快，状态线程无法正常获取数据，故调用休眠函数 sleep
'''
    def f(x):
        time.sleep(seconds)
        return x
        return f
def call_in_background(f, *args):
'''
处理过程中，将状态信息存放到队列 result 中
'''
    result = Queue.Queue(1)
    t = threading.Thread(target=lambda: result.put(f(*args)))
    t.daemon = True
```

```
    t.start()
    return result
def run():
'''
RDD 计算操作触发 Job 的生成，从而可以在状态线程获取数据
'''
    rdd = sc.parallelize(range(10), 10).map(delayed(2))
    reduced = rdd.map(lambda x: (x, 1)).reduceByKey(lambda x, y: x + y)
    return reduced.map(delayed(2)).collect()
```

（3）调用获取 RDD 执行的状态。

```
result = call_in_background(run)
status = sc.statusTracker()                    # 实例化 statusTracker 对象
while result.empty():
    ids = status.getJobIdsForGroup()           # 获取 Job
    for id in ids:
        job = status.getJobInfo(id)
        print "Job", id, "status: ", job.status
        for sid in job.stageIds:
            info = status.getStageInfo(sid)
            if info:
                print "Stage %d: %d tasks total (%d active, %d complete)"
%(sid, info.numTasks, info.numActiveTasks, info.numCompletedTasks)
        time.sleep(1)
print("Job results are:", result.get())
sc.stop()
```

执行结果：

```
Stage 0: 10 tasks total (0 active, 10 complete)
Stage 1: 10 tasks total (5 active, 4 complete)
Job 0 status:  RUNNING
Job results are: [(0, 1), (1, 1), (2, 1), (3, 1), (4, 1), (5, 1), (6, 1),
(7, 1), (8, 1), (9, 1)]
```

9.9 总结

本章通过对 Spark RDD 基础对象的理解，为后续学习 DataFrame 和 DataSet 这样复杂的对象奠定基础，其具体内容包括明确 RDD 在 Spark 中的作用和地位，对 RDD 基础操作 API 的认识，以及掌握应用操作中的流程。

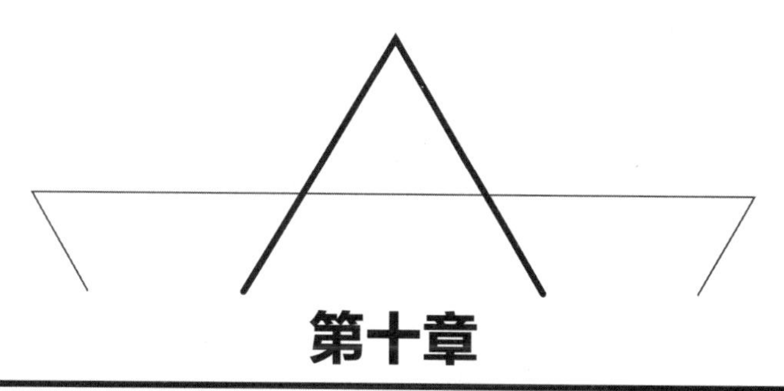

第十章

PySpark对DataFrame的操作

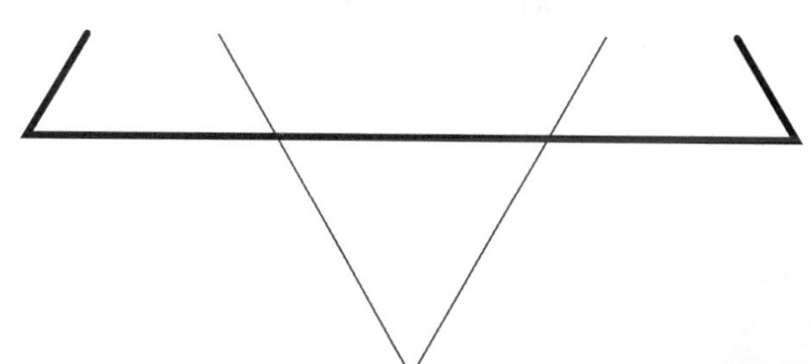

本章介绍 Python Spark 的核心模块 pyspark.sql.DataFrame，主要用来处理 DataFrame 数据对象，其内容包括对 DataFrame 数据对象、Pyspark.sql.DataFrame 类中函数，以及不同示例代码的操作说明。

10.1 Spark DataFrame 说明

DataFrame 在 Spark 1.3 版中加入，其前身是 SchemaRDD。DataFrame 类似于关系数据库中的表或 Pandas 中的 DataFrame 数据，可认为其是一个具有良好优化技术的关系表。DataFrame 包含模式的行信息，允许处理大量结构化数据。

Spark 的 DataFrame 优于 RDD，同时也包含了 RDD 的特性。RDD 和 DataFrame 的共同特征是不变性、内存中可执行、弹性、分布式计算能力。它允许用户将结构强加到分布式数据集合上，因此提供了更高层次的抽象。它可以从不同的数据源构建 DataFrame，如结构化数据文件、Hive 的表、外部关系数据库或现有的 RDD。DataFrame 的应用程序编程接口 API 可以在 Scala、Java、Python、R 中调用。

10.1.1 DataFrame 和 RDD

引入 DataFrame 主要是为了克服 RDD 的局限，使其更好地适应不同的数据处理场景。

1. RDD 局限

（1）没有输入优化引擎处理。RDD 中没有用于自动优化的设定，它不能利用先进的优化器进行优化，如 catalyst 优化器和 Tungsten 执行引擎。

（2）没有静态类型和运行时类型安全。它不允许在运行时检查错误。虽然 DataSet 提供编译时类型安全性，以构建复杂的数据工作流，但遗憾的是 DataFrame 并不支持运行时类型安全检查。

（3）RDD 对数据模型支持。尽管在 RDD 中提供了 Pair RDD 对 Key-Value 型数据的处理，但对于数据库中的表，使用 RDD 进行处理的效果并不好，所以添加了 DataFrame 和 DataSet 这样的数据类型。

（4）性能限制原因。RDD 作为一个 JVM 驻内存对象，也就决定了当 GC 的限制和数据增加时，Java 序列化成本也会升高。

2. RDD 和 DataFrame 的对比

虽然 RDD 和 DataFrame 都是 Spark 平台的分布式弹性数据集，为处理大数据提供便利，且二者可以相互转换，但它们还是有很多不同点的，接下来进行说明。

（1）相同点。RDD 和 DataFrame 的共同特征是不变性、内存中执行、弹性、分布式计算能力，二者都是延迟计算。在发生 Action 动作时进行计算，二者的 API 接口也有一定的相似性。

（2）不同点。首先在 DataFrame 中数据以定制化形式在内存中进行管理，并以二进制的方式存储在非堆中，同 RDD 的内存管理相比节省了空间，同时还摆脱了 GC 的限制。其次是查询优化，DataFrame 可以在实际执行前进行优化操作。最后是支持的数据模型，通过 DataFrame 可以指定数据并依据数据模型进行操作，如图 10-1 所示。

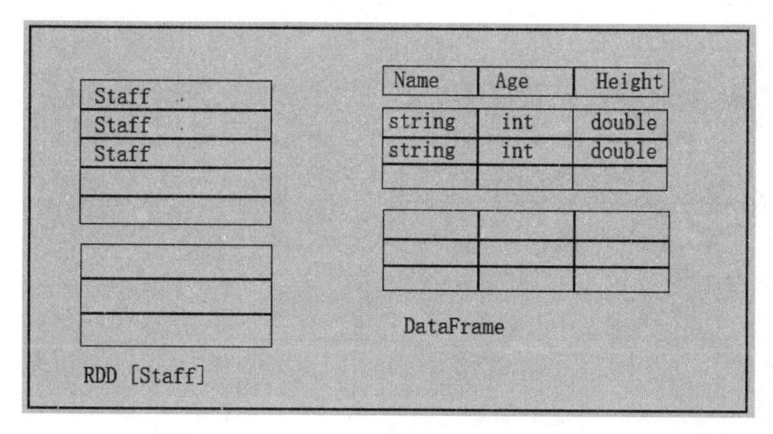

图 10-1 DataFrame 和 RDD 的数据对比

需要明确的是，虽然 DataFrame 和 DataSet 相较于 RDD 有很大的改善和优势，但并不意味着 RDD 会逐渐退出使用，因为 DataFrame 和 DataSet 都是建立在 RDD 之上的。

10.1.2 DataFrame 的特征

DataFrame 可以使大型数据集的处理变得更加容易。它允许开发人员将结构强加到分布式数据集合中，从而实现更高级别的抽象处理。它提供特定于域的语言 API 来处理分布式数据，并使 Spark 被更广泛的受众访问，而不仅仅是数据工程师，其特点如下。

（1）通过建立起来的 Data Schema 数据结构，为使用 Spark SQL 提供了可能，并且通过对应的数据结构，能够更好地管理数据。

（2）优化操作处理。DataFrame 弥补了 RDD 性能上的缺陷，如使用 Catalyst 的优化操作可分为 4 个阶段：分析逻辑计划以解决引用、逻辑计划优化、物理规划和生成代码。

具体的优化过程如图 10-2 所示，其展示的具体代码是对 movie 数据和 links 数据的关联操作，代码如下。

```
movies.join(links,movies["movieid"]==links["movieid"]).
filter(links["date"] > '2019-10-12')
```

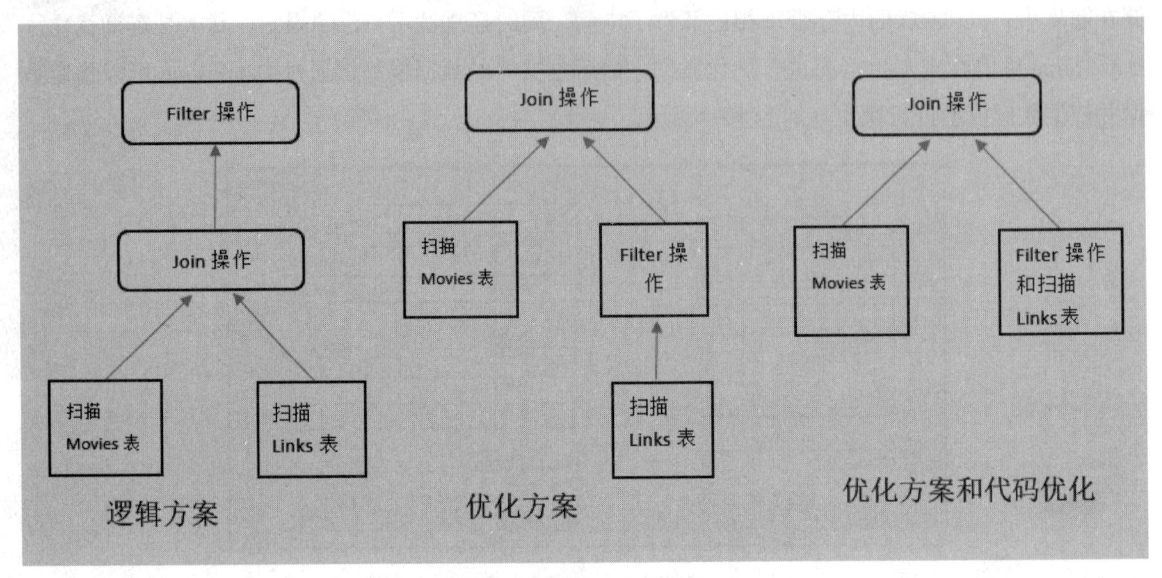

图 10-2　DataFrame 的优化过程

10.1.3　DataFrame 的局限

没有编译时类型安全检查是 Data Frame 主要的局限。相比之下 DateSet 是强类型 JVM 对象的集合，由在 Scale 或 Java 中定义的类决定，所以目前 Python 还不支持 DataSet。虽然最新的 Spark2.4 版本，对于很多的 DataSet 的功能特征还是处于实验阶段，但现阶段也没有哪个具体场景一定要使用 DataSet 对 DataFrame 进行替换。

10.2　DataFrame API 总述

使用 DataFrame 的场景很多，然而 Spark 1 和 Spark 2 所创建 DataFrame 的 API 是不同的，本节主要以 Spark 2 的 API 为主进行说明，实际操作时，也会附带对 Spark 1 的 API 进行说明。

如表 10-1 所示，对相关的 API 进行分类，可划分为数据结构定义、数据操作和创建 DataFrame 这三类。下面对 SparkSession 的使用进行说明，即创建 DataFrame 的不同方法和注意事项，对其他类的说明安排在后续章节中。

表 10-1 DataFrameAPI 的说明

类	说 明	划 分
pyspark.sql.SparkSession	DataFrame 和 SQL 功能的主要入口	创建入口
pyspark.sql.Column	表示 DataFrame 中的列	数据结构
pyspark.sql.Row	表示 DataFrame 中的行	数据结构
pyspark.sql.types	数据类型列表	数据结构
pyspark.sql.DataFrame	DataFrame 类（可认为是一张表）	数据结构
pyspark.sql.DataFrameStatFunctions	统计功能函数的类	数据操作
pyspark.sql.DataFrameNaFunctions	处理缺失、空值的类	数据操作
pyspark.sql.GroupedData	汇总数据的类	数据操作
pyspark.sql.functions	针对 DataFrame 建功能函数	数据操作

10.2.1 SparkSession builder 属性

SparkSession 类是操作 DataFrame、DataSet 的入口点。创建基本的 SparkSession 只需使用 SparkSession.builder() 函数，就可以从 RDD、Hive、Spark 数据源中创建数据 DataFrame，具体创建 SparkSession 方式的代码如下 。

```
# 对于 Spark 1，需要区分使用不同的类，分别为 SQLContext 和 HiveContext
>>> spark = SparkSession.builder \
...     .master("spark-cluster-host") \
...     .appName("app-name") \
...     .config("config.option", "some-value") \
...     .getOrCreate()
```

（1）builder 属性说明。在 SparkSession 中有一个 Builder 类的属性，即上述代码中 builder 对象，通过 Builder 类可构造 SparkSession 实例。

（2）appName(name) 设置名字。通过 appName 设置 Spark 应用程序的名称，该名称将显示在 Spark web UI 上。如果没有设置应用程序的名称，则可随机生成。

（3）config(key, value, conf) 配置信息。设置一个选项，将自动传递到 SparkConf 和 SparkSession 的配置信息中。config 参数可以传递一个 SparkConf 实例，其操作如下。

```
>>> from pyspark.conf import SparkConf
>>> SparkSession.builder.config(conf=SparkConf())
<Pyspark.sql.session...
```

（4）master(master) 连接 Spark 主机。设置要连接的 Spark master URI。如使用 Local 则表示在本地运行，而使用类似 Spark://master:7077 这样的 URI，则表示在 Spark 集群上运行。

（5）getOrCreate() 决定创建方式。该方法首先检查是否存在有效的全局缺省 SparkSession，如果有则返回。如果不存在则创建一个新的，并将新创建的 SparkSession 分配为全局缺省值。如果从一个现有的 Session 创建，则此生成器将应用于新的 SparkSession 中。

```
>>> s1 = SparkSession.builder.config("k1", "v1").getOrCreate()
>>> s1.conf.get("k1") == s1.sparkContext.getConf().get("k1") == "v1"
True
>>> s2 = SparkSession.builder.config("k2", "v2").getOrCreate()
>>> s1.conf.get("k1") == s2.conf.get("k1")
True
>>> s1.conf.get("k2") == s2.conf.get("k2")
True
```

（6）enableHiveSupport() 开启对 Hive 的支持，包括 Hive metastore 连接、Hive serdes 和 Hive 用户定义。

10.2.2 SparkSession 其他函数和属性

通过 builder 成功创建 SparkSession 后，就可以调用其中的函数和属性进行更多操作了。

（1）createDataFrame(data,schema,samplingRatio,verifySchema) 函数创建 DataFrame。通过 RDD、列表、pandas.DataFrame 创建数据 DataFrame，其参数说明如表 10-2 所示。

表 10-2 createDataFrame 参数的说明

参 数	说 明
data	表示能够通过数据类型表述的 RDD 数据、Python 列表或 Pandas 中的 DataFrame 类型
schema	表示 DataFrame 的数据模型，可以通过 pyspark.sql.types 类型或列名的列表或具有类型说明的字符串
samplingRatio	用于推断行的样本比
verifySchema	根据架构验证每行的数据类型

在 createDataFrame 中使用列表，其中的元素是元组。在 PySpark Shell 中 SparkContext 和 SparkSession 都已创建，分别是 sc 和 spark，它们可以直接使用。

```
SparkSession available as 'spark'.
>>> staff=[('NEO',27)]                          # 使用列表作为数据源，数据元素是元组
>>> df_staff=spark.createDataFrame(staff)
>>> type(df_staff)
<class 'Pyspark.sql.dataframe.DataFrame'>       # 创建返回后的类型是 DataFrame
>>> df_staff.collect()
[Row(_1=u'NEO', _2=27)] # 查看数据类型为 Row，由于没有指定数据模型，所以用 _1 和 _2
代替
>>> df_staff=spark.createDataFrame(staff,['name','age'])
                                                # 为列表指定数据模型
```

```
>>> type(df_staff)
<class 'Pyspark.sql.dataframe.DataFrame'>
>>> df_staff.collect()
[Row(name=u'NEO', age=27)]
```

在 createDataFrame 中使用列表。列表中的数据元素是字典，其代码如下。

```
>>> staff=[{'name':'NEO','age':'27'}]        # 在列表中使用字典数据
>>> df_staff=spark.createDataFrame(staff)   # 字典数据可自动构建模型，但并不推荐
使用
UserWarning: inferring schema from dict is deprecated,please use Pyspark.
sql.Row instead
warnings.warn("inferring schema from dict is deprecated,"
>>> df_staff.collect()
[Row(age=u'27', name=u'NEO')]
```

使用已存在的 RDD 进行构建 DataFrame，其代码如下。

```
>>> rdd=sc.parallelize([('NEO',27)])          # 使用 parallelize 构建 RDD 数据
>>> rdd_dt=spark.createDataFrame(rdd)         # 通过 RDD 数据构建 dataframe
>>> type(rdd_dt)
<class 'Pyspark.sql.dataframe.DataFrame'>  # 返回 dataframe 数据类型
>>> rdd_dt.collect()                          # 查看数据
[Row(_1=u'NEO', _2=27)]
                                              # 使用 RDD 时，同时指定数据模型类型
>>> dt=spark.createDataFrame(rdd,'name:string,age:int')
                                              # 在字符串中自定义数据模型
>>> dt.schema                                 # 查看数据模型
StructType(List(StructField(name,StringType,true),StructField(age,Integer
Type,true)))
>>> dt.collect()                              # 查看数据
[Row(name=u'NEO', age=27)]
```

在 Python Pandas 数据中创建 DataFrame，其代码如下。

```
>>> import pandas as pd                       # 导入 Pandas 库
>>> import numpy as np
                                              # 构建 Pandas DataFrame 数据
>>> df=pd.DataFrame(np.random.randn(3,3),index=list('ABC'),columns=list('
ABC'))
>>> pd_dataframe=spark.createDataFrame(df)
>>> pd_dataframe.collect()
[Row(A=-0.5571533460564685, B=-0.16993603509607813, C=-
1.8608148312654182), Row(A=0.061588542051607055, B=-1.6361340690185244,
C=0.11514314819400177), Row(A=1.3163816881066857, B=1.4323525626500655,
C=0.17649647762966106)]
```

（2）newSession() 创建新会话。该会话具有单独的 SQLConf，但共享 SparkContext 和表缓存。

```
>>> new=spark.newSession()
```

（3）range(start, end, step, numPartitions) 函数创建一个列名为 ID 的 DataFrame，列的类型为 pyspark.sql.type.long.LongType。

```
>>> spark.range(1, 10, 2).collect()  # 参数包含起始数值、结束数值和期间的步长
[Row(id=1), Row(id=3), Row(id=5), Row(id=7), Row(id=9)]
```

（4）sql(sqlQuery) 函数用来 Spark SQL，该函数将在第十二章 PySpark SQL 中进行说明。

```
>>> df.createOrReplaceTempView("table") # 创建临时表
>>> df2 = spark.sql("SELECT field1 AS f1, field2 as f2 from table")  # 使用
SQL 函数调用 SQL
>>> df2.collect()
[Row(f1=1, f2='row1'), Row(f1=2, f2='row2'), Row(f1=3, f2='row3')]
```

（5）table(tableName) 函数指定表数据以 DataFrame 格式返回。

```
>>> df.createOrReplaceTempView("table1")
>>> df2 = spark.table("table1")        # 获取 table1 表的数据
>>> sorted(df.collect()) == sorted(df2.collect())
True
```

（6）SparkSession 类的重要属性。如表 10-3 所示，列举 SparkSession 类的属性，并进行解释。对于 read 属性要特别注意，通过 read 可读取各种数据源的数据，使用十分广泛。

表 10-3　SparkSession 类的属性

属 性	说 明
read	读取数据源数据，并返回一个 DataFrameReader 类型，将在第十二章 PySpark SQL 中进行详细说明
readStream	返回 DataStreamReader 用于读取流式数据
sparkContext	返回底层绑定的 SparkContext 对象
streams	返回一个 StreamingQueryManager，用于管理所有活跃的流式数据查询
udf	返回一个 UDF 注册器，用于 UDF 函数注册
version	获取 Spark 的版本信息
conf	Spark 配置信息接口

10.3 DataFrame 数据结构 API

下面对 DataFrame 数据结构定义的相关 API 进行说明，数据结构类主要包括 DataFrame 的行、列和数据类型等。

10.3.1　Column 类

用来表示 DataFrame 的列，其类的完整式为 pyspark.sql.Column，可以在 DataFrame 中直接查看，其代码如下。

```
>>> staff=[('mike',30,'finance',24000)]
>>> df_staff=spark.createDataFrame(staff,['staff','age','dept','salary'])
                                    # 创建 DataFrame 并指定列名
>>> type(df_staff.staff)            # 直接从数据模型调用列，查看其类型
Pyspark.sql.column.Column
>>> df_staff.salary
Column<salary>
```

（1）alias(*alias, **kwargs) 和 name(*alias, **kwargs) 对列重命名。alias 函数和 name 函数可以对列进行重命名操作。使用 alias 函数列可以进行多种数据操作的转换，但以不同的列名进行返回。

```
>>> df_staff.staff.alias('name')
Column<staff AS `name`>
# 将 staff 列名改为 name
>>> df_staff.select(df_staff.staff.alias('name'),df_staff.dept).collect()
[Row(name=u'mike', dept=u'finance')]
```

（2）asc() 函数返回基于列的升序返回，desc() 函数基于列的降序返回。

```
>>> staff=[('mike',30,'finance',24000),('lee',34,'develop',36000),('allen'
,36,'manager',40000)]
>>> df_staff=spark.createDataFrame(staff,['staff','age','dept','salary'])
# 以 staff 列的升序返回数据集
>>> salary_asc=df_staff.select(df_staff.staff,df_staff.salary).
orderBy(df_staff.staff.asc())
>>> type(salary_asc)
Pyspark.sql.dataframe.DataFrame
>>> salary_asc.collect()       # 查看以 staff 升序返回的数据
[Row(staff=u'allen', salary=40000),
 Row(staff=u'lee', salary=36000),
 Row(staff=u'mike', salary=24000)]
```

（3）asc_nulls_first() 函数返回基于列的升序的表达式，null 值排在最前。

```
>>> df=spark.createDataFrame([('Tom', 80), (None, 60), ('Alice', None)],
["name", "height"])
#asc_nulls_last() 函数，在排序时将 Null 值排放在最前。
>>> df.select(df.name).orderBy(df.name.asc_nulls_first()).collect()
[Row(name=None), Row(name=u'Alice'), Row(name=u'Tom')]
```

（4）astype 是 cast 的别名，二者的作用相同，都用于对列进行类型转换。

```
>>> d=df_staff.select(df_staff.staff,df_staff.age.cast('string'))    # 将
age 列的数据类型由 int 或转换为 string
```

```
>>> d.collect()
[Row(staff=u'mike', age=u'30'),
 Row(staff=u'lee', age=u'34'),
 Row(staff=u'allen', age=u'36')]
```

（5）contains(other) 函数判断 DataFrame 列中是否包含特定的值。

```
>>> df_staff.select(df_staff.staff,df_staff.staff.contains('ee')).
collect() # 判断 staff 列中是否含有 ee
[Row(staff=u'mike', contains(staff, ee)=False),
 Row(staff=u'lee', contains(staff, ee)=True),
 Row(staff=u'allen', contains(staff, ee)=False)]
```

（6）like(other) 和 rlike(other) 这两个函数可以对列中数据进行筛选，其中 rlike 函数还可以嵌入正则表达式。

```
>>> df_staff.select(df_staff.staff,df_staff.dept.like('deve%')).show()
|staff | dept LIKE deve%|
| mike |           false|
|  lee |            true|
|allen |           false|
```

（7）startswith(other) 函数和 endswith(other) 可以返回符合匹配条件的字符串开头或结尾的列。

```
>>> df_staff.select(df_staff.staff,df_staff.salary,df_staff.staff.
startswith('m')).collect()
[Row(staff=u'mike', salary=24000, startswith(staff, m)=True),
 Row(staff=u'lee', salary=36000, startswith(staff, m)=False),
 Row(staff=u'allen', salary=40000, startswith(staff, m)=False)]
>>> df_staff.filter(df_staff.staff.endswith('e')).collect()
[Row(staff=u'mike', age=30, dept=u'finance', salary=24000),
 Row(staff=u'lee', age=34, dept=u'develop', salary=36000)]
```

通过上述 DataFrame 对 Column 操作的 API 演示，同 SQL 对列的操作很相似。对 SQL 操作的归类主要是“增删改查”，而对 Spark 主要还是以查的操作为主，其功能可分为：位置判断、数据判断 / 操作、null 判断、排序、正则等，如表 10-4 所示。

表 10-4　Column 相关函数的分类

函 数	说 明	分 类
endswith(other)	返回列中以匹配字符串结尾的行	位置判断
startwith(other)	返回列中以匹配字符串开始的行	位置判断
eqNullSafe(other)	对 null 以安全的方式进行比对	Null 判断
getField(name)	获取 name 值对应的列	数据操作
getItem(key)	获取列表中的元素或通过 Key 查找字典数据	数据操作

续表

函 数	说 明	分 类
isNotNull()	不为 null 值的元素，相当于 SQL 对 null 的判断	null 判断
isNull()	为 null 值的元素，相当于 SQL 对 null 的判断	null 判断
isin(*cols)	判断特定的值是否在 isin 中，相当于 SQL 的 in 子句	数据判断
like(other)	相当于 SQL 的 like 子句	数据判断
otherwise(value)	计算条件列表，并返回多个结果的表达式之一	数据判断
over(window)	相当于 SQL 窗口的函数操作	数据操作
rlike(other)	在 like 语句中使用正则表达式	数据判断
substr(startPos,length)	获取列中的子字符串	数据操作
when(condition,value)	计算条件列表，并返回多个结果的表达式之一	数据操作
asc()	升序排列	排序
desc()	降序排列	排序
asc_nulls_last()	升序排列，将 null 值排在最后	排序
asc_nulls_first()	升序排列，将 null 值排在最前	排序
desc_nulls_first()	降序排列，将 null 值排在最前	排序
desc_nulls_last()	降序排列，将 null 值排在最后	排序

10.3.2 Row 类

DataFrame 中的行，其类的完整式为 pyspark.sql.Row。通过 Row 类和 Column 类可以对 DataFrame 进行拆分操作。单独使用 Row 的方式如下，这时 Row 数据并不依附于一个 DataFrame。

```
>>> from pyspark.sql import Row
>>> row = Row( name='苹果',unit_price=20, amount=10)      # 创建 Row 对象
pyspark.sql.types.Row
>>> row
Row(amount=10, name='\xe8\x8b\xb9\xe6\x9e\x9c', unit_price=20)
```

在 pyspark.sql.Row 中只有一个函数 asDict(recursive=False)，这个函数可将一行的数据转换为字典。

```
>>> row_dict=row.asDict()
>>> type(row_dict)
dict
```

```
>>> row_dict
{'amount': 10, 'name': '\xe8\x8b\xb9\xe6\x9e\x9c', 'unit_price': 20}
```

在 DataFrame 中使用 Row，并结合 Columns 操作，判断特定列是否在行中。

```
>>> from pyspark.sql import Row          # 导入 Row 模块
                                         # 使用 Row 类构造数据
>>>df=spark.createDataFrame([Row(no=1,value='foo'),Row(no=2,value=None),R
ow(no=2, value='fun')])
>>> df.collect()
[Row(no=1, value=u'foo'), Row(no=2, value=None), Row(no=2, value=u'fun')]
>>> row_1=df.collect()[0]                # 获取第一行数据
>>> 'value' in row_1                     # 判断 value 列是否在 Row 中
True
>>> 'name' in row_1                      # 判断 name 类是否在 Row 中
False
>>> from pyspark.sql import functions as F
                                         # 使用 when...otherwise 条件判断 no>1
>>> df.select(df.no,df.value,F.when(df.no > 1,1).otherwise(0)).collect()
[Row(no=1, value=u'foo', CASE WHEN (no > 1) THEN 1 ELSE 0 END=0),
 Row(no=2, value=None, CASE WHEN (no > 1) THEN 1 ELSE 0 END=1),
 Row(no=2, value=u'fun', CASE WHEN (no > 1) THEN 1 ELSE 0 END=1)]
>>> row_1.asDict()                       # 转化为 Python 字典
{'no': 1, 'value': u'foo'}
```

10.3.3 types 模块包

由于大数据环境数据来源复杂多变，在计算时，应先明确数据类型，以便于管理和数据处理。所以在 PySpark 中内置了很多常见的类型和功能，且每种类型都可作为 types 模块的一个类。

1. StructField 类和 StructType 类

（1）StructField 类。StructField 类用于在构建数据模型时，按顺序指定各列的数据类型，设置是否能为 null 值。StructField 类原型的构造参数和函数如下所示。

```
pyspark.sql.types.StructField(name,dataType,nullable=True,metadata=None)
# 参数 name 表示数据模型中一个列的名字，参数 datatype 表示对应模型中列数据类型，参数
nullable 表示列值是否能为空。
```

（2）StructType 类构造 StructField 列表，即表示一个行模型。

```
pyspark.sql.types.StructType(fields=None)
#StructType 是完整的原型，参数 fileds 是 StructField 的列表，用来构建 DataFrame 的数
据模型
```

（3）DataFrame 的常用类型。常用类型是指单一且普遍使用的类型，如字符串、浮点型、布尔值等，如表 10-5 所示。

表 10-5　Pyspark 的常用数据类型

类	说 明
pyspark.sql.types.NullType	表示 null 值的数据类型
pyspark.sql.types.StringType	表示字符串的数据类型
pyspark.sql.types.BinaryType	表示字节的数据类型
pyspark.sql.types.BooleanType	表示布尔的数据类型
pyspark.sql.types.DateType	表示日期的数据类型
pyspark.sql.types.TimestampType	表示时间的数据类型
pyspark.sql.types.DecimalType	表示十进制小数，有较高的精度
pyspark.sql.types.DoubleType	表示双精度浮点的数据类型
pyspark.sql.types.FloatType	表示浮点型的数据类型
pyspark.sql.types.IntegerType	表示 32 位整型数字
pyspark.sql.types.LongType	表示 64 位长整型数字

以下的代码，通过 StructType、StructFiled 结合不同的数据类型构建 DataFarme 的数据结构。

```
>>> from pyspark.sql.types import *           # 导入 types 包的所有模块
>>> data = spark.sparkContext.parallelize([(123, 'Katie', 19, 'brown'),
(234, 'Michael', 22, 'green'), (345, 'Simone', 23, 'blue')])
                                              # 创建 RDD 数据
>>> schema = StructType([
        StructField("id", LongType(), True),
        StructField("name", StringType(), True),
        StructField("age", LongType(), True),
        StructField("eyeColor", StringType(), True)
])                                            # 定义数据模型，并使用不同的数据类型
>>> df = spark.createDataFrame(data, schema) # 创建 DataFrame，并指定 schema
>>> df.schema
StructType(List(StructField(id,LongType,true),StructField(name,StringType
,true),StructField(age,LongType,true),StructField(eyeColor,StringType,tr
ue)))
```

2. 复合类型

复合数据类型能够处理较为复杂的数据类型，通过安排合理的复合数类型能够对计算带来便利，如队列、字典。

（1）ArrayType 类型表示数组数据类型，类的完整式为 pyspark.sql.types.ArrayType(elementType, containsNull)，其中参数 elementType 是数组中每个元素的类型；参数 containsNull 为布尔值，表示是否可以包含 null 值。

（2）MapType 类型表示键值对数据的类型，类的完整式为 pyspark.sql.types.MapType(keyType, valueType, valueContainsNull=True)，其中参数 keyType 是键值对中键的类型，valueType 是键值对中值的类型，valueContainsNull 表示是否允许有 null 值。

（3）操作函数说明。类 ArrayType 和类 MapType 具有相同功能的函数。通过这些函数可完成对复合类型函数的转换处理操作，如表 10-6 所示。

表 10-6 复合类型函数

函 数	说 明
jsonValue()	转化为 Json 数据格式
simpleString()	转化为简单字符串格式
needConversion()	是否需要在 Python 对象和内部 SQL 对象之间进行转换

以下代码为对复合类型函数 ArrayType 和 MapType 的操作说明，结合前面 StructField 类和 StructType 类构建复合类型的 DataFrame。

```
#1 ArrayType 的操作示例
>>> d1=[('red', 'wood', [100, 200, 20])]
# 定义数据模型，最后一列是 ArrayType 类型
>>> schema=StructType([
            StructField('door_color', StringType()),
            StructField('door_material', StringType()),
            StructField('door_param', ArrayType(IntegerType()))])
>>> df2 = spark.createDataFrame(d1, schema)
                                    # 创建 DataFrame，并指定 schema
>>> df2.show()
| door_color  |door_material       |     door_param       |
|      red  |         wood       |    [100, 200, 20]    |
>>> schema.jsonValue()              # 数据模型转换为 Json 格式
{'metadata': {},
   'name': 'door_param',
   'nullable': True,
   'type': {'containsNull': True, 'elementType': 'integer', 'type':
'array'}}],
 'type': 'struct'}
.....
>>> schema.needConversion()
True
#2 对 MapType 的操作示例，在生成 RDD 时，包含键值对数据
>>> d2=[('red', 'wood', {'door_width':100}, {'door_height':200}, {'door_
thickness':20})]
# 定义数据模型，后面 3 列对应的模型是键值对形式
>>> schema=StructType([
            StructField('door_color', StringType()),
            StructField('door_material', StringType()),
            StructField("width", MapType(StringType(), IntegerType(),
```

```
False), False),
            StructField("height", MapType(StringType(), IntegerType(),
False), False),
            StructField("thickness", MapType(StringType(), IntegerType(),
False), False)
])
>>> df3 = spark.createDataFrame(d2, schema)
                            # 创建 DataFrame，并指定 schema
>>> df3.collect()
[Row(door_color=u'red', door_material=u'wood', width={u'door_width':
100}, height={u'door_height': 200}, thickness={u'door_thickness': 20})]
>>> schema.simpleString()       # simpleString 以字符串形式输出数据
'struct<door_color:string,door_material:string,width:map<string,int>,heig
ht:map<string,int>,thickness:map<string,int>>'
```

10.3.4 DataFrame 类

前面已讲解 DataFrame 的行和列对象，并对支持的数据类型进行了说明。这样读者对 DataFrame 各组成的部件就有一个形象的理解。

由于 DataFrame 类的函数和属性较多，为了便于归纳记忆，可按照知识体系的延伸和对比记忆的原则进行划分，包括 SQL 表构建函数、属性值、关联处理函数、排序统计函数、转换输出函数。虽然该划分方法并不是很严谨，但对知识体系记忆和归纳有较大的帮助。

本节将先对 SQL 表构建函数和属性值进行说明，然后重点说明数据的转换统计处理，该部分包括关联处理函数、排序统计函数、转换输出函数。

（1）SQL 表构建函数。SQL 表构建函数可以通过 DataFrame 创建为一张表或视图，然后使用 SQL 行数据查询。DataFrame 表构建函数如表 10-7 所示，其在第十二章 PySpark SQL 中会大量使用。

表 10-7 SQL 表构建函数

函 数	说 明
createGlobalTempView(name)	对当前 DataFrame 创建全局临时视图
createOrReplaceGlobalTempView(name)	使用给定名称创建或替换全局临时视图
createOrReplaceTempView(name)	创建或替换 DataFrame 的本地临时视图
createTempView(name)	使用 DataFrame 创建本地临时视图
registerTempTable(name)	通过给定的名字将 DataFrame 注册为临时表

（2）DataFrame 的属性值。通过 DataFrame 的属性字段能够获取较为常用的功能。如 DataFrame 的行列和数据模型等信息，具体的属性值如表 10-8 所示。

表 10-8　DataFrame 属性值

属 性	说 明
columns	将 DataFrame 的列以列表形式输出
dtypes	以列表形式返回 DataFrame 的所有列的类型
isStreaming	如果 DataFrame 中包含一个或多个源，而这些源在数据到达时连续返回数据，则返回 true，用于检测流式数据
na	返回用于处理缺失值的 DataFrameNa 函数
rdd	将 DataFrame 行数据以 RDD 形式返回
schema	将此 DataFrame 的架构返回为 Pyspark.sql.type.StructType
stat	返回一个 DataFrameStat 功能用于进行统计
storageLevel	返回目前 DataFrame 的存储级别
write	用于将非流式 DataFrame 的内容保存到外部存储。同 SparkSession 的 read 属性一样，write 属性将在第十二章 PySpark SQL 中详细说明。
writeStream	用于将流式处理 DataFrame 的内容保存到外部存储接口

以下是演示代码，可使用不同属性查看 DataFrame 的信息。

```
>>> df3.storageLevel      # 具体的存储级别解析请查看第九章的相关说明
>>> df3.columns           # 查看列信息
['door_color', 'door_material', 'width', 'height', 'thickness']
>>> df3.dtypes            # 查看列信息及对应的类型
[('door_material', 'string'),
('thickness', 'map<string,int>')]
>>> df3.rdd.collect()     # 转化为 RDD
[Row(door_color=u'red', door_material=u'wood', width={u'door_width':
100}, height={u'door_height': 200}, thickness={u'door_thickness': 20})]
>>> df3.isStreaming       # 判断是否为流式数据
False
```

1. 关联处理函数

将两个 DataFrame 进行连接，类似 SQL 中的关联操作，或是数学中对于集合的计算操作。DataFrame 的关联处理函数如表 10-9 所示。

表 10-9　DataFrame 的关联处理函数

函 数	说 明
crossJoin(other)	交叉连接，即返回两个 DataFrame 的笛卡儿积
exceptAll(other)	差集，返回只在调用 DataFrame 中有的数据
intersect(other)	并集，返回两个 DataFrame 都有的数据

续表

函 数	说 明
intersectAll(other)	并集，返回两个 DataFrame 所有的数据，但保留重复的行
join(other,on=None,how=None)	两个 DataFrame 通过特定的列连接，类似 SQL join 操作
union(other)	返回包含此 DataFrame 和另一个 DataFrame 中行联合的新 DataFrame
unionAll(other)	

以下代码是对上表中函数进行调用的说明，通过观察其生成的数据格式，可加深对各函数的理解。

```
>>> from pyspark.sql.types import *
##1- 创建 Staff DataFrame
>>>staff=[(1,'mike',30,'finance',24000),(2,'lee',34,'develop',36000),(3,'allen',36,'manager',40000),(4,'jane',None,'CFO',None)]
staff_schema = StructType([
        StructField("id", IntegerType(), True),
        StructField("name", StringType(), True),
        StructField("age", IntegerType(), True),
        StructField("job", StringType(), True),
        StructField("salary",LongType(),True)
]) # DataFrame 的数据结构
>>>staff_df=spark.createDataFrame(staff,staff_schema)
##2- 创建 User UsDataFrame
>>>user=[(1,'mike','BeiJin',' 朝阳 '),(2,None,'ShangHai',' 徐汇 '),(3,'allen','GuangZhou',' 天河 '),(4,'jane','ShenZhen',' 福田 ')]
user_schema=StructType([
        StructField("id", IntegerType(), True),
        StructField("name", StringType(), True),
        StructField("city", StringType(), True),
        StructField("region", StringType(), True)
])
>>>user_df=spark.createDataFrame(user,user_schema)
##3-crossjoin 操作，共生成 16 条数据，其格式如下
>>> staff_df.crossJoin(user_df).show()
| id | name| age|     job| salary|  id| name|      city    |region|
|  1| mike|  30|finance| 24000|  1|  mike|   BeiJin    朝阳
|  1| mike|  30|finance| 24000|  2|   null| ShangHai   徐汇
##4- 使用 exceptAll 求差集
>>> user_df.select('id','name').exceptAll(staff_df.select('id','name'))
|  id  |  name|
|  2  |  null  |
##5-intersectAll 并集
>>> user_df.select('id','name').intersectAll(staff_df.select('id','name')).show()
>>>staff_df.join(user_df,staff_df.id==user_df.id,'left').select(staff_df.name,staff_df.salary,user_df.city).show()    # 使用 Join 通过 ID 进行关联
```

2. 排序统计函数

排序统计函数包括：SQL 的窗口函数、常用统计学的统计量和汇总类操作函数。可通过这些函数对 DataFrame 数据进行排序和统计，如表 10-10 所示。

表 10-10　排序统计函数

函 数	说 明
agg(*exprs)	在整个 DataFrame 中实施聚合处理
corr(col1,col2,method)	计算两个 DataFrame 特定列的相关系数，目前仅支持皮尔逊相关系数
count()	统计 DataFrame 的总行数
cov(col1,col2)	计算给定列的样本协方差
cube(*cols)	使用指定列为 DataFrame 创建多维数据集，以便进行多维分析
describe(*cols)	计算数字列和字符串列的基本统计信息
groupBy(*cols)	用指定的列对 DataFrame 进行分组，并运行聚合
orderBy(*cols,**kwargs)	返回按指定列排序后的新 DataFrame
rollup(*cols)	使用指定列为 DataFrame 创建多维汇总，并运行聚合
sort(*cols,**kwargs)	使用特定列排序后，返回新的 DataFrame
sortWithinPartitions (*cols, **kwargs)	在分区中对特定列排序后，返回新的 DataFrame
summary(*statistics)	计算数字列和字符串列的指定统计信息，如计数、均值、标准差、最小值、最大值等

使用以下代码演示操作上表中的函数，注意查看每个函数的实施效果。

```
>>> staff_df.agg({'salary':'min'}).collect()
                                        # 使用相同等效的方法计算最低薪水
>>> from pyspark.sql import functions as F
>>> staff_df.agg(F.min(staff_df.salary)).collect()
[Row(min(salary)=24000)]
# 使用两种方式计算年龄和薪资的相关性：一种将列类型进行转换后使用；一种直接使用
>>> t=staff_df.select(staff_df.age.cast(DoubleType()),staff_df.salary.
cast(DoubleType()) )
>>> t.corr('age','salary')              # 计算年龄和薪资的相关性
>>> staff_df.corr('age','salary')       # 计算得到的相关系数均为 0.97，说明年龄和薪
资的相关性很大
0.9714027646697837
>>> staff_df.count()                    # 统计总行数
4
>>> type(staff_df.cube())               # 使用多维分析模型得知其返回类型为
GroupedData 即可
```

```
Pyspark.sql.group.GroupedData          # 对 GroupedData 的说明在第 10.4.1 节中
>>> staff_df.groupBy().avg().collect()      # 计算平均值，不以任何列进行分组
[Row(avg(id)=2.5, avg(age)=33.333333333333336, avg(sala
ry)=33333.333333333336)]
>>> staff_df.summary("count", "min", "25%", "75%", "max").show()  # 使用
summary 函数进行统计
summary  id   name     age    job    salary
count      4   4        3      4      3
min      1  allen    30     CFO    24000
25%        1   null      30     null     24000
75%        3   null      36     null     40000
max        4   mike     36     manager  40000
>>> staff_df.sort('name','salary')     # 用 name 和 salary 进行排序
>>> staff_df.describe().show()         # 查看各统计值，计算结果如图 10-3 所示
```

```
+-------+------------------+-----+------------------+-------+------------------+
|summary|                id| name|               age|    job|            salary|
+-------+------------------+-----+------------------+-------+------------------+
|  count|                 4|    4|                 3|      4|                 3|
|   mean|               2.5| null|33.333333333333336|   null|33333.333333333336|
| stddev|1.2909944487358056| null| 3.055050463303893|   null|  8326.66399786453|
|    min|                 1|allen|                30|    CFO|             24000|
|    max|                 4| mike|                36|manager|             40000|
+-------+------------------+-----+------------------+-------+------------------+

+---+-----+----+-------+------+
| id| name| age|    job|salary|
+---+-----+----+-------+------+
|  3|allen|  36|manager| 40000|
```

图 10-3　describe 和 sort 的计算结果

3. 转换输出函数

转换输出函数涉及对数据查看、筛选、转化的方法，如表 10-11 所示。

表 10-11　转换输出函数

函 数	说 明
collect()	以行的格式将数据输出
take(num)	以列表信息返回前 n 行数据
first()	返回 DataFrame 中的第一个行
show()	在控制台中输出前 n 个数据
head(n=None)	返回 DataFrame 的前 n 行
limit(num)	限制返回 num 数量的行
printSchema()	以树状格式输出数据模型
hint(name,*parameters)	为 DataFrame 指定一些提示

续表

函 数	说 明
alias(alias)	重命名操作可以将一份 DataFrame 标记为多份
isLocal()	如果 collect() 函数和 take() 函数可以在本地执行，则返回 True
checkpoint(eager=True)	返回此 DataFrame 的检查版本
explain(extended=False)	将逻辑和物理执行计划打印到控制台，并进行调试
fillna(value,subset=None)	对 DataFrame 的 null 值使用其他值进行填充
replace(to_replace,value,subset)	返回一个新的 DataFrame，并用另一个值替换
dropDuplicates(subset=None)	返回删除重复行后的新 DataFrame
dropna(how='any',thresh=None,subset=None)	返回忽略 null 值后的 DataFrame
filter(condition)	使用给定条件筛选行
where(condition)	相当于 filter 操作
foreach(f)	将 f 函数应用于此 DataFrame 的所有行
distinct()	返回 DataFrame 中去重操作后的新 DataFrame
select(*cols)	在 DataFrame 中获得特定的列，并返回新的 DataFrame
toDF(*cols)	具有新指定列名称的新 DataFrame
toJSON(use_unicode=True)	将 DataFrame 转换为 RDD 字符串
toPandas()	将 DataFrame 转换为 pandas.DataFrame
toLocalIterator()	返回包含此 DataFrame 所有行的迭代器

（1）信息输出函数演示。通过 collect()、show()、take() 等函数可以查看数据和列信息。调用 printSchema 函数后，展示的树状结构信息代码如下。

```
>>> staff_df.printSchema()
root
 |-- id: integer (nullable = true)
 |-- name: string (nullable = true)
...
```

（2）数据处理函数演示。数据处理的主要目的是将数据转换，一方面是将数据转化为自己需要的格式，另一方面是消除异常、缺失或错误的数据。

```
##1- 对 null 值的处理
>>> user_df_copy=user_df.alias('user_df_copy')     # 先重命名一份新的数据用于测试
>>> user_df_copy.dropna().collect()                 # dropna 函数返回新
DataFrame，没有 ID 为 2 的行
```

```
[Row(id=1, name=u'mike', city=u'BeiJin', region=u'\xe....'),
 Row(id=3, name=u'allen', city=u'GuangZhou', region=u'\xe....'),
 Row(id=4, name=u'jane', city=u'ShenZhen', region=u'\xe7.....')]
>>> user_df_copy.fillna('anonymous').collect()
                                               # 对 null 值使用一个默认值进行填充
Row(id=2, name=u'anonymous', city=u'ShangHai', region=u'\xe5...')
>>> user_null=user_df.filter(user_df.name.isNull())
                                               # 通过 filter 过滤得到 null 记录
>>> user_null.fillna('anonymous')
>>> user_na=user_df_copy.na                    # 也可以使用 na 属性对 null 进行处理
>>> user_na.fill('anonymous').collect()        # 填充 null 值
##2- 一些数据的操作说明
>>> user_null.explain()                        # 通过 explain 函数可以将
DataFrame 的执行计划输出
== Physical Plan ==
*Filter isnull(name#11)
...
>>> staff_df.filter("id!=4").foreach(lambda x : x.salary * 1.5 )
                                               # foreach(f) 函数作用于 dataframe 中
>>> staff_df.selectExpr('name','salary *1.5')
                                               # selectExpr 使用 SQL 表达式，可将
工资提高 50%
[Row(name=u'mike', (salary * 2)=48000),
 Row(name=u'lee', (salary * 2)=72000),...]
>>>staff_df.withColumn('salary_tax',staff_df.salary * 0.05).collect
                                               # 通过 withColumn 添加新列
[Row(id=1, name=u'mike', age=30, job=u'finance', salary=24000, salary_
tax=1200.0)
>>> staff_df.withColumn('salary',staff_df.salary * 1.05).collect()
                                               # 通过 withColumn 修改列
>>> staff_df.withColumnRenamed('salary','salary_taxed').collect()
                                               # 通过 withColumnRenamed 将现有的
列名进行修改
[Row(id=1, name=u'mike', age=30, job=u'finance', salary_taxed=24000)...]
```

（3）to 系列函数的演示。to 系列函数主要包括 toDF、toJSON、toPandas、toLocalIterator。通过这些函数可对 DataFrame 进行转换，以在更宽泛的编程环境中使用。

```
>>> user_df.toLocalIterator()                  # 通过 toLocalIterator() 返回
python 迭代器，可带来计算和内存使用的优势
<itertools.chain at 0x9bbbbe0>
>>> for x in user_df.toLocalIterator():        # 通过迭代器常看数据
        print x
>>> user_json=user_df.toJSON()                 # 通过 toJSON 将 DataFrame 转化为
RDD
>>> type(user_json)
Pyspark.rdd.RDD
>>> staff_pd=staff_df.toPandas()               # 通过 toPandas 将 DataFrame 转为
panda.DataFrame
>>> type(staff_pd)
pandas.core.frame.DataFrame
>>> staff_df.toDF('c1','c2','c3','c4','c5')    # 通过 toDF 将 DataFrame 转化为一
```

```
个新的 DataFrame
DataFrame[c1: int, c2: string, c3: int, c4: string, c5: bigint]
```

10.4 DataFrame 数据处理 API

本节主要讲解 4 个类：GroupedData、DataFrameStatFunctions、DataFrameNaFunctions 和 functions。这些类在讲 DataFrame 时就提过，如 na 属性、stat 属性就分别是 DataFrameNaFunctions 和 DataFrameStatFunctions 的实例；groupBy、cube 等函数返回的类型是 GroupedData。所以在处理 DataFrame 数据时会生成这些类对象，就可对数据中的行、列进行处理。

10.4.1 GroupedData 类

GroupedData 类是由 DataFrame.groupBy 创建的，在 DataFrame 中实施聚合操作的一组函数。这个类有分组概念，在 DataFrame 调用 GroupedData 后就具有分组的逻辑，聚合计算需要区分分组。如果没有提供分组列，那么可将整个 DataFrame 作为一个分组。GroupedData 类的统计函数如表 10-12 所示。

表 10-12 GroupedData 类的统计函数

函 数	说 明
agg(*exprs)	计算聚合结果，是类 DataFrame 的 agg 函数的本体
apply(udf)	使用 panddas.udf 映射当前 DataFrame 应用 Group 函数后的分组，并将结果返回 DataFrame
avg(*cols)	计算每个分组数值列的平均值
count()	计算每个分组的记录数
max(*cols)	计算每个分组的最大值
mean(*cols)	计算每个分组的平均值
min(*cols)	计算每个分组的最小值
sum(*cols)	计算每个分组的和

```
>>> staff_df_copy=staff_df.alias('staff_copy')
>>> staff_all=staff_df.union(staff_df)       # 为统计效果，通过 union 构造两份数
据的集合
>>> group_name=staff_all.groupBy(staff_all.name)
                                            # 以 name 进行分组
```

```
>>> group_name.count().head(2)          # 查看按名字进行统计的数据量
[Row(name=u'allen', count=2), Row(name=u'jane', count=2)]
>>> group.name.avg()                    # 计算平均值
                                        # 使用 apply 函数，并结合 Pandas UDF 函数
>>> from Pyspark.sql.functions import pandas_udf, PandasUDFType
>>> df = spark.createDataFrame([(1, 1.0), (1, 2.0), (2, 3.0), (2, 5.0),
(2, 10.0)],("id", "v"))
>>> @pandas_udf("id long, v double", PandasUDFType.GROUPED_MAP)
def normalize(pdf):
         v = pdf.v
      return pdf.assign(v=(v - v.mean()) / v.std())
>>> df.groupby("id").apply(normalize).show()
id             v
1       0.7071067811865475
1       0.7071067811865475
...
```

10.4.2 DataFrameStatFunctions 类和 DataFrameNaFunctions 类

DataFrame 有两个属性 stat 和 na，分别是 DataFrameStatFunctions 类和 DataFrameNaFunctions 类的实例对象。在这两个属性的操作 DataFrame 中直接引用就可以处理相应的函数。

```
#1 使用 stat 进行操作
>>> staff_all.stat.corr('age','salary')     # 计算 age 和 salary 的相关性
0.9714027646697837
>>> staff_all.freqItems(['name','job']).collect()
[Row(name_freqItems=[u'jane', u'mike', u'allen', u'lee'])]
                                             # 通过 freqItems 获取列中频繁出现的数据
>>> [Row(name_freqItems=[u'mike', u'jane', u'allen', u'lee'], job_
freqItems=[u'manager', u'CFO', u'finance', u'develop'])]
>>> staff_all.stat.crosstab('name','salary').show()
                                             # 计算给定列的成对频率表
name_salary   24000  36000    40000  null
mike          2      0        0      0
jane          0      0        0      2
...
# 2 使用 na 进行操作
>>> staff_all.na.drop().show()              # 返回（剔除含有 null 值的行）新的
DataFrame
id  name   age    job          salary
1   mike   30     finance      24000
2   lee    34     develop      36000
...
>>> staff_all.na.fill(-1).show()            # fill 对 null 值使用一个默认值进行填充
id  name   age    job    salary
1   mike   30     finance  24000
4   jane|  -1     CFO      -1
...
```

10.4.3 functions 类

DataFrame 类与其他数据处理类大多是 has-a 的关系，但同 functions 类则是较弱的依赖关系，主要体现在 functions 类的函数参数绝大多数都传递 DataFrame 的列对象。在 functions 类中包含了非常多的内置函数，下面将列举一些进行说明。

1. 数学工具

常用的数学计算如绝对值、三角函数等，通过这些数学函数可完成特定场景数据的处理。

```
##1- 三角函数 cos、sin、tan 的使用
>>> data=spark.createDataFrame([(30,60,90)],['d1','d2','d3'])
>>> data.select(cos(data.d1),sin(data.d2),tan(data.d3)).show()
    COS(d1)                    SIN(d2)                    TAN(d3)
0.15425144988758405      -0.3048106211022167      -1.995200412208242
##2- 对数 log 和指数 exp 的使用
>>> data.select(log1p(data.d1),log10(data.d2),log2(data.d3)).show()
                                                                  # log 函数
        LOG1P(d1)                     LOG10(d2)                 LOG2(d3)
3.4339872044851463    |   1.7781512503836436 |    6.491853096329675  |
>>> data.select(exp(data.d1),exp(data.d2),exp(data.d3)).show()
      EXP(d1)                   EXP(d2)                      EXP(d3)
1.068647458152446...  1.142007389815684...         1.220403294317840...
>>> data.select(degrees(data.d1),floor(data.d2),abs(data.d3)).show()
DEGREES(d1)           FLOOR(d2)           abs(d3)
1718.8733853924698                        60                    90
```

2. 日期操作

日期操作处理是编程工作中经常会遇到的，以下代码列举 functions 类中已定义的一些函数。当需要对日期操作时，可以先在 functions 函数中进行查找。

```
>>> from pyspark.sql.functions import *
# add_months 对月份进行加减
>>> df = spark.createDataFrame([('2019-10-31','Thur')], ['date','week'])
>>> df.select(add_months(df.date, 1).alias('next_month')).show()
|next_month|
|2019-11-30|
# current_date() 获取当前时间
>>> df.select(current_date().alias('curr_date')).collect()
[Row(curr_date=datetime.date(2019, 10, 31))]
>>> type(current_date())                # current_date() 返回类型 Column
<class 'Pyspark.sql.column.Column'>
# current_timestamp()  获取当前日期
>>> df.select(current_timestamp().alias('curr_time')).collect()
[Row(curr_time=datetime.datetime(2019, 10, 31, 19, 46, 16, 891000))]
# dayofweek(col)   计算日期为一周中的第几天
>>> df.select(dayofweek(current_timestamp())).collect()
[Row(dayofweek(current_timestamp())=5)]
# from_unixtime 将时间戳转化为日期
>>> time_df = spark.createDataFrame([(1528476400,)], ['unix_time'])
>>> time_df.select(from_unixtime('unix_time').alias('ts')).show()
```

```
|2018-06-08 09:46:40|
# hour 函数获取小时数
>>> df.select(hour(current_timestamp())).collect()
[Row(hour(current_timestamp())=19)]
# date_add(start, days) 对日期进行加减
>>> df.select(date_add(current_date(),-30)).collect()
[Row(date_add(current_date(), -30)=datetime.date(2019, 10, 1))]
```

3. 数组列操作

在 functions 中有大量针对 DataFrame 列的操作，其中列的数据格式是数组。这些函数的特点是都以 array_ 开头，接下来将对这些函数操作进行演示。

```
# array_cantains 列中数据是否包含特定的字符串
>>> df = spark.createDataFrame([(["a", "b", "c"],), ([],)], ['data'])
>>> df.select(array_contains(df.data, "a")).collect()
[Row(array_contains(data, a)=True), Row(array_contains(data, a)=False)]
# array_distinct 剔除列中的重复数据
>>> df = spark.createDataFrame([([1, 2, 3, 2],), ([4, 5, 5, 4],)],
['data'])
>>> df.select(array_distinct(df.data)).collect()
[Row(array_distinct(data)=[1, 2, 3]), Row(array_distinct(data)=[4, 5])]
# array_join 使用分隔符串联列的元素
>>> df = spark.createDataFrame([(["a", "b", "c"],), (["a", None],)],
['data'])
>>> df.select(array_join(df.data, ",").alias("joined")).collect()
[Row(joined='a,b,c'), Row(joined='a')]
>>> df.select(array_join(df.data, ",", "NULL").alias("joined")).collect()
[Row(joined='a,b,c'), Row(joined='a,NULL')]
# array_remove 删除列数据中的特定元素
>>> df = spark.createDataFrame([([1, 2, 3, 1, 1],), ([],)], ['data'])
>>> df.select(array_remove(df.data, 1)).collect()
[Row(array_remove(data, 1)=[2, 3]), Row(array_remove(data, 1)=[])]
# array_union 合并两个数组的列数据
>>> from pyspark.sql import Row
>>> df = spark.createDataFrame([Row(c1=["b", "a", "c"], c2=["c", "d",
"a", "f"])])
>>> df.select(array_union(df.c1, df.c2)).collect()
[Row(array_union(c1, c2)=['b', 'a', 'c', 'd', 'f'])]
```

4. 其他常见操作

其他常见操作包括编码转换、窗口函数操作、加密解密等。

```
# ascii 计算字符串中第一个字母的 ascii 码
>>> df = spark.createDataFrame([(["ask", "because", "caml"])],
['d1','d2','d3'])
>>> df.select(df.d1,ascii(df.d1)).show()
|   d1|       ascii(d1)   |
|  ask|            97   |
# coalesce(*cols) 返回第一个非空值
>>> cDf = spark.createDataFrame([(None, None), (1, None), (None, 2)], ("a",
"b"))
```

```
>>> cDf.select(coalesce(cDf["a"], lit(0) )).show()
|coalesce(a, 0)|
|             0|
|             1|
|             0|
# concat(*cols) 将多个输入列放入单个列中
>>> df = spark.createDataFrame([('abcd','123')], ['s', 'd'])
>>> df.select(concat(df.s, df.d).alias('s')).collect()
                                    # 将字符串拼接成一个
[Row(s='abcd123')]
>>> df = spark.createDataFrame([([1, 2], [3, 4], [5]), ([1, 2], None,
[3])], ['a', 'b', 'c'])
>>> df.select(concat(df.a, df.b, df.c).alias("arr")).collect()
                                    # 连接列表汇集到一个列表中
[Row(arr=[1, 2, 3, 4, 5]), Row(arr=None)]
# conv(col, fromBase, toBase)  数字从一个进制换为另一个进制
>>> df = spark.createDataFrame([("010101",)], ['n'])
>>> df.select(conv(df.n, 2, 16).alias('hex')).collect()
                                    # 二进制转十六进制
[Row(hex='15')]
# crc32(col) CRC 的循环冗余校验
>>> spark.createDataFrame([('ABC',)], ['a']).select(crc32('a').
alias('crc32')).collect()
[Row(crc32=2743272264)]
# decode，encode 编码、解码操作为 ascii、utf、iso 等格式
>>> df = spark.createDataFrame([('English-String','中文很美')], ['en',
'cn'])
>>>encode_en=df.select(encode(df.en,'ISO-8859-1').
alias('enISO'),encode(df.en,'UTF-8').alias('enUTF'))
                                    # 对英文的编码操作
>>> encode_en.show()
   enISO                enUDF
[45 6E 67 6C 69 7...    [6E 67 6C 69 7...
>>>encode_cn=df.select(encode(df.cn,'ISO-8859-1').
alias('cnISO'),encode(df.cn,'UTF-8').alias('cnUTF'))
                                    # 对中文的编码操作
>>> encode_cn.show()
     cnISO                cnUTF
[E4 B8 AD E6 96 8...    [C3 A4 C2 B8 C2 A...
>>>encode_en.select(decode(encode_en.enUTF,'UTF-8'),decode(encode_
en.enISO,'ISO-8859-1')).show() # 对应的解码操作
decode(enUTF, UTF-8)    decode(enISO, ISO-8859-1)
   English-String             English-String
# hash(*cols) 计算字符串的 hash 值
>>> spark.createDataFrame([('ABC',)], ['a']).select(hash('a').
alias('hash')).collect()
[Row(hash=-757602832)]
# lower 将字符转换为小写
>>> spark.createDataFrame([('ABC',)], ['a']).select(lower('a').
alias('lower')).collect()
abc
# base64 转换操作，多用于在传输特殊字符时使用
```

```
data=spark.createDataFrame([('https://spark.apache.org','docs/latest/api/
python/Pyspark.sql.html')],['d1','d2'])
data.select(base64(data.d1),base64(data.d2)).collect()
[Row(base64(d1)=u'aHR0cHM6Ly9zcGFyay5hcGFjaGUub3Jn', base64(d2)=u'ZG9jcy9
sYXRlc3QvYXBpL3B5dGhvbi9weXNwYXJrLnNxbC5odG1s')]
```

10.5 Postgresql 和 DataFrame

关系型数据的应用十分广泛，很多企业使用关系数据库处理 OLTP 和 OLAP 业务。将关系型数据获取的数据直接转换成 DataFrame 进行分析，可节省大量的 ETL 工作，并且借助 Spark 的高效处理性能再进行数据的清洗、分析、挖掘。通过 PySpark 获取 Postgresql 数据库中的数据，可迁移到其他的关系数据中，其操作环境如表 10-13 所示。

表 10-13 Postgresql 和 DataFrame 的操作环境

应 用 项	说 明
操作	从 Postgresql 获取数据操作
使用数据	NorthWind 数据库数据；微软提供的练习数据库，请自行下载；下载附录中相应的脚本，创建对应的数据库和数据
使用函数	spark.read 属性
运行环境	Windows 的 Spark 环境

10.5.1 连接 Postgresql 操作代码

在连接 Postgresql 数据库时，先要准备好 JDBC 驱动包，并把驱动包复制到 spark 安装环境中才能连接到数据库。Postgresql 数据库在 Windows 中的安装很方便，在 Ubuntu 中安装的命令如下。

```
$sudo apt-get install postgresql-xx-xx        # 安装对应 xx 版本的 postgresql
$sudo -u postgres psql                        # 在 SQL Shell 中输入，并登录
Postgresql 数据库
$ALTER USER postgres WITH PASSWORD 'xxxxxx';        # 修改密码
```

导入需要使用的模块，初始化 SparkSession 和 SparkContext。

```
from pyspark import SparkContext
from pyspark.sql import SparkSession
from pyspark.sql.types import *
from pyspark.sql import Row
from pyspark.sql import Column
# 由于不在 pyspark-shell 中操作，所以需要自行创建初始化 SparkSession 和 SparkContext
```

```
sc=SparkContext(appName="pg_dataframe")
spark=SparkSession.builder.appName('pg_dataframe')
.master("Yct201811021847")
.getOrCreate()
```

用以下定义连接 Postgresql 获取数据，并以 DataFramc 格式返回。

```
def create_df_from_postgres(*args):
"""
# 可变参数 args：表示连接 Postgresql 数据库的信息，如服务器地址、账号和密码等。
返回值：DataFrame 数据
    df=spark.read.format('jdbc').options(
        url='jdbc:postgresql://localhost:5432/northwind',
                                        # 连接 Postgresql 的 URI
        dbtable='public.orders',        # 要连接的表名
        user='postgres',
        password='xxxxx'
    ).load()                            # 加载 Orders 订单表
    return df
data=create_df_from_postgres()          # 调用函数获取 Orders 数据
```

使用 DataFrame 的相关函数对 Orders 表进行处理。在处理过程中，应对表的结构进行必要的理解，如明确记录的是什么数据、表述业务的意义是什么等。

```
data.printSchema()                      # 查看列及其类型
sum=data.summary()                      # 查看数据全貌，了解分布情况
# 经过上述两步后，就可进行数据分析处理了
cust_country=data.groupBy(['customerid','shipcountry'])
                                        # 按客户和运输目的地国家分组
# 按客户运输次数和运费进行降序排列
cust_country.agg({'shipcountry':'count','freight':'avg'}).orderBy(['count
(shipcountry)'],ascending=False)
```

10.5.2 执行说明

调用 create_df_from_postgres 后，成功返回 DataFrame 数据。查看数据如图 10-4 所示，说明成功连接并获取数据。

```
data=create_df_from_postgres()
data.show(2)
```

```
data.show(2)

+-------+----------+----------+----------+------------+-----------+-------+-------+--------------------+--------------------+--------+
|orderid|customerid|employeeid| orderdate|requireddate|shippeddate|shipvia|freight|            shipname|         shipaddress|shipcity|
+-------+----------+----------+----------+------------+-----------+-------+-------+--------------------+--------------------+--------+
|  10248|     VINET|         5|1996-07-04|  1996-08-01| 1996-07-16|      3|  32.38|Vins et alcools C...|59 rue de l'Abbaye|   Reims|
|  10249|     TOMSP|         6|1996-07-05|  1996-08-16| 1996-07-10|      1|  11.61|  Toms Spezialitäten|      Luisenstr. 48| Münster|
+-------+----------+----------+----------+------------+-----------+-------+-------+--------------------+--------------------+--------+
```

图 10-4 从 Postgresql 获取数据后返回 DataFrame

可以通过函数 printSchema() 查看数据集的数据结构，通过函数 summary() 查看数据的全局统计量。查询的结果如下所示，得到的数据可为后续的操作提供分析依据。

```
data.printSchema()
root
 |-- orderid: short (nullable = true)
 |-- customerid: string (nullable = true)
 |-- employeeid: short (nullable = true)
...
data.summary().show()
summary | orderid | customerid | employeeid | shipvia | freight ...
count     830       830          null         830       830    ...
mean      10662.5   null         4.4036       2.007     78.24 ...
stddev    239.744   null         2.499        0.779     116.77 ...
...
```

按客户、目的地国家分组。分析每个客户在相关国家业务的重要性，其执行代码后的数据如下。

```
cust_agg=cust_country.agg({'shipcountry':'count','freight':'avg'}).orderB
y(['count(shipcountry)'],ascending=False)
cust_agg.show()    # 查看数据结果如下
customerid         shipcountry        count(shipcountry)    avg(freight)
SAVEA              USA                31                    215.60
ERNSH              Austria            30                    206.84
QUICK              Germany            28                    200.2
FOLKO              Sweden             19                    88.32
```

10.6 CSV 和 DataFrame

通过 CSV 文件读取数据，构建对应的 DataFrame 数据，并明确指定数据结构的列名和类型，但 spark.read.csv 函数可以通过参数配置达到相同的目的，如表 10-14 所示。

表 10-14 CSV 和 DataFrame 操作环境

应 用 项	说 明
操作	读取 CSV 文件构建 DataFrame
使用数据	iris.data 鸢尾花属植物
使用函数	spark.read 属性
操作环境	Windows 的 Spark 环境

10.6.1 读取操作 CSV 代码

导入需要使用的模块，初始化 SparkSession 和 SparkContext。

```
from pyspark import SparkContext
from pyspark.sql import SparkSession
from pyspark.sql.functions  import *
from pyspark.sql import Row
from pyspark.sql import Column
sc=SparkContext(appName="csv_dataframe")
spark=SparkSession.builder.appName('csv_dataframe') \
.master("Yct201811021847").getOrCreate()
```

读取 CSV 文件，将生成的 DataFrame 数据返回，具体代码如下。

```
def create_df_from_csv():
"""
读取 CSV 文件，并将结果以 DataFrame 返回
"""
# 将 CSV 文件的 header 参数和 inferSchema 参数用于构建数据模型
    df=spark.read.csv('iris_dataset.csv',header=True, inferSchema=True)
    return df
csv_df=create_df_from_csv()     # 获取数据
csv_df.printSchema()
csv_df.summary().show()
```

使用以下代码进行数据分析处理。

```
arr_csv=csv_df.select(array(csv_df.sepal_length,csv_df.sepal_width,csv_
df.petal_length,csv_df.petal_width).alias('arr_data'),csv_df.species)
# 将数据转换为数组类型，并构建复合结构数据类型
arr_csv.printSchema()
csv_df.summary()
# 计算数组的最大值、最小值
arr_csv.select(array_max(arr_csv.arr_data),array_min(arr_csv.arr_data))
# 将数组数据转换为 RDD 数据，这样就可以使用 RDDAPI 进行操作
rdd_csv=arr_csv.rdd
# 将数据以 RDD 类型保存到 HDFS
rdd_csv.saveAsSequenceFile('hdfs://localhost:9000/test_data/join_data')
# 用 'species 计算各类的统计值
gp_csv=csv_df.groupBy(['species'])
g1=gp_csv.avg('sepal_length','sepal_width','petal_length','petal_width')
g2=gp_csv.mean('sepal_length','sepal_width','petal_length','petal_width')
g3=gp_csv.max('sepal_length','sepal_width','petal_length','petal_width')
g4=gp_csv.min('sepal_length','sepal_width','petal_length','petal_width')
```

10.6.2 执行说明

读取 CSV 文件生成的 DataFrame 结构。在读取 CSV 文件时，通过 header 和 inferSchema 参数就可直接构造出数据模型。

```
arr_csv.printSchema()
root
 |-- sepal_length: double (nullable = true)
 |-- sepal_width: double (nullable = true)
 |-- petal_length: double (nullable = true)
 |-- petal_width: double (nullable = true)
 |-- species: string (nullable = true)
```

执行 summary 函数，针对 iris 数据的完备性统计的数据很具有代表性，可以直接作为分析结果使用，如图 10-5 所示。

```
csv_df.summary().show()
```

```
+-------+------------------+-------------------+------------------+------------------+---------+
|summary|      sepal_length|        sepal_width|      petal_length|       petal_width|  species|
+-------+------------------+-------------------+------------------+------------------+---------+
|  count|               150|                150|               150|               150|      150|
|   mean| 5.843333333333335| 3.0540000000000007|3.7586666666666693|1.1986666666666672|     null|
| stddev|0.8280661279778637|0.43359431136217375| 1.764420419952262|0.7631607417008414|     null|
|    min|               4.3|                2.0|               1.0|               0.1|   setosa|
|    25%|               5.1|                2.8|               1.6|               0.3|     null|
|    50%|               5.8|                3.0|               4.3|               1.3|     null|
|    75%|               6.4|                3.3|               5.1|               1.8|     null|
|    max|               7.9|                4.4|               6.9|               2.5|virginica|
+-------+------------------+-------------------+------------------+------------------+---------+
```

图 10-5　iris 数据的 summary 结果

使用 functions 的 array 函数将数据转换为复合类型，并以 RDD 存储。通过 species 分类对每类鸢尾花计算统计值。

```
# 转化 RDD 后的数据类型
rdd_csv=arr_csv.rdd
rdd_csv.collect()
[Row(arr_data=[5.1, 3.5, 1.4, 0.2], species=u'setosa'),
# 分类处理后的数据类型
g1.collect()
[Row(species=u'virginica',avg(sepal_length)=6.587999999999998, avg(sepal_
width)=2.9739999999999998, avg(petal_length)=5.552, avg(petal_
width)=2.026),
```

10.7 Json 和 DataFrame

在读取 Json 文件构造相应的数据模型时，需要显示说明类型。演示使用的数据可在 Windows 的 Spark 环境中执行，通过使用 spark.read 读取 Json 文件，并进行对应列的类型转换。

10.7.1 读取操作 Josn 代码

（1）导入需要使用的模块，初始化 SparkSession 和 SparkContext。

```
from pyspark import SparkContext
from pyspark.sql import SparkSession
from pyspark.sql import *
from pyspark.sql.types import *
sc=SparkContext(appName="json_dataframe")
spark=SparkSession.builder.appName('json_dataframe') \
.master("Yct201811021847").getOrCreate()
```

（2）读取 Json 文件，初始化数据结构。

```
def create_df_from_json():
    '''
    read 的类型是 DataFrameReader
    '''
    # schema = StructType([
    # StructField("name", StringType(), True),
    # StructField("times", IntegerType(), True),
    # StructField("url", StringType(), True)
    # ])
    df = spark.read.json('test.json')
    return df.select(df.name,df.times.cast('int').alias('times'),df.url)
# 使用 cast 类型转换
json_df=create_df_from_json()
# 数据处理操作
json_df.cube('name').avg()      # 多维分析 cude 计算平均值
json_df.cube('name').sum()      # 多维分析 cude 计算汇总值
json_df.cube('name').max()      # 多维分析 cude 计算最大值
```

10.7.2 执行说明

使用 Json 显示指定列的类型。在 create_df_from_json 函数中进行处理，对应 DataFrame 的数据结构如下。

```
json_df.printSchema()
 root
 |-- name: string(nullable = true)
 |-- times: int (nullable = true)
 |-- url: string(nullable = true)
```

使用 cube 分析数据，计算平均值的结果如下。

```
csv_df.cube('name').avg()
name               avg(times)
null             19.27777777777778
Baidu            8.666666666666666
...
```

10.8 Numpy、Pandas 和 DataFrame

在 Python 中，Numpy 和 Pandas 是两个十分重要的数据处理包，本节将进行重点说明。

10.8.1 使用 Numpy、Pandas 构建 DataFrame

（1）构建 Numpy 和 Pandas 的数据。

```
import pandas as pd
import numpy as np
pd_df=pd.DataFrame(np.random.rand(99,5),columns=['a','b','c','d','e']).
applymap(lambda x: int(x*100))        # 随机生成 5 列 99 行的数据
```

（2）通过 Numpy 和 Pandas 构建 DataFrame 数据。

```
from pyspark import SparkContext
from pyspark.sql import SparkSession
from pyspark.sql import *
from pyspark.sql.types import *
sc=SparkContext(appName="pd_dataframe")
spark=SparkSession.builder.appName('jpd_dataframe').
master("Yct201811021847").getOrCreate()
schema = StructType([
        StructField("a", IntegerType(), True),
        StructField("b", IntegerType(), True),
        StructField("c", IntegerType(), True),
        StructField("d", IntegerType(), True),
        StructField("e", IntegerType(), True)
])
df = spark.createDataFrame(pd_df,schema)      # 创建对应的 DataFrame
# 使用 corr 函数计算 a 列和其他列的相关性，检测生成数据的随机程度
df.corr('a','b')
df.corr('a','c')
df.corr('a','d')
df.corr('a','e')
```

10.8.2 执行说明

构建 Pandas 数据，因数据是随机生成，所以数据的样式如下。

```
pd_df
a   b   c   d   e
0   57  36  41  95  33
1   29  77  79  65  70
2   27  91  67  35  76
...
```

通过各列的相关性计算数据如下，从数据中可以发现，各列和 a 列的相关性是较低的，即关联性不强。

```
df.corr('a','b')        -0.11628574499265955        # a 列和 b 列的相关性
df.corr('a','c')        0.1122011274668279 6        # a 列和 c 列的相关性
df.corr('a','d')        0.15665885925197084
df.corr('a','e')        0.1769964989607808
```

10.9 RDD 和 DataFrame

RDD 和 DataFrame 是可以相互转换的。下面通过实现一个例子进行说明。在 Windows 的 Spark 环境中操作，其数据为第九章中 RDD 的相关内容。

（1）RDD 转换为 DataFrame 操作。

```
def create_df_from_rdd():
    # 在集合中创建新的 RDD
    stringCSVRDD = spark.sparkContext.parallelize([
                    (123, "Katie", 19, "brown"),
                    (456, "Michael", 22, "green"),
                    (789, "Simone", 23, "blue")])
    # 设置 dataFrame 将要使用的数据模型、定义列名、类型以及是否能为空
    schema = StructType([StructField("id", LongType(), True),
                        StructField("name", StringType(), True),
                        StructField("age", LongType(), True),
                        StructField("eyeColor", StringType(), True)])
    # 创建 DataFrame
    df = spark.createDataFrame(stringCSVRDD,schema)
    return df
swimmers= create_df_from_rdd()
# 按年龄进行排序
swimmers.select(swimmers.id,swimmers.name,swimmers.id,swimmers.
age,swimmers.eyeColor).orderBy(swimmers.age.desc()).collect()
```

（2）DataFrame 转换为 RDD 操作。只需要调用 DataFrame 对象实例中的 RDD 属性即可。在前面的代码中已有相关操作，以下再进行简单说明。

```
df=spark.createDataFrame([('Tom', 80), (None, 60), ('Alice', None)],
["name", "height"])
df.rdd      # 将 DataFrame 数据以 RDD 格式返回
```

10.10 HDFS 和 DataFrame

通过 PySpark 读取 HDFS 文件数据，并生成 DataFrame 数据后进行处理，其应用环境如表 10-15 所示。

表 10-15　HDFS 和 DataFrame 的应用环境

应 用 项	说 明
操作	读取 HDFS 文件数据，生成 DataFrame 后进行处理
应用数据	MovieLens 数据
使用函数	spark.read 属性和 write 属性
操作环境	自安装大数据环境

（1）初始化 SparkSession 对象和 SparkContext 对象。

```
from pyspark import SparkContext
from pyspark.sql import SparkSession
# 由于不在 Pyspark-shell 中操作，所以需要自行创建初始化 SparkSession 和
SparkContext
sc=SparkContext(appName="hdfs_dataframe")
spark=SparkSession.builder.appName('hdfs_dataframe')
.master("Yct201811021847")
.getOrCreate()
```

（2）从 HDFS 中读取普通 text 文件。

```
# 读取 HDFS 文件，并将数据以 'parquet' 和 'orc' 格式进行存储
movies_df=spark.read.csv('hdfs://localhost:9000/test_data/movies.
csv',header=True, inferSchema=True)     # 读取 movies 表
# 读取 links 数据
links_df=spark.read.csv('hdfs://localhost:9000/test_data/links.csv',heade
r=True,inferSchema=True)
# 使用 Join 关联两个数据
data=movies_df.join(links_df,movies_df.movieId==links_df.movieId).
select(movies_df.title,movies_df.genres,links_df.imdbId,links_df.tmdbId)
# 以 parquet 格式进行存储
data.write.save('hdfs://localhost:9000/test_data/join_data',
format='parquet', mode='overwrite')
# 以 orc 格式进行存储
data.write.save('hdfs://localhost:9000/test_data/join_data_orc',
format='orc', mode='overwrite')
```

（3）分别读取 parquet 格式和 orc 格式的 HDFS 文件。

```
# 读取 parquet 文件
par_data=spark.read.format('parquet').load('hdfs://localhost:9000/test_
data/join_data')
```

```
par_data.show(2)
# 读取 orc 文件
orc_data=spark.read.format('orc').load('hdfs://localhost:9000/test_data/
join_data_orc') orc_data.show(2)
```

（4）执行查看结果。使用 read 属性和 write 属性对 HDFS 文件进行读 / 写，其中涉及不同的文件类型时，使用不同的格式参数即可。在上面的代码中操作了 3 种类型的文件，即普通 text 文件、parquet 格式文件和 orc 格式文件，其生成的数据格式都相同，代码如下。

```
title             genres                     imdbId        tmdbId
Toy Story (1995)  Adventure|Animati...       114709        862
Jumanji (1995)    Adventure|Childre...       113497        8844
```

10.11 Hive 和 DataFrame

通过 PySpark 连接 Hive 表，生成 DataFrame 数据后进行处理。在大数据环境中实现协调处理，具体应用环境如表 10-16 所示。

表 10-16　Hive 和 DataFrame 的应用环境

应 用 项	说 明
操作	连接 Hive 表，生成 DataFrame 数据后进行处理
应用数据	第五章中生成的 Hive 表
操作环境	HDP 大数据环境

（1）初始化 SparkSession 对象和 SparkContext 对象。由于 Spark 对 Hive 是兼容的，所以配置完成后可以直接使用 SQL 语句查询 Hive 表。Spark 1 使用 HiveContext 创建 SparkContext 和 HiveContext 的实例对象。

```
from pyspark.sql import HiveContext
from pysparkimport SparkContext
sc=SparkContext(appName="hive_dataframe")
hive_context = HiveContext(sc)
```

创建 HiveContext 后使用 sql 函数调用 SQL 语句，可成功返回 DataFrame 数据。

```
hive_context.sql('use testdb')          # 切换到 testdb 库
hive_dataframe=hive_context.sql('select * from iris_data')    # 获取表数据
```

创建一个 DataFrame 并写入 Hive 中。

```
hive_context.sql('use testdb')
```

```
hive_context.sql('create table staff_table( staff string , age string
,dept string , salary string )')
staff=[('mike',30,'finance',24000),('lee',34,'develop',36000),('allen',36,
'manager',40000)]
df_staff=spark.createDataFrame(staff,['staff','age','dept','salary'])
df_staff.registerTempTable("tempTable")
hive_context.sql('insert into staff_table select * from tempTable')
```

Spark 2 使用 SparkSession 创建 SparkSession 和 HiveContext 的实例对象。

```
from pyspark import SparkContext
sc=SparkContext(appName="hive_dataframe")
spark=SparkSession.builder.appName('hive_dataframe')  \
        .enableHiveSupport() \
        .getOrCreate()
```

获取 Hive 表并进行插入操作。

```
spark.sql('use testdb')                                    # 切换到 testdb 库
hive_dataframe=spark.sql('select * from iris_data')        # 获取表数据
staff=[('mike2',30,'finance2',14000),('lee2',34,'develop',26000)]
df_staff=spark.createDataFrame(staff,['staff','age','dept','salary'])
df_staff.registerTempTable("tempTable")
spark.sql('insert into staff_table select * from tempTable')
```

（2）执行处理说明。Spark 1 和 Spark 2 操作 Hive 的方法基本一样，只是操作的类对象发生了变化，Spark 1 有专门一个类 HiveContext 操作 Hive 的数据，而 Spark 2 都归类于 SparkSession 中。

数据插入操作后的验证既可以连接 Hive 进行查看，也可以在 sql 函数中直接输入查询语句。

10.12 HBase 和 DataFrame

通过 HappyBase 库可以读取 HBase 数据，并生成 DataFrame 数据进行处理，在大数据环境中实现协调处理，其应用环境如表 10-17 所示。

表 10-17 HBase 和 DataFrame 的应用环境

应 用 项	说 明
操作	获取 HBase 数据，生成 DataFrame 数据后进行处理
应用数据	第六章中构造的相关数据
操作环境	自安装大数据环境

（1）开启 HBase 的相关服务。首先确保 HBase 服务已成功开启，可使用 jps 命令进行检查。如果未开启则使用 start-hbase.sh 进行开启，并使用 hbase-daemon.sh start thrift -c compact protocol 命

令开启 thrift 服务。

```
(base) root@usr# jps
2761 DataNode
5753 HMaster
...
(base) root@usr# start-hbase.sh        # 开启 HBase 服务
```

使用 HappyBase 获取 HBase 数据。

```
import happybase
connection = happybase.Connection(host='hadoop_env.com',port=9090,protoco
l='compact')
user=connection.table('user')          # 连接 user 表
data=user.rows(['1','2','3','4'])      # 获取表中 1-4 行的数据，data 的数据类型是
list
```

用 Hbase 数据构建 DataFrame。

```
from pyspark import SparkContext
from pyspark.sql import SparkSession
from pyspark.sql.functions  import *
sc=SparkContext(appName="hbase_dataframe")
spark=SparkSession.builder.appName('hbase_dataframe')
schema=StructType([
             StructField('id', StringType()),
             StructField("data", MapType(StringType(), StringType(),
False), False)
])
hbase_df=spark.createDataFrame(data,schema)
```

（2）执行查看结果。通过 HappyBase 获取的数据返回类型是列表。虽然能直接通过 createDataFrame 函数构建 DataFrame，但由于数据格式的复杂性，还需要进行其他的处理。

```
>>>type(data)
list
>>>data
[('1',{'address:city': 'ShangHai',
   'address:region': '\xe9\x97\xb5\xe8\xa1\x8c\xe5\x8c\xba',
   'user name:first_name': 'mike',
...}
```

通过上述 HBase 数据构建的 DataFrame 数据组中，包含 mapStruct 复合数据类型。在这个例子中，从 HBase 获取数据的第 2 部分就是键值对格式。

```
# StructField("data", MapType(StringType(), StringType(), False), False)
键值对类型
hbase_df.collect()
[Row(id=u'1', data={u'address:region': u'\xe9\x97\xb5\xe8\xa1\x8c\xe5\
x8c\xba', u'user name:last_name': u'lee', u'user name:first_name': u'mike',
u'address:city': u'ShangHai'}),
```

10.13 总结

由于 DataFrame 的重要性，其在实际开发中使用较多，又是 Spark SQL 的基础，所以用了较大篇幅进行说明，其中包括在 DataFrame 中使用的主要数据类型和相关函数。通过这些介绍，读者可对 DataFrame 有一个较全面的认识。

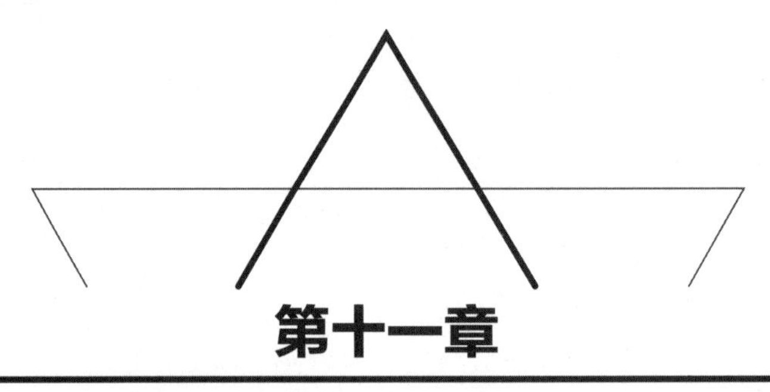

第十一章 PySpark对Streaming的操作

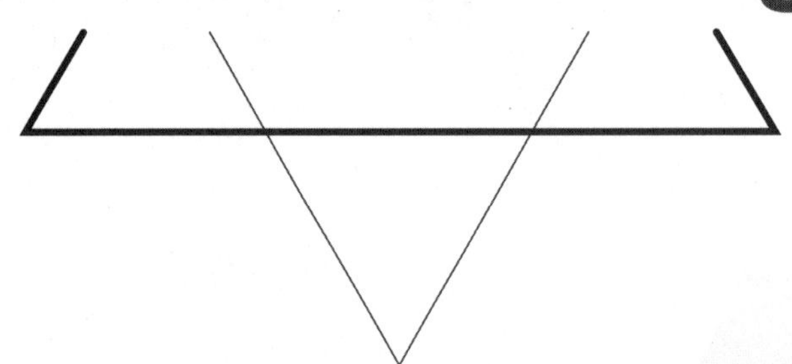

本章主要介绍 Spark 的核心模块 pyspark.streaming，同时对 pyspark.streaming 的主要 API 接口适用场景进行说明，并构造合适的数据实例，内容主要包括 Spark Streaming 说明、使用 Python 操作的基础方法，以及为后续的流数据分析做准备工作。

11.1 Spark Streaming 说明

Spark Streaming 是 Apache Spark API 的扩展。它是容错的高吞吐量系统，用于处理实时数据流，即输入的数据流被分成批量数据，批量生成结果最终形成数据流，然后将已处理的数据发送到文件系统、数据库或实时仪表盘中。

11.1.1 pyspark.streaming.DStream 说明

DStream 是 Spark Streaming 的基本抽象，用于接收各种来源的输入，如 Kafka、Flume、Kinesis 或 TCP 套接字。Dstream 的核心是连续的 RDD 流，是特定间隔的数据，如图 11-1 所示。DStream 有如下 3 个基本要素。

（1）依赖 DStream 的列表。

（2）生成 RDD 的时间间隔。

（3）每个时间间隔后生成 RDD 的函数。

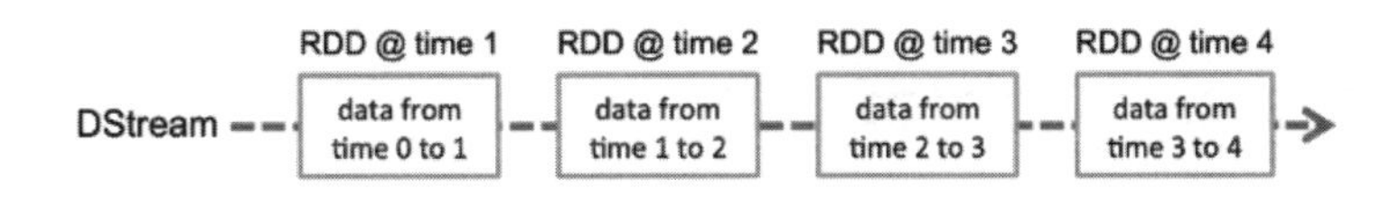

图 11-1 Dstream 的基本要素

11.1.2 pyspark.streaming.DStream 操作

（1）Transformation 操作。与 Spark RDD 类似，它可以对 DStream 数据进行转换操作。DStream 支持许多已经在 Spark RDD 上可用的转换，其中包括无状态转换和有状态转换。

无状态转换：每个批次的处理不依赖前一批的数据。无状态转换是简单的 RDD 转换，如 map、filter、reduceByKey。

有状态转换：使用以前批次的数据或中间结果，并计算当前批次的结果。有状态转换是对跨时间跟踪数据的 DStream 操作。

（2）Output 操作。DStream 数据使用输出操作推送到外部系统，如数据库或文件系统。由于外部系统使用输出操作允许的转换数据，因此会触发所有 DStream 转换的实际执行（RDD 的惰性执行特征），如图 11-2 所示。

图 11-2　DStream 操作数据的导出

11.2 Spark Streaming API

本小节将对使用频率较高的 Spark Streaming API 进行分类的说明。这些 API 能够处理不同场景下的流数据，并明确在使用 Spark Streaming 时的一般步骤和处理方法。

11.2.1 StreamingContext 类

StreamingContext 类是 Spark Streaming 程序的主要入口，可使用它与 Spark 群集进行连接，如表 11-1 所示。

表 11-1　StreamingContext 模块的 API

函 数	作 用
StreamingContext(sparkContext, batchDuration=None, jssc=None)	构造函数，返回 Dstream 对象
start( )	开始执行数据流
socketTextStream(hostname, port, storageLevel=StorageLevel(True, True, False, False, 2))	从 TCP 源主机名（端口）创建输入，其中 hostname 为主机 IP，port 为主机端口；返回 DStream 对象
textFileStream(directory)	创建一个输入流，用于监视与 hadoop 兼容的文件系统，以获取新文件，并将其作为文本文件读取
checkpoint(directory)	由于 Spark Streaming 应用需要 24 小时不间断运作，因此，系统应该是容错的。丢失任何数据都应该快速恢复。使用 Spark checkpoint 可完成此操作，其中 directory 是与 hdfs 兼容的目录，检查点数据将存储在其中

续表

函 数	作 用
awaitTermination(timeout=None)	等待停止执行，timeout 为超时设置
stop(stopSparkContext=True,stopGraceFully=False)	停止流执行，并提供已处理所有接收数据的选项。其中 stopSparkContext 表示是否停止关联的 sparkContext；stopGraceFully 表示优雅地停止，等待所有接收数据都处理完成
addStreamingListener(streamingListener)	添加一个流处理事件监听器

使用 StreamingContext 进行处理，如下代码片段所示。在现有 SparkContext 的基础上构建数据流环境，然后使用不同函数创建适合不同场景的流对象。

```
# 创建 Streaming 环境，并设置处理频率
>>> stream_sc = StreamingContext(sc, 1)
# 创建不同的流类型对象
>>> text_stream=stream_sc.textFileStream("file:///path")
>>> socket_stream=stream_sc.socketTextStream(hostname, port)
>>> bin_stream=stream_sc.binaryRecordsStream(hdfs://127.0.0.1:9000/test_
data)
>>> rdd_stream=stream_sc.queueStream(rdd_list)
# 开启数据流、数据监控和接收数据
>>> stream_sc.start()
# 成功开启，调用数据处理函数后进行关闭
>>> stream_sc.awaitTermination()
>>> stream_sc.stop()
```

11.2.2 DStream 类

DStream 类可以通过 map、window、reduceByKeyAndWindow 等操作，转换现有的 DStreams。在运行 Spark 流程序时每个 DStream 会定期生成 RDD，数据来源可以是实时数据或上游 DStream。pyspark.streaming.DStream 中的相关 API 同 spark.RDD 有很大的相似性，如表 11-2 所示（具体查阅官方文档或第七章相关内容）。

表 11-2 streaming.DStream 模块 API

函 数	说 明
cache()	持久化 RDD 的设置，默认的存储级别是 MEMORY_ONLY
checkpoint(interval)	启用 DStream 的定期检查点，设置定期检查时间，其参数为定期检查的时间
countByValue()	返回一个新的 DStream，它包含每个 RDD 中不同键值对的计数

续表

函 数	说 明
join(other, numPartitions=None)	通过 DStream 的 RDDs 和其他 DStream 之间应用的 join 操作，返回一个新的 DStream
slice(begin, end)	返回 begin 和 end 间的 RDD，其中 begin 和 end 可以是 datetime.datetime 时间或 unix_timestamp
window(windowDuration, slideDuration=None)	返回一个新的 Dstream，其中每个 RDD 包含在时间滑动窗口看到的所有元素中
context()	返回与 DStream 关联的 SparkContext 对象
filter(f)	返回一个仅满足函数 f 元素的新 DStream
foreachRDD(func)	将函数 func 应用于 DStream 的每个 RDD 中
reduce(func)	返回一个新的 DStream，其中每个 RDD 都可以通过 reduce 函数处理生成新的 RDD

11.2.3 Kafka 包模块

在介绍 streaming.kafka 包模块前，先要明确 Kafka 的概念，再对 API 进行说明，如图 11-3 所示。

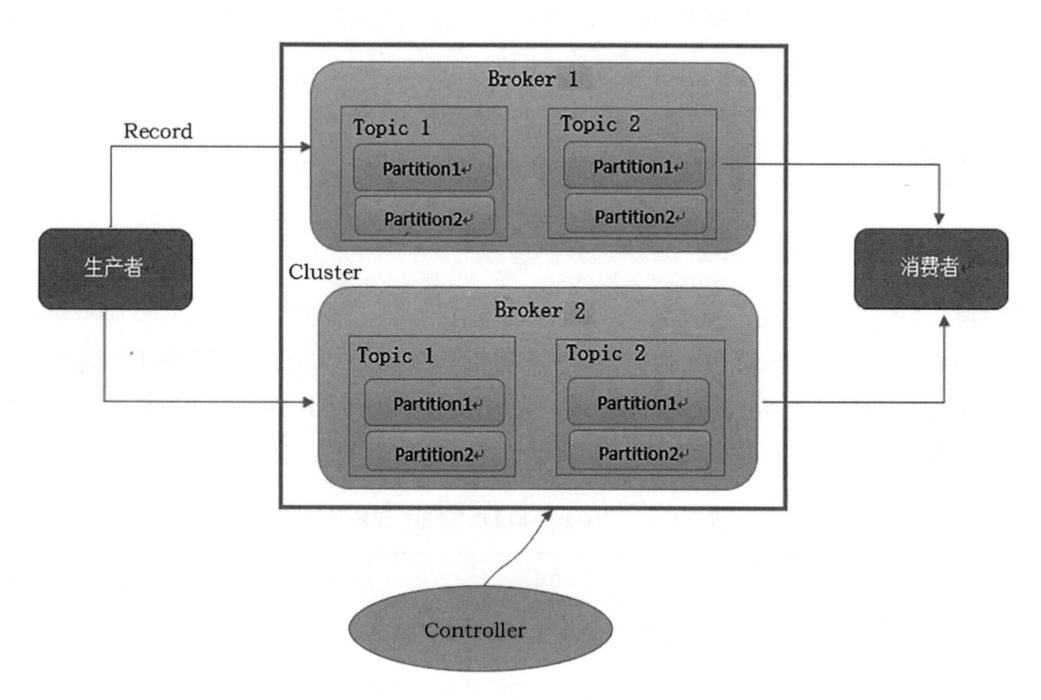

图 11-3　Kafka 的概念说明

（1）生产者（Producer）：指生产消息的组件，其主要工作是源源不断地生产消息，然后发送到消息队列中。

（2）消费者（Consumer）：指不断消费（获取）消息的组件，其获取消息的来源就是消息队列。

（3）代理（Broker）：指消息队列产品本身，如在 Kafka 中 Broker 就是指一台 Kafka Server。

（4）主题（Topic）：指 Kafka 的逻辑概念，用于从逻辑上归类与存储消息本身。

（5）消息（Record）：消息是整个消息队列中最基本的一个概念，也是最为原子的。它指生产者发送与消费者拉取的一个原子事物。一个消息需要关联一个 Topic，表示该消息从属于那个 Topic。消息由一串字节构成，主要有 key 和 value 两部分，它们本质上都是字节数组。

（6）集群（Cluster）：指由多个 Broker 共同构成的一个整体，并对外提供统一的服务，类似于在部署系统时采用的集群方式。

（7）控制器（Controller）：每个集群都会选择一个 Broker 担任控制器的角色，它是 Kafka 集群的中心。

（8）偏移量（Offset）：指分区消息的序列号，当消息到达分区时进行分配编号。这些数字一旦分配就永远不会改变。排序意味着 Kafka 按到达顺序在分区中存储消息，可以区分为生产者偏移量和消费者偏移量。

1. Broker 类

其构造函数为 Broker(host,port)，其参数表示传递 Kafka 服务器的地址和端口号。Broker 对象的作用即代表 Kafka Server。

```
>>> from pyspark.streaming.kafka import Broker
>>> broker=Broker('127.0.0.1',2181)      # 构建 Kafka 服务
>>> type(broker)
<class 'pyspark.streaming.kafka.Broker'>
```

2. KafkaUtils 类

它主要创建数据流类，其中 3 个静态函数包括 createDirectStream、createRDD 和 createStream，可用来创建不同类型的流。

（1）createDirectStream 函数：表示创建直接从 Kafka Broker 和指定偏移量的输入流，而不是基于接收器的 Kafka 输入流。它在每个批处理持续时间中直接从 Kafka 提取消息，不用存储即可处理。函数具体的参数如表 11-3 所示。

表 11-3 createDirectStream 函数的功能

参 数	功 能
ssc	StreamingContext 对象
kafkaParams	Kafka 额外的参数数据
fromOffsets	偏移量

续表

参 数	功 能
keyDecoder	对消息中 Key 值的编码方式
valueDecoder	对消息中 Value 值的编码方式
messageHandler	转换 KafkaMessageAndMetadata 的函数

使用 createDirectStream 函数连接本地 Kafka 服务，并创建对应的数据流对象，代码如下。

```
>>>from pyspark.streaming.kafka import Broker
>>>broker=Broker('127.0.0.1',2181)          # 连接本地 Kafka 服务
>>>from pyspark import SparkContext
>>>from pyspark.streaming import StreamingContext
>>>from pyspark.streaming.kafka import KafkaUtils
>>>sc = SparkContext(appName="StreamingDirect")
>>>ssc = StreamingContext(sc, 2)            # 在 SparkContext 对象上构建流环境
>>>kvs = KafkaUtils.createDirectStream(ssc, ['test'], {"metadata.broker.
list": broker})
```

（2）createStream 函数：表示创建从 Kafka 代理中提取消息的输入流。createStream 函数和 createDirectStream 函数的区别是，createStream 表示基于接收器的流，是使用 Zookeeper 行管理偏移量的。在故障情况下 createStream 函数会出现重复数据，如表 11-4 所示。

表 11-4　createStream 函数的功能

参 数	功 能
ssc	StreamingContext 对象
zkQuorum	Zookeeper 服务地址域名
groupId	消费者组群名
topics	以键值对格式表示 topic 及其处理时的分区数
kafkaParams	Kafka 额外的参数数据
storageLevel	RDD 的存储级别
keyDecoder	对消息中 Key 值的编码方式
valueDecoder	对消息中 Value 值的编码方式

使用 createStream 连接本地 Kafka 服务，并创建对应的数据流对象，代码如下。

```
>>> sc = SparkContext(appName="PythonStreamingKafka")
>>> ssc = StreamingContext(sc, 1)
>>> zkQuorum, topic = zk_host_port , topic_name   # Zookeeper 服务地址和端口
>>> kvs = KafkaUtils.createStream(ssc, zkQuorum, "spark-streaming-
consumer", {topic: 1})
```

3. 其他类

（1）KafkaMessageAndMetadata 类：表示构造函数格式为 KafkaMessageAndMetadata(topic, partition, offset, key, message)，用于存储 Kafka 消息和元数据信息，其参数包括主题、分区、偏移量和消息。

（2）OffsetRange 类：表示构造函数格式为 OffsetRange(topic, partition, fromOffset, untilOffset)，其参数包括单个 Kafka 主题和分区的偏移范围。

（3）TopicAndPartition 类：表示 Kafka 的一个特定主题和分区。

11.2.4 其他模块

由于 Spark Streaming 是一种流式数据处理机制，所以原生支持目前较为流行且和 Apache Hadoop 平台联系较为紧密的流数据模块，如表 11-5 所示。

表 11-5 其他模块

模 块	作 用
streaming.StreamingListener	对流处理时间的监听，设置对应的时间处理函数
streaming.kinesis	AWS kinesis 消息流功能的封装
streaming.flume	AWS kinesis 日志流功能的封装

11.3 网络数据流

在了解 Spark Streaming 相关模块及 API 后，就可以进入实操阶段了。为突出操作的步骤和具体函数，演示代码尽可能简短。本节先对网络数据流操作进行说明，示例代码的下载地址为 https://github.com/Shadow-Hunter-X/Python_practice_stepbystep。

11.3.1 应用说明

网络数据是最普遍的数据传输方式之一，通过 Spark Streaming 连接到 TCP 服务，接收网络数据进行处理，也是常见的数据处理场景之一。在本代码演示中，通过 netcat 工具模拟生成一个 TCP 服务器。Spark Streaming 连接这个 TCP 服务，接收数据并进行单词统计，如表 11-6 所示。

表 11-6　网络流应用的操作环境

应 用 项	说 明
操作	连接 TCP 服务器，并接收处理 Socket 数据流
使用函数	socketTextStream(hostname,port,storageLevel=StorageLevel(True,True,False, False, 2))
运行环境	OS：Ubuntu 14；Spark：2.4.3

11.3.2　操作网络数据流

连接 TCP 服务器并创建网络数据流 DStream；成功连接获取数据，并能够统计出字符的目标；连接过程中注意 IP 和端口的正确性；处理的数据为一般的文本数据，即各单词间通过空格分开。通过本实例可理解网络数据流的处理方法，其代码如下。

```
from pyspark import SparkContext        # 每一个 Spark 应用都需要一个上下文对象来
Spark API，并导入这个库
from pyspark.streaming import StreamingContext
                                        # 使用 DStream，需要的库
def net_streaming():
    '''
    功能      ：连接到 TCP 服务器，接收处理 Socket 数据流
    '''
    if len(sys.argv) != 3:              # 针对网络流，需要两个参数在调用脚本时传递，
此处先判断
        print "usage: chapter9_streaming.py <tcp host> <tcp port>"
        return -1
    host,port = sys.argv[1],sys.argv[2] # TCP 服务器的地址和端口
    sc=SparkContext(appName="Pyspark_net_streaming")
                                        # 创建 SparkContext 对象
    stream_sc = StreamingContext(sc, 1)
                                        # 创建 StreamingContext 对象，其中第二个参数设置
                                        # 数据处理的频率为 1 秒
```

连接 TCP 服务，并对数据进行统计，代码及说明如下。

```
    socketTexts = stream_sc.socketTextStream(host, int(port))
                                        # 创建连接 TCP 服务器的
    counts = socketTexts.flatMap(lambda line: line.split(" "))\
                    .map(lambda word: (word, 1))\
                    .reduceByKey(lambda a, b: a+b)
                            # 对网络流数据进行单词统计逻辑
    counts.pprint(24)       # 输出处理数据，参数默认只输出 10 个，这里可适当进行调整
    stream_sc.start()       # 开始执行数据流
    stream_sc.awaitTerminationOrTimeout(timeout=30)       # 等待执行结束，其中
参数 timeout 用于超时设置。在测试时可设置一个合适的短时间
# 关闭流处理 ,stopSparkContext 连同底层的 SparkContext 一起关闭，stopGraceFully
是否能以优雅的方式，等待所有数据接收处理完毕
    stream_sc.stop(stopSparkContext=False,stopGraceFully=True)
```

11.3.3 调用执行步骤

通过 nc 工具，开启 TCP 服务，在 Linux 终端中输入 nc -lk 9876。

```
hadoop@~$ nc -lk 9876
```

调用 pyspak 脚本，并把处理的结果重定向到 res1.txt 文件中。

```
(base) root@script_test# spark-submit chapter9_streaming.py 127.0.0.1
9876 > res1.txt
```

开启脚本后的输出信息如下，表示任务的处理步骤和最后打印的结果。

```
19/08/29 22:19:37 INFO BlockManagerMaster: Registered BlockManager
BlockManagerId(driver, 192.168.223.129, 35107, None)
...
19/08/29 22:19:39 INFO DAGScheduler: Got job 1 (runJob at PythonRDD.
scala:153) with 1 output partitions
...
19/08/29 22:19:39 INFO DAGScheduler: Job 24 finished: runJob at PythonRDD.
scala:153, took 0.129845 s
-------------------------------------------
Time: 2019-08-29 00:28:51
-------------------------------------------
```

通过第一步中 TCP 服务发送消息，这里粘贴一段 PySpark 的文档说明，具体内容如下。

```
hadoop@~$ nc -lk 9876
A StreamingContext represents the connection to a Spark cluster, and
can be used to create DStream various input sources. It can be from an
existing SparkContext
```

查看 res1.txt 的内容，其统计的结果如下。

```
-------------------------------------------
Time: 2019-08-29 20:17:16
-------------------------------------------
(u'and', 1)
(u'SparkContext', 1)
(u'be', 2)
...
```

11.4 文件数据流

对一个文件夹目录进行监控，将其新生成的文件数据（文件服务器）进行读取和处理。由于日常办公每天都会生成大量的文件，对这些文件进行自动化的处理分析，可实现数据资产的最大化利用。

在本节的代码演示中，准备了两个例子：一个是对 HDFS 文件进行监控，简单地处理数据后以 json 格式保存；另一个是在文件夹中动态生成 CSV 文件，并将处理的数据转存到其他文件夹中，如表 11-7 所示。

表 11-7　文件数据流应用的说明

应 用 项	说 明
操作	在文件夹中动态生成文件，并使用 spark 对该文件进行处理
使用函数	textFileStream(directory)
运行环境	OS：Ubuntu 14；spark：2.4.3；Hadoop：2.7.6

11.4.1　文件流操作

利用以下代码分别对 HDFS 文件和本地路径进行监控。要注意，不同文件系统的书写格式是不同的，HDFS 是 "HDFS://path"，而本地文件系统则是 file:///path。将处理的数据保存到不同的存储系统中，通过本实例可理解文件数据流场景的处理方式。

```
# 监控处理 HDFS 文件
from pyspark.sql import SparkSession
from pyspark.streaming import StreamingContext
def file_save(rdd):
    '''
        功能：将数据追加保存到 json 文件中
    '''
    if not rdd.isEmpty():              # 将 DStream 转换为 DataFrame，并以追加方式保存到 Json 文件中
        rdd.toDF(["sepal_length","sepal_width","petal_length","petal_width","species"]).write.save("data_json",format="json",mode="append")
def file_streaming_static():
    """
        功能：监控 HDFS 中的 json 文件，读取数据并将处理结果保存到 HDFS 中
    """
    sc=SparkContext.getOrCreate()      # getOrCreate() 函数创建 SparkContext，根据 checkpointPath 路径的检查点数据创建 SparkContext，否则就新创建一个
spark=SparkSession(sc)   # 从 DStream 到 DataFrame 的转换需要先创建 SparkSession
    stream_sc = StreamingContext(sc, 1)
    file_data = stream_sc.textFileStream("hdfs://127.0.0.1:9000/test_data").map( lambda x: x.split(","))  # 对 HDFS 的文件进行监控，HDFS 路径为 hdfs://
    file_data.pprint(24) # 参数默认输出处理数据为 10 个，这里可进行适当调整
    file_data.foreachRDD(file_save)    # 对 DSteam 对象的 RDD，由提供的函数进行处理，并在 file_save 函数中将数据保存
    stream_sc.start()
    stream_sc.awaitTerminationOrTimeout(timeout=30)       # 等待执行结束，其中参数 timeout 用于设置超时，在测试时可设置一个合适的短时间
```

```
    stream_sc.stop(stopSparkContext=True,stopGraceFully=True)
```

对本地文件夹监控，首先通过 data_file() 函数，每隔 3 秒生成一个 CSV 文件，最多可生成 10 个，用于模拟动态生成的文件。随后通过 file_streaming_dynamic 函数处理生成的问题。

```
# 在 Linux 本地路径的监控中，可周期生成文件
import numpy as np                              # numpy 库用于随机生成的数据
import time
import datetime
def data_file():
    '''
    每隔 3 秒生成一个 CSV 文件，最多可生成 10 个
    '''
    i = 0
    while(i<10):
        x = np.random.rand(4, 4)                # x 变量，4*4 的矩阵
        y = np.random.randint(-10, 10, 4)       # y 变量，长度为 4 数组
        t = time.strftime('%Y-%m-%d-%H-%M-%S',time.localtime())
                                                # 以当前时间作为文件名
        f = open('/home/hadoop/stream/'+t ,'w')
    # 创建打开文件
        for i in range(len(y)):
        # 写入文件数据
            output = " %0.4f, %0.4f, %0.4f, %0.4f , %d\n" % (x[i,0],
x[i,1], x[i,2], x[i,3],y[i])
            f.write(output)
        f.close()
    # 关闭文件
        print t
        time.sleep(3)
        i+=1
def file_streaming_dynamic():
    '''
    功能：处理在 Linux 文件系统上动态生成的 CSV 文件，并将处理的文件转存到其他的目录中
    '''
    sc=SparkContext.getOrCreate()
    stream_sc = StreamingContext(sc, 1)
    file_stream = stream_sc.textFileStream("file:///home/hadoop/stream/").
map( lambda x: x.split(","))                    # 对本地目录监控的路径格式为 file:///
    file_stream.pprint(24)
    file_stream.saveAsTextFiles("/home/hadoop/output/")   # 保存数据在本地路径
的其他目录
    stream_sc.start()
    stream_sc.awaitTerminationOrTimeout(timeout=30)
    stream_sc.stop(stopSparkContext=True,stopGraceFully=True)
```

11.4.2　调用执行步骤

上传文件到 HDFS，检查 Hadoop 各项服务是否成功开启。使用 jps 命令进行查看，若没有则重新开启。

```
(base) root@hadoop# jps          # 查看开启的服务
2688 NameNode
3250 ResourceManager
2839 DataNode
3083 SecondaryNameNode
```

上传鸢尾科植物数据 iris_data 到 HDFS，并检查数据。

```
(base) root@~# hdfs dfs -mkdir /test_data
(base) root@hadoop# hdfs dfs -put  iris_dataset.csv  /test_data/
(base) root@hadoop# hdfs dfs -cat /test_data/iris_dataset.csv
sepal_length,sepal_width,petal_length,petal_width,species
5.1,3.5,1.4,0.2,setosa
4.9,3,1.4,0.2,setosa
4.7,3.2,1.3,0.2,setosa
```

开启 PySpark 脚本，使用 spark-submit 命令，并将处理的数据重定向到 res2.txt 文件中。

```
(base) root@script_test# spark-submit chapter9_streaming.py >> res2.txt
```

脚本开启后便输出以下类似的信息，表示开始流处理操作。

```
19/08/29 22:32:35 INFO FileInputDStream: Finding new files took 6 ms
19/08/29 22:32:35 INFO FileInputDStream: New files at time 1567143155000
ms:
19/08/29 22:32:35 INFO JobScheduler: Starting job streaming job
1567143154000
ms.0 from job set of time 1567143154000 ms
-------------------------------------------
Time: 2019-08-29 22:32:34
-------------------------------------------
```

查看数据流处理生成的 Json 文件内容。

```
(base) root@script_test# vi data_json/part-xxxxxxxx.json
1{"sepal_length":"5.1","sepal_width":"3.5","petal_length":"1.4","petal_
width ":"0.2","species":"setosa"}
2{"sepal_length":"4.9","sepal_width":"3","petal_length":"1.4","petal_
width ":"0.2","species":"setosa"}
3{"sepal_length":"4.7","sepal_width":"3.2","petal_length":"1.3","petal_
width ":"0.2","species":"setosa"}
```

对 Linux 的文件进行监控操作，应先开启 PySpark 脚本。

```
(base) root@script_test# spark-submit chapter9_streaming.py >> res2.txt
```

重新打开一个终端，调用文件生成的 Python 脚本，并生成以时间为文件名的文件。

```
(base) root@usr# python data_file.py >> res2.txt
2019-08-29-04-14-54
2019-08-29-04-14-57
2019-08-29-04-15-00
...
```

随后 PySpark 脚本会对新生成的文件进行操作，并将数据保存到其他位置的 output 文件夹中。

11.5 Kafka 数据流

Kafka 作为大数据的分布式流平台，能够可靠稳定地传输数据，结合 Spark Streaming 是处理大数据的有效方法。本次的示例通过 Kafka 自带的“生产者”脚本生成数据。Spark Streaming 连接 Kafka，接收处理“消费者”数据，表 11-8 所示。

表 11-8　kafka 数据流应用的说明

应 用 项	说 明
操作	连接 Kafka，并接收处理消息流
使用函数	createDirectStream(ssc,topics,kafkaParams,fromOffsets=None,keyDecoder=<functionr>,valueDecoder=<function>,messageHandler=None)
运行的环境	OS：Ubuntu 14；Spark 2.3.4；Kafka：kafka_2.11-0.10.0.0

11.5.1　连接处理 Kafka 数据

通过 Kafka 自带的“消费者”脚本 kafka-console-producer.sh 进行生产数据，pyspark streaming 作为消费者接收数据并处理。

调用 pyspark 脚本时要注意传递参数的 zookeepr 和 topic 信息。对 Kafka 版本应明确，并搭配对应版本 spark-streaming-kafka-assembly 的 jar 包。通过本实例可理解 Kafka 数据流场景的处理方法，具体代码及说明如下。

```
通过 shell 脚本，开启 kafka 生产者
开启 zookeeper 服务
(base) root@kafka_2.11-0.10.0.0
        # bin/zookeeper-server-start.sh config/zookeeper.properties
开启 kafka 服务
(base) root@kafka_2.11-0.10.0.0
        # bin/kafka-server-start.sh config/server.properties
创建一个名为 test 的 topic
(base) root@kafka_2.11-0.10.0.0
        # bin/kafka-topics.sh --create --zookeeper localhost:2181
--replication-factor 1 --partitions 1 --topic test
Created topic "test".
开启消息生产者
(base) root@kafka_2.11-0.10.0.0
        # bin/kafka-console-producer.sh --broker-list localhost:9092
```

```
--topic test
```

编写 PySpark 脚本作为 kafka 消息的“消费者”。

```
from pyspark.streaming.kafka import KafkaUtils    # kafka 消息处理需要的库
def kafka_streaming():
    '''
    功能：接收处理 kafka 消息
    '''
    if len(sys.argv) != 3:  # 调用 kafka 数据处理脚本需要传递两个参数，这里先判断
        print "Usage: chapter9_streaming.py <zookeepr host> <topic name>"
        return -1
    sc=SparkContext(appName="kafka_streaming")
    ssc=StreamingContext(sc, 1)
    zkQuorum,topic = sys.argv[1:]     # zookeeper 服务地址端口和消息生产者 topic
    # 创建连接 kafka 的 DStream 对象，第 2、3 个参数是 zookpeer 和 topic 的信息
    kvs = KafkaUtils.createStream(ssc, zkQuorum, "spark-streaming-consumer",
{topic: 1})
    lines=kvs.map(lambda x: x[1])
    counts = lines.flatMap(lambda line: line.split(" ")) \
                  .map(lambda word: (word, 1)) \
                  .reduceByKey(lambda a, b: a+b)
                          # 对网络流数据进行单词统计
    counts.pprint(24)     # Action 操作，输出处理数据，参数默认只输出 10 个，这里可
适当调整
    ssc.start()
    ssc.awaitTerminationOrTimeout(timeout=30) # 等待执行结束，其中参数 timeout
用于超时设置，在测试时可设置一个合适的短时间
    ssc.stop(stopSparkContext=True,stopGraceFully=True)
```

11.5.2 解析和执行的步骤

这里调用脚本过程需要添加依赖的 jar 包，并将处理信息重定向到 res4.txt 文件中，具体调用方法如下。

```
(base)root@script_test# spark-submit --jars spark-streaming-kafka-0-8-
assembly_2.11-2.4.3.jar
chapter9_streaming.py 127.0.0.1:2181 test  >  res4.txt
```

成功加载 assembly jar 包后进行执行，调用后输出类似信息如下。

```
19/08/29 23:19:11 INFO Executor: Fetching
spark://192.168.223.129:36933/jars/spark-streaming-kafka-0-8-
assembly_2.11-2.4.3.jar with timestamp 1567145947922
19/08/29 23:19:11 INFO Utils: Fetching
spark://192.168.223.129:36933/jars/spark-streaming-kafka-0-8-
assembly_2.11-2.4.3.jar to/tmp/spark-5659d365-17e0-447c-912f-
d099680c67bb/userFiles-2ae931f7-a026-420b-ab0f-56b7622be41b/
fetchFileTemp3640731430961317 41.tmp
...
```

从 Kafka 数据生产者中发送消息，这里输入部分 spark 的文档内容。

```
(base) root@kafka_2.11-0.10.0.0# bin/kafka-console-producer.sh --broker-
list localhost:9092 --topic test
DStreams can either be created from live data (such as, data from TCP
sockets, Kafka, Flume, etc.) using a StreamingContext or it can be generated
by transforming existing DStreams using operations such as map, window
and reduceByKeyAndWindow. While a Spark Streaming program is running,
each DStream periodically generates a RDD, either from live data or by
transforming the RDD generated by a parent DStream
```

查看 res4.txt 中数据的处理内容，处理后的数据类似如下。

```
-------------------------------------------
   Time: 2019-08-29 23:22:19
-------------------------------------------
    (u'operations', 1)
    (u'from', 3)
    (u'transforming', 2)
    (u'reduceByKeyAndWindow.', 1)
...
```

11.6 Flume 数据流

Flume 是 Cloudera 提供的一个高可用、高可靠的分布式日志系统。它可用于海量日志的采集、聚合和传输，并支持在系统中订制各类数据发送方。Flume 与 SparkStreaming 对接时，Flume 可实时产生数据，而 SparkStreaming 可实时进行处理。使用 pyspark.streaming.flume 模块处理 Flume 数据时，需要借助对应 jar 包 spark-streaming-flume-assembly-*.jar。

（1）导入需要的库，构造 SparkContext 对象和 StreamingContext 对象。

```
import sys
from pyspark import SparkContext
from pyspark.streaming import StreamingContext
from pyspark.streaming.flume import FlumeUtils
sc = SparkContext(appName="PythonStreamingFlumeWord")
ssc = StreamingContext(sc, 1)
```

（2）定义 Flume 连接处理函数。

```
def flume_op(hostname,port):
'''
参数 hostname:Flume 服务的 IP 地址或主机名
参数 port : Flume 服务的端口
'''
   kvs = FlumeUtils.createStream(ssc, hostname, int(port))    # 创建 Flume
数据流
```

```
    lines = kvs.map(lambda x: x[1])
    counts = lines.flatMap(lambda line: line.split(" ")) \
# wordcount 计算
        .map(lambda word: (word, 1)) \
        .reduceByKey(lambda a, b: a+b)
    counts.pprint()
ssc.start()
    ssc.awaitTermination()
```

（3）调用 pyspark 脚本。

```
park-submit -jars spark-streaming-flume-assembly-*.jar flume.py localhost
12345
```

11.7 QueueStream 数据流

QueueStream 是从 RDD 或 Python 的列表中创建输入流的。它将处理每批队列返回的一个或所有 RDD，但创建流后对队列的更改将不会被识别，如表 11-9 所示。

表 11-9 QueueStream 数据流的操作环境

应 用 项	说 明
操作	从 RDD 或 Python 的列表中创建输入流
应用数据	通过 parallelize 产生的 RDD 数据
使用函数	StreamingContext.queueStream
操作环境	Windows 的 Spark 环境

（1）导入必要的库，构造 SparkContext 和 StreamingContext 的对象。

```
import time
from pyspark import SparkContext
from pyspark.streaming import StreamingContext
sc = SparkContext(appName="PythonStreamingQueue")
ssc = StreamingContext(sc, 1)
```

（2）通过 RDD 创建 QueueInputDStream 数据。

```
def create_rdd_queue(_):
'''
创建 RDD 数据，供 QueueStream 使用
'''
    rddQueue = []
    for i in range(5):
    rddQueue += [ssc.sparkContext.parallelize([j for j in range(1, 1001)], 10)]
    return rddQueue
```

（3）生成 QueueStream 数据处理。

```
def queue_op():
    rddQueue=create_rdd_queue()        # 创建 QueueStream
    inputStream = ssc.queueStream(rddQueue)
    mappedStream = inputStream.map(lambda x: (x % 10, 1))
    reducedStream = mappedStream.reduceByKey(lambda a, b: a + b)
    reducedStream.pprint()
    # 开启数据 QueueStream
    ssc.start()
    time.sleep(6)
    ssc.stop(stopSparkContext=True, stopGraceFully=True)
```

（4）查看运行结果。

```
-------------------------------------------
Time: 2019-11-09 22:52:21
-------------------------------------------
(0, 100)
(8, 100)
(4, 100)
```

11.8 使用 StreamingListener 监听数据流

通过 StreamingListener 对 Streaming 数据流进行监控，对特定的流事件使用回调函数处理，如批处理完成事件、数据接收开始事件等。通过 StreamingListener 和 statusTracker 的结合可以实现对 Streaming 应用的监控和调试，如表 11-10 所示。

表 11-10 StreamingListener 应用

应 用 项	说 明
操作	使用 StreamingListener 监听流处理事件
使用函数	继承 StreamingListener 类，重写事件函数
操作环境	Windows 的 Spark 环境

（1）导入必要的库，并创建 SparkContext 对象和 StreamingContext 对象。

```
import time
from pyspark import SparkContext
from pyspark.streaming import StreamingContext
from pyspark.streaming import StreamingListener
sc=SparkContext(appName="listen_dataframe")
stream_sc = StreamingContext(sc, 1)
```

读取文本数据，并生成数据流。

```
iris=stream_sc.textFileStream('iris_dataset.csv').map( lambda x:
x.split(","))
```

(2) 从 StreamingListener 继承编写新类，重写事件函数。为简单且达到演示效果，每个函数中只是输出处理时的一些信息。

```
class MyListener(StreamingListener):
    def onBatchCompleted(self,batchCompleted):
        '''
        批作业处理完成时调用
        '''
        print batchCompleted.batchInfo()
    def onBatchStarted(self,batchStarted):
        '''
        在开始处理批作业时调用
        '''
        print batchStarted.batchInfo()
    def onBatchSubmitted(self,batchSubmitted):
        '''
        当提交了批作业进行处理时调用
        '''
        print batchSubmitted.batchInfo()
    def onOutputOperationStarted(self,outputOperationStarted):
        '''
        在开始处理一批作业时调用
        '''
        print outputOperationStarted.batchInfo()
    def onReceiverStarted(self,receiverStarted):
        '''
        在接收器启动时调用
        '''
        print receiverStarted.batchInfo()
     def onReceiverError(self,receiverError):
        '''
        当接收方报告错误时调用
        '''
        print receiverError.batchInfo()
```

（3）对数据流添加监听器。

```
listen=MyListener()
stream_sc.addStreamingListener(listen)
stream_sc.start()
time.sleep(6)
stream_sc.awaitTerminationOrTimeout(timeout=30)
stream_sc.stop(stopSparkContext=True,stopGraceFully=True)
```

（4）调用执行并查看结果。

```
# 返回的数据类型一般是
```

```
py4j.java_gateway.JavaObject
# 可以通过 batchInfo 函数获取数据，但是对于 streamingStarted 事件却是例外，其只
有一个 time() 参数可调用，其他的函数最后返回的 batchInfo 类型，其对应的 Java 类为
JavaBatchInfo，其数据的格式如下
"""
class JavaBatchInfo(
    batchTime: Time,                        # 批处理开始时间
    streamIdToInputInfo: java.util.Map[Int, JavaStreamInputInfo],
                                            # 数据流输入信息
    submissionTime: Long,                   # 提交时间
    processingStartTime: Long,              # 处理开始时间
    processingEndTime: Long,                # 处理结束时间
    schedulingDelay: Long,                  # 调度延迟时间
    processingDelay: Long,                  # 处理延时时间
    totalDelay: Long,                       # 总延迟时间
    numRecords: Long,                       # 处理记录数
outputOperationInfos: java.util.Map[Int, JavaOutputOperationInfo])
                                            # 处理输出信息
"""
# 调用 batchInfo 函数后的输出信息如下
JavaBatchInfo(1573374691000ms,{0=JavaStreamInputInfo(0,0,{files=List(),Des
cription=},)},1573374691561...
sun.reflect.NativeMethodAccessorImpl.invoke0(Native Method)
sun.reflect.NativeMethodAccessorImpl.invoke(Unknown Source)...)
```

11.9 总结

通过本章内容的学习，读者可对 pyspark.streaming 模块有所了解，并能处理不同场景的数据流，如表 11-11 所示。

表 11-11 不同场景使用的模块和函数

流	处理模块和函数
Socket 数据流	pyspark.streaming.StreamingContext.socketTextStream
文件数据流	pyspark.streaming.StreamingContext.textFileStream
Kafka 消息流	pyspark.streaming.kafka.KafkaUtils
Flume 日志流	pyspark.streaming.kafka.FlumeUtils
Queue 数据流	StreamingContext.queueStream

第十二章 PySpark SQL

本章介绍与 DataFrame 关联密切的 Spark SQL 技术，包括在 DataFrame 中建立表或视图的方法，以及使用 SQL 操作的说明。

12.1 关于 Spark SQL

Spark 为结构化数据处理引入了一个 Spark SQL 编程模块。它提供了 DataFrame 的编程抽象，并且可以充当分布式 SQL 的查询引擎。Spark SQL 将关系处理与 Spark 的函数编程进行集合，可对各种数据源提供支持，如图 12-1 所示。

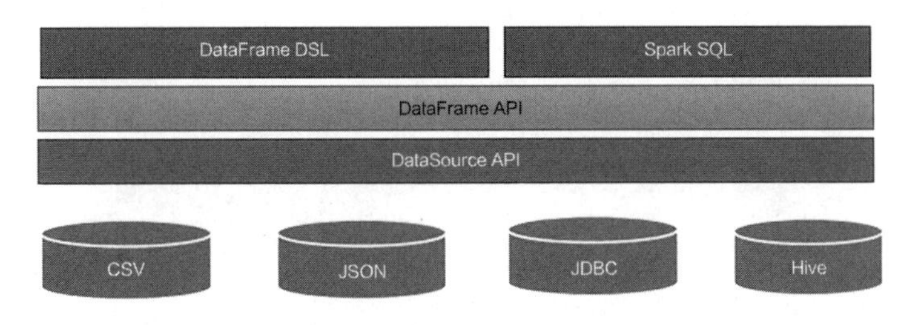

图 12-1 Spark SQL 的层级位置

12.1.1 Spark SQL 简介

Spark SQL 起源于 Hive，后又集成到 Spark 技术栈中。它针对 Hive SQL 的不足点正在不断改善和优化。

（1）Hive 在内部启动 MapReduce 作业以执行临时查询。因此在分析中型数据集（10~200GB）时，MapReduce 的性能会滞后。

（2）Hive 没有容错性恢复能力。这就意味着如果在处理工作流时中断，则无法从卡住的位置恢复。

（3）启用回收站并导致执行错误时，Hive 无法在级联中删除加密数据库，只能以跳过的方式处理。

因此，Spark 应兼容 Hive，且配置过程很简单，只需要将 Hive 的 hive-site.xml 复制到 Spark 的安装目录中即可。

12.1.2 Spark SQL 的特征

Spark SQL 模糊了 RDD 和关系表之间的界限。通过 Spark 代码集成的声明式 DataFrame API，在关系处理和过程处理之间提供了更紧密的集成，并且还提供了更好的优化。Spark SQL 具有以下的特征。

（1）与 Spark 无缝集成。Spark SQL 允许使用 SQL 语句或 DataFrame API 查询 Spark 程序中的结构化数据，该 API 可用于 Java、Scala、Python、R。

（2）统一数据访问接口。Spark SQL 支持访问各种数据源的常用方法，如 Hive、Avro、Parquet、JSON、JDBC。它能够连接不同源的数据，有助于将所有数据用户进行统一使用。

（3）完全兼容 Hive。Spark SQL 重写了 Hive 前端和元存储，能运行未修改的 Hive 查询。与当前 Hive 数据格式、查询方式、UDF 函数完全兼容。

（4）使用标准连接。Spark SQL 包括具有行业标准 JDBC 和 ODBC 连接的服务器模式。

（5）良好的性能和扩展性。Spark SQL 集成了基于成本的优化器、代码生成和列存储，使查询与使用 Spark 引擎计算数的节点变得灵活，该引擎可提供完整的查询容错能力。

（6）UDF 函数支持。UDF 用于定义新的基于列的函数，这些函数扩展了 Spark SQL 处理转换数据集的能力，如图 12-2 所示。

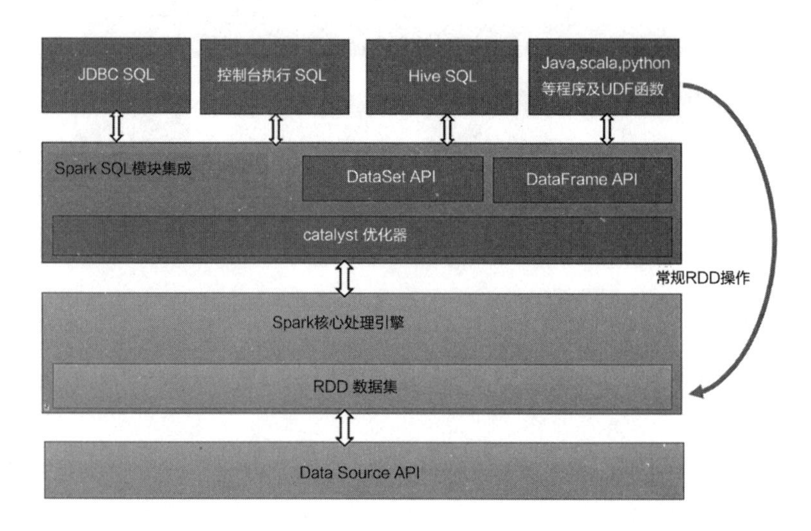

图 12-2　Spark SQL 特征

12.2 Spark SQL 相关 API

与 Spark SQL 相关的类库逻辑可以划分为 4 类。由于 Spark SQL 是在 DataFrame 基础上构建的，所以重点介绍第二类 DataFrame API。

（1）Data Source API：指用于加载和存储结构化数据的通用 API。

（2）DataFrame API：指组织成命名列的分布式数据集合。它等效于 SQL 中用于将数据存储到表中的关系表。

（3）catalyst 优化：通过 catalyst 支持基于成本的优化（运行时间和资源利用率称为成本）和基于规则的优化。

（4）SQL 服务：指处理 Spark 结构化数据的入口点。它允许创建 DataFrame 对象，以及执行的 SQL 查询。

Spark SQL 处理过程的关系，如图 12-3 所示。

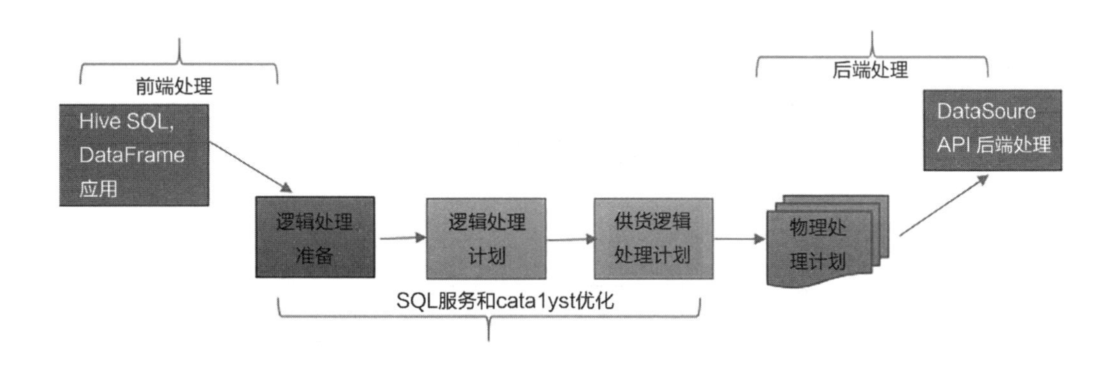

图 12-3 Spark SQL 处理过程

12.2.1 DataFrameReader 和 DataFrameWriter

DataFrameReader 用于从外部存储系统读取数据，DataFrameWriter 用于将 DataFrame 写入外部存储系统。在第十章中涉及的 SparkSession 的 read 属性和 DataFrame 的 Write 属性就是这两种类型，通过这两个属性可实现统一的数据读 / 写。

1. DataFrameReader

DataFrameReader 用于从外部存储系统加载 DataFrame 接口，通过这个类可统一从各种数据源获取数据，需要注意的内容如下。

（1）csv(…) 函数用于 CSV 文件读取。加载 CSV 文件数据，并返回一个 DataFrame 数据，具体参数说明如表 12-1 所示。

表 12-1 csv 函数的参数

参 数	说 明
path	字符串或字符串列表，用于 CSV 路径或存储 CSV 行的字符串
schema	显示定义 CSV 数据的数据模型
sep	设置在解析 CSV 文件时使用的分隔符号，默认为逗号
encoding	用给定的编码类型对 CSV 文件进行解码，默认值为 UTF-8
quote	设置用于转义引用值的单个字符，其中分隔符可以是值的一部分
header	使用 CSV 文件的第一行作为列的名称
inferSchema	从数据自动推断数据模型类型
nullValue	设置空值的字符串表示形式
dateFormat	设置日期格式的字符串
timestampFormat	设置时间戳格式的字符串

```
#1 通过 csv 函数读取文件
>>> df=spark.read.csv('iris_dataset.csv',header=True, inferSchema=True)
#2 或通过 csv 格式读取 RDD
>>> rdd = sc.textFile(' iris_dataset.csv')
>>> df=spark.read.csv(rdd)
#3 或通过使用第（5）条的方法组合函数
>>> df=spark.read.format('csv').options('header') \
        .option("inferSchema", true) \
        .load( ‘iris_dataset.csv’ )
#4 或在 load 函数中指定 CSV 文件格式
df = spark.read.load("iris_dataset.csv",
                    format="csv", sep=",", inferSchema="true",
header="true")
#5 或创建为表，后续即可使用 SQL 进行操作
>>> df. createOrReplaceTempView('df_table')
```

（2）json(…) 函数用于 Json 文件读取。读取 Json 文件并返回一个 DataFrame 数据。具体参数如表 12-2 所示。

表 12-2　json 函数的参数说明

参　数	说　明
path	表示 Json 数据集的路径或路径列表，或存储 Json 字符串的 RDD
schema	用于显示定义 Json 数据的数据模型
primitivesAsString	将所有基元值推断为字符串类型，如果设置为 None，则使用默认值 false
multiLine	分析每个文件的一条记录（可能跨越多行），如果设置为 None，则使用默认值 false

```
# 使用 json 函数进行读取，并设置对应的数据类型
>>> df = spark.read.json('test.json',shcema)
# 或通过读取 RDD json 数据
>>> rdd = sc.textFile('test.json')
>>> df = spark.read.json(rdd)
# 通过使用第（5）条的方法，组合函数
>>> df=spark.read.format( ‘json’ ) \
        .schema(schema) \
        .load( ‘test.json’ )
# 或在 load 函数中指定 Json 文件的格式
>>> df = spark.read.load("test.json", format="json",schema)
```

（3）jdbc(…) 函数用于连接各类数据库。通过 jdbc 连接获取表数据构建 DataFrame，具体参数说明如表 12-3 所示。

表 12-3　jdbc 函数的参数说明

参　数	说　明
url	JDBC 数据库连接，其格式为 jdbc:subprotocol:subname

续表

参 数	说 明
Table	数据库的表名
Column	表的列
Properties	JDBC 数据库连接参数的字典，用于用户和密码及其相应的值

```
# 通过 jdbc 函数读取 Postgresql 数据库，并指定表和对应的登录账号
>>> jdbc_df = spark.read \
        .jdbc("jdbc:postgresql:dbserver", "schema.tablename", \
         properties={"user": "username", "password": "password"})
# 通过使用第（5）条的函数读取 Postgresql 数据库
>>> jdbc_df = spark.read \
        .format("jdbc") \
        .option("url", "jdbc:postgresql:dbserver") \
        .option("dbtable", "schema.tablename") \
        .option("user", "username") \
        .option("password", "password") \
        .load()
# 或指定值获取表中特定列的数据
>>> jdbc_df = spark.read \
        .format("jdbc") \
        .option("url", "jdbc:postgresql:dbserver") \
        .option("dbtable", "schema.tablename") \
        .option("user", "username") \
        .option("password", "password") \
        .option("customSchema", "id DECIMAL(38, 0), name STRING") \
        .load()
```

（4）读取不同类型的文本文件。使用函数 orc(path) 读取 ORC 文件。

```
>>> df = spark.read.orc("users.orc")
# 或在 format 函数中指定文件格式
>>> df = spark.read.format( ‘orc’ ).load( ‘users.orc’ )
```

使用函数 parquet(*paths) 读取 parquet 文件。

```
>>> df = spark.read.parquet("users.parquet")
# 或在 format 函数中指定文件格式
>>> df = spark.read.format('parquet').load('users.parquet')
```

使用函数 text(paths, wholetext=False, lineSep=None) 读取普通的文本文件。

```
>>> df = spark.read.text('test.txt', wholetext=True)
```

（5）组合函数加载数据。通过这些函数能够从不同的数据源获取数据，如表 12-4 所示。

表 12-4　DataFrameReader 的其他函数说明

函　数	说　明
load(path=None,format=None, schema=None,**options)	从数据源加载数据，并将其返回 DataFrame
format(source)	指定输入数据源的格式
option(key,value)	为基础数据源添加输入选项
schema(schema)	指定输入数据的数据模型
table(tableName)	指定表并以 DataFrame 格式返回

2. DataFrameWriter

DataFrameWrite 用于将 DataFrame 写入外部存储系统。DataFrameWriter 包括 csv、json、jdbc、text 等针对不同数据源的函数，且与 DataFrameReader 中的参数基本一致，只是操作方向相反（写入数据），所以不再对函数原型进行说明，只列举在 DataFrameWriter 中独有的函数，如表 12-5 所示。

表 12-5　DataFrameWriter 的函数说明

函　数	说　明
saveAsTable	将 DataFrame 的内容保存为指定的表。在表已存在的情况下，此函数的行为取决于指定的保存模式（默认为引发异常）
save	将 DataFrame 的内容保存到数据源，其数据源由格式和一组选项指定
partitionBy	在文件系统中按指定列对输出进行分区。如果指定，输出则布局在文件系统中，类似于 Hive 的分区方案
mode	添加数据的模式
insertInto	将 DataFrame 的内容插入到指定的表，它要求类 DataFrame 的架构与表的相同。可选择覆盖任何现有数据
bucketBy	按指定的列存储输出。如果指定，输出则布局在文件系统中，类似于 Hive 的存储桶

```
# CSV 文件的写入操作
>>> df.write.csv( ‘iris.csv')
# Json 文件写入操作
>>> df.write.json('myfile.json')
# parquet 文件和 ORC 文件的写入操作
>>> df.write.parquet("test.parquet")
>>> df.write.orc("test.orc")
# 写入数据库的操作
>>> jdbc_df.write.jdbc("jdbc:postgresql:dbserver", "schema.tablename",
          properties={"user": "username", "password": "password"})
# 使用 format 函数和表 12-4 中的函数
```

```
# 对 column_name 列进行分区存储，存储格式为 parquet
>>> df.write.partitionBy("column_name").format("parquet").save("column.
parquet")
# 对列 column_name 进行分区存储，保存为表
>>> df.write.partitionBy("column_name")
        .bucketBy(42, "name")
        .saveAsTable("column_name _bucketed")
# 以 orc 格式保存数据，设置属性 orc.bloom.filter.columns 表示对列 column_name 建立索引
>>> df.write.format("orc")
        .option("orc.bloom.filter.columns", "column_name")
        .option("orc.dictionary.key.threshold", "1.0")
        .save("users_with_options.orc")
# 数据保存到 postgresql 数据库中
>>> jdbcDF.write \
        .format("jdbc") \
        .option("url", "jdbc:postgresql:dbserver") \
        .option("dbtable", "schema.tablename") \
        .option("user", "username") \
        .option("password", "password") \
        .save()
```

12.2.2 窗口函数

在 pyspark.sql 中包含有专门的类 pyspark.sql.Window 和 pyspark.sql.WindowSpec 作为窗口函数功能使用。虽然不同于 SQL 窗口子句的方法，但是通过使用函数的方法也能达到同样的效果，且在特定的场景还可以实现更好的效果，下面就对这两个类进行说明。

1. WindowSpec 和 Window

WindowSepc 相当于在 SQL 窗口函数中使用 OVER 子句的内容，用来划分分区和排序操作，以及设置窗口的边界大小。WindowSpec 对象是通过 Window 类进行构造的，类 pyspark.sql.Window 都是静态函数，如表 12-6 所示。

表 12-6 Window 类的函数说明

函 数	说 明
orderBy(*cols)	设置 WindowSpec 的排序信息
partitionBy(*cols)	设置 WindowSpec 的分区信息
rangeBetween(start,end)	设置 WindowSpec 的数据边界
rowsBetween(start,end)	

具体演示的处理代码如下。

```
from pyspark.sql.window import Window
>>> df=spark.read.csv('iris_dataset.csv',header=True, inferSchema=True)
# 读取 Iris
```

```
# 创建win_spec，相当于SQL中的(PARTITION BY 'species' ORDER BY sepal_length)
>>> win_spec=Window.partitionBy(df['species']) \
       .orderBy(df['sepal_length'])
>>> type(win_spec)
Pyspark.sql.window.WindowSpec
```

2. 窗口查询

构建 WindowSpec 后可以使用 pyspark.sql.functions.window 进行处理。

```
>>> import pyspark.sql.functions as func
>>>df.select(df.species,df.sepal_length,df.sepal_width,func.max(df.petal_
length).over(win_spec).alias('win_func')).show()
```

12.2.3 HiveContext 和 SQLContext

专门将 HiveContext 和 SQLContext 拿出来说明，因为它们是在 Spark 1 中使用的。SQLContext 是 SparkSQL 的应用环境或者说是入口，HiveContext 是从 SQLContext 继承而来，专门用于处理 Hive 应用环境的。而 SparkSession 是在 Spark 2 中引入的，可简化对不同上下文的访问，所以可以将 SparkSession 看成是 HiveContext 和 SQLContext 的统一。

1. SQLContext

SQLContext 可用于创建 DataFrame，将其注册为表，并在表上执行 SQL 或缓存表，创建 SQLContext 的方法和 SparkSession 相似。

（1）构造函数 SQLContext(sparkContext,sparkSession=None,jsqlContext=None)。

```
>>> from pyspark.sql import SQLContext
>>> sc = SparkContext(appName="test")
>>> sql_sc = SQLContext(sc)
>>> type(sql_sc)
pyspark.sql.context.SQLContext
```

（2）使用 read 属性读取数据（DataFrameRead），如连接 Postgresql 数据库。

```
>>> df=sql_sc.read.format('jdbc').options(
        url='jdbc:postgresql://localhost:5432/northwind',
        dbtable='public.orders',
        user='postgres',
        password='xxxxx'
       ).load()
```

（3）使用 createDataFrame(data,schema,samplingRatio,verifySchema) 函数创建 DataFrame 对象。

```
>>> df = sql_sc.createDataFrame(stringCSVRDD,schema)
>>> type(df)
Pyspark.sql.dataframe.DataFrame
```

（4）使用 registerDataFrameAsTable(df,tableName) 函数将指定的 DataFrame 注册为目录的临时表。

```
>>> sql_sc.registerDataFrameAsTable(df, "table1")
>>> "table1" in sql_sc.tableNames()
True
```

（5）使用 sql(sqlQuery) 函数对注册表进行 SQL 语句查询。

```
>>> df2=sql_sc.sql('select * from table1')
>>> df2.show(1)
```

（6）使用 table(tableName) 函数返回指定表或视图并将其作为 DataFrame。

```
>>> df3 = sql_sc.table("table1")
>>> sorted(df3.collect()) == sorted(df.collect())
True
```

（7）通过对 setConf(key,value) 和 getConf(key,defaultValue) 这两个函数的设置，获取配置信息。

```
>>> sql_sc.getConf("spark.sql.shuffle.partitions")
u' 200'
>>> sql_sc.setConf("spark.sql.shuffle.partitions",100)
>>> sql_sc.getConf("spark.sql.shuffle.partitions")
u' 100'
```

（8）使用 dropTempTable(tableName) 函数从目录中删除临时表。

```
>>> sql_sc.dropTempTable("table1")
>>> "table1" in sql_sc.tableNames()
False
```

2. HiveContext

HiveContext 是从 SQLContext 继承而来的，即上述 SQL 中所使用的函数在 HiveContext 中都可以使用，源码中对 HiveContext 的使用和配置说明如下。

```
class HiveContext(SQLContext):
    """A variant of Spark SQL that integrates with data stored in Hive.
    Configuration for Hive is read from "hive-site.xml" on the classpath.
It supports running both SQL and HiveQL commands.
# 对于 HiveContext 的使用如下
>>> from pyspark.sql import HiveContext
>>> hive_context = HiveContext(sc)
>>> bank = hive_context.table("default.bank")
>>> bank.show()
>>> bank.registerTempTable("bank_temp")
>>> hive_context.sql("select * from bank_temp").show()
```

12.2.4 Catalog 类

pyspark.sql.Catalog 类对 Scala 中的 org.apache.spark.sql.catalog.Catalog 进行浅封装。它主要提供对目录访问的 API，对于 Catalog 目录是管理关系实体（如数据库、表、函数、表列、临时视图）

的元存储，也称元数据目录，且这个类仅在 Spark 2 中引入。

（1）cacheTable(tableName) 函数指在内存中缓存指定的表。这使后续查询能够避免扫描原始文件，这样可加快处理速度，相当于在 SQL 中使用 CACHE TABLE table_name 操作。

```
>>> df.registerTempTable("table1")
>>> spark.catalog.cacheTable('table1')
```

（2）clearCache() 函数指从内存缓存中删除所有缓存表。

```
>>> spark.catalog. clearCache ()
```

（3）currentDatabase() 函数指返回当前会话中的数据库。

```
>>> spark.catalog.currentDatabase()
>>> u'default'
```

（4）dropGlobalTempView(viewName) 函数指删除目录中视图名称的全局临时视图。

```
# 如果视图已缓存，它将取消缓存。如果成功删除，则返回 True，否则返回 False
>>> df.createGlobalTempView('g_table')
>>> spark.catalog.dropGlobalTempView("g_table")
>>> spark.table('g_table')
>>> AnalysisException: u'Table or view not found: g_table;'
```

（5）dropTempView(viewName) 函数指删除目录中视图名称的本地临时视图。

```
# 如果视图已缓存，它将取消缓存。如果成功删除视图，则返回 True，否则为 False
>>> spark.catalog.dropTempView('table1')
```

（6）listDatabases() 函数指返回所有会话中可用的数据库列表。

```
>>>spark.catalog.listDatabases()
[Database(name=u'default',description=u'defaultdatabase',locationUri=u'fi
le:/E:/py_lab/python-on-bigdata/spark-warehouse')]
```

（7）listFunctions(dbName=None) 函数指返回在指定数据库中注册函数的列表。

```
# 如果未指定数据库，则使用当前数据库，包括所有临时功能
>>> spark.catalog.listFunctions()
[Function(name=u'!',description=None,className=u'org.apache.spark.sql.
catalyst.expressions.Not', isTemporary=True),
Function(name=u'%',description=None,className=u'org.apache.spark.sql.
catalyst.expressions.Remainder', isTemporary=True), ...
```

（8）listTables(dbName=None) 函数指返回指定数据库中表 / 视图的列表。

```
# 如果未指定数据库，则使用当前数据库，包括所有临时视图
>>> spark.catalog.listTables()
[Table(name=u'table1',database=None,description=None,tableType=u'TEMPORAR
Y',isTemporary=True)]
```

（9）refresh* 系列函数的说明。refreshByPath(path) 刷新包含在指定数据源路径的任何

DataFrame 缓存数据（关联的元数据）；refreshTable(tableName) 刷新指定表名的所有缓存数据和元数据；uncacheTable(tableName) 从内存缓存中删除指定的表。

12.3 Spark SQL 使用步骤

Spark SQL 的使用方法步分为 4 个步骤：创建 DataFrame、将 DataFrame 注册为表、使用 sql 函数执行 SQL 语句，以及表的保存或删除。

（1）创建 DataFrame。针对 Spark2 使用 SparkSession 创建；针对 Spark 1 使用 SQLContext 创建。

```
#1 使用 SparkSession
from pyspark import SparkContext
from pyspark.sql import SparkSession
sc=SparkContext(appName="test_sc")
spark=SparkSession.builder.appName('xxx_session').getOrCreate()
#2 使用 SQLContext
from pyspark.sql import SQLContext
sql_sc = SQLContext(sc)
#3 使用 read 读取各种数据源创建 DataFrame 的方法，Spark 1 和 Spark 2 相同
df = spark.read.csv(...)
df = spark.read.json(...)
df = spark.read.jdbc(...)
df = spark.read.textFile(...)
# 或使用 CreateDataFrame 函数构建
df=spark.createDataFrame(...)
```

（2）在 DataFrame 基础上构建表或视图。有很多函数可以创建具有不同生命周期的视图或表。

```
#1 调用这个函数的 DataFrame 将创建全局临时视图，视图的生命周期和 Spark 应用程序一样
df.createGlobalTempView("people")
df2 = spark.sql("select * from global_temp.people")
#2 createOrReplaceGlobalTempView(name) 使用 DataFrame 创建全局临时视图，其生命
周期和 Spark 应用程序一样
df.createOrReplaceGlobalTempView("people")
#3 调用这个函数的 DataFrame 将创建本地临时视图，视图的生命周期和 SaprkSession 对象一样
df.createTempView("people")
#4 createOrReplaceTempView(name) 创建或替换 DataFrame 的本地临时视图
df.createOrReplaceTempView("people")
#5 registerTempTable(name) 使用给定名称注册 DataFrame 为临时表
df.registerTempTable("people")
# 在 SQLContext 上有 registerDataFrameAsTable(df, tableName) 函数将 df 注册为表
sqlContext.registerDataFrameAsTable(df, "table1")
```

（3）使用 sql 函数执行 SQL 语句。通过 SparkSession 或 SQLContext 中的 sql 函数处理 SQL 语句。

```
df.createOrReplaceTempView("table1")
df2 = spark.sql("SELECT field1 AS f1, field2 as f2 from table1")
```

（4）表的保存或删除。Spark 1 和 Spark 2 的区别是，Spark 1 中的 SQLContext 的相关功能迁到了 Spark 2 的 Catalog 中。

```
#1 使用 DataFrame 的 saveAsTable 保存表数据
>>> df.write.format('parquet')
     .bucketBy(100, 'year', 'month')
     .sortBy('day')
     .mode("overwrite")
.saveAsTable('sorted_bucketed_table')
# Spark 2 删除全局临时表或本地临时表
>>> spark.catalog.dropGlobalTempView("g_table")
>>> spark.catalog.dropTempView ("l_table")
# Spark 1 删除表 sql_sc = SQLContext(sc)
>>> sql_sc.dropTempTable('table1')
```

12.4 Postgresql 和 Spark SQL

从 Postgresql 数据库中读取并构造 DataFrame 数据，创建对应的视图或表后，使用 SQL 语句进行操作，其详细说明和运行环境见第 10.5.1 节。

12.4.1 使用 Spark SQL 操作 Postgresql 数据

（1）导入必要的库，并创建 SparkContext 对象和 Sparksession 对象。

```
from pyspark import SparkContext
from pyspark.sql import SparkSession
sc=SparkContext(appName="pg_dataframe")
spark=SparkSession.builder.appName('pg_dataframe')
         .master("Yct201811021847")
         .getOrCreate()
```

（2）连接 Postgresql 数据库，并获取数据库 reader。

```
def connect_pg():
'''
连接 northwind 数据库，并返回整个数据库的 reader
'''
    db=spark.read.format('jdbc').options(
         url='jdbc:postgresql://localhost:5432/northwind',
         user='postgres',
         password=’ xxxxx’
    return db
)
```

（3）获取数据库的两张表，并创建为视图。

```
categories_df = db.option("dbtable","categories").load()
                              # load表categories数据
products_df = db.option("dbtable","products").load()
                              # load表products数据
categories_df.createTempView('categories')
                              # 创建'categories'的视图
products_df.createTempView('products')
                              # 创建'products'的视图
```

（4）使用SQL语句关联两张视图。

```
# 产品表和分类表通过categoryid'字段进行关联
data = spark.sql('SELECT categoryname , productname , quantityperUnit , unitprice  \
                        unitsinstock , unitsonorder , reorderlevel , discontinued  \
                 FROM products  prd    \
LEFT JOIN categories cate ON prd.categoryid = cate.categoryid')
# 使用Spark SQL产生DataFrame新视图，按分类汇总
data.createOrReplaceTempView('product_categoryname')
group_data = spark.sql('SELECT categoryname , AVG(unitprice) avg_unitprice ,  \
 AVG(unitsinstock) avg_unitsinstock ,   \
                              MAX(reorderlevel) max_reorderlevel ,
COUNT(*) count_num   \
                       FROM product_categoryname   \
                              GROUP BY categoryname ')
# 将数据以parquet格式保存
group_data.write.parquet("product_categoryname.parquet")
```

12.4.2 执行说明

连接Postgresql数据库，调用函数connect_pg()并返回DataFrameReader对象。返回的DataFrameReader可以从数据库中获取所有的表。但在连接过程中query属性和dbtable属性不可同时使用，否则会抛出异常。

```
# 通过query调用一个SQL语句，获取了数据库中所有表的名字，在这种情况下无法使用
# dbtable指定表
db=spark.read.format('jdbc').options(
        url='jdbc:postgresql://localhost:5432/northwind',
        user='postgres',
        password='iamroot'
        query="SELECT table_name FROM information_schema.tables WHERE table_
schema = 'public'"
)
# 如果再使用dbtable，则会出现如下报错代码
IllegalArgumentException: u"Both 'dbtable' and 'query' can not be specified
at the same time."
```

获取表并创建视图的过程比较简单，使用Spark SQL计算的结果如图12-4所示。

```
data.show(3)
group_data.show(3)
```

```
+------------+-----------------+-----------------+----------+------------+------------+------------+------------+
|categoryname|      productname|  quantityperUnit|unitprice|unitsinstock|unitsonorder|reorderlevel|discontinued|
+------------+-----------------+-----------------+----------+------------+------------+------------+------------+
|   Beverages|             Chai|10 boxes x 30 bags|     18.0|          39|           0|          10|           1|
|   Beverages|            Chang|24 - 12 oz bottles|     19.0|          17|          40|          25|           1|
|   Beverages|Guaraná Fantástica|  12 - 355 ml cans|      4.5|          20|           0|           0|           1|
+------------+-----------------+-----------------+----------+------------+------------+------------+------------+
only showing top 3 rows

+--------------+------------------+-----------------+---------------+---------+
|  categoryname|      avg_unitprice|avg_unitsinstock|max_reorderlevel|count_num|
+--------------+------------------+-----------------+---------------+---------+
|Dairy Products|28.729999923706053|             39.3|             30|       10|
|  Meat/Poultry| 54.00666666030884|             27.5|             20|        6|
|    Condiments|22.854166825612385|            42.25|             25|       12|
+--------------+------------------+-----------------+---------------+---------+
only showing top 3 rows
```

图 12-4　Spark SQL 的计算结果

12.5 CSV 和 Spark SQL

通过 CSV 文件读取数据，以构建对应的 DataFrame 数据。在构建时应先明确数据结构的列名和类型，然后再创建视图或表。

12.5.1 使用 Spark SQL 操作 CSV 数据

（1）导入必要的库，并创建 SparkContext 对象和 Sparksession 对象。

```
from pyspark import SparkContext
from pyspark.sql import SparkSession
sc=SparkContext(appName="pg_dataframe")
spark=SparkSession.builder.appName('pg_dataframe')
        .master("Yct201811021847")
        .getOrCreate()
```

（2）读取 iris.csv 文件，并创建一个“鸢尾花”的 DataFrame。

```
# 读取 iris.csv 文件
Iris_df=spark.read.csv('iris_dataset.csv',header=True, inferSchema=True)
# 字符串 CSV 数据，表示不同鸢尾花种类的中文名字，并定义了对应的 schema
stringCSV = spark.sparkContext.parallelize([
                    (1, "setosa", u" 山鸢尾 "),
                    (2, "versicolor",u " 杂色鸢尾 "),
                    (3, "virginica", u" 维吉尼亚鸢尾 ")])
schema = StructType([StructField("id", LongType(), True),
                    StructField("english_name", StringType(), True),
                    StructField("chinese_name", StringType(), True)])
name_df = spark.createDataFrame(stringCSV,schema)
```

（3）创建视图，用于执行 Spark SQL 查询。

```
iris_df.createOrReplaceTempView('iris_data')
name_df.createOrReplaceTempView('iris_name')
```

使用 Spark SQL 关联两张视图

```
# 执行 SQL 语句，并通过英文花名进行关联
data=spark.sql('SELECT data.* , name.chinese_name FROM iris_data data \
                    INNER JOIN iris_name name \
                    ON data.species = name.english_name ')
spark.catalog.dropTempView('iris_data')        # 删除视图操作
spark.catalog.dropTempView('iris_name')
```

12.5.2 执行说明

通过 CSV 文件和 CSV 字符串进行构建 DataFrame，其中字符串 CSV 文件用于对 CSV 文件中的英文进行中文解释。字符串 CSV 数据用于对英文单词进行中文说明，其关联的数据结果如下。

```
data.show(3)
sepal_length  sepal_width  petal_length  petal_width  species chinese_name
5.0           3.3          1.4           0.2          setosa  山鸢尾
5.3           3.7          1.5           0.2          setosa  山鸢尾
4.6           3.2          1.4           0.2          setosa  山鸢尾
```

12.6 Json 和 Spark SQL

读取 Json 文件构造相应的数据模型时，需要显示说明类型，演示数据在 Json 文件中，并执行于 Windows 的 Spark 环境。通过 spark.read 读取 Json 文件后，再使用 Spark SQL 进行自关联操作。

12.6.1 使用 Spark SQL 操作 Json 数据

（1）导入需要使用的模块，初始化 SparkSession 和 SparkContext.。

```
from pyspark import SparkContext
from pyspark.sql import SparkSession
sc=SparkContext(appName="json_dataframe")
spark=SparkSession.builder.appName('json_dataframe').getOrCreate()
```

（2）读取 Json 文件，初始化数据结构。

```
# 为了更好地说明自关联的操作，在原 test.json 文件中添加两列数据，其样式如下
# {"id":"1","name": "Google","url": "http://www.google.com","times":"3","
user":"nick","manager":"7"}
schema = StructType([
```

```
    StructField("id", StringType(), True),
    StructField("name", StringType(), True),
    StructField("times", StringType(), True),
    StructField("url", StringType(), True),
    StructField("user", StringType(), True),
    StructField("manager", StringType(), True)
])
df = spark.read.json('test.json',schema)
```

（3）创建视图和使用 Spark SQL 操作。

```
df.createOrReplaceTempView('webbrowser')
data=spark.sql("SELECT  A.id , A.name , A.times , A.url  , A.user , B.user
manager    \
            FROM webbrowser A    \
            LEFT JOIN webbrowser B      \
            ON A.manager = B.id  ")
spark.catalog.dropTempView('webbrowser')
```

12.6.2 执行说明

为读取 Json 文件的 DataFrame，创建对应的视图并使用自关联操作获取 manager 的姓名。需要注意操作过程应按已讲的步骤进行操作，Spark SQL 中关联的字段不要弄混，处理后的数据如下。

```
data.show(3)
id  name    times   url                     user  manager
1   Google  3       http://www.google...    nick  allen
2   Baidu   2       http://www.baidu.com    mike  nick
3   bing    1       http://www.bing.com     kate  nick
```

12.7 HDFS 和 Spark SQL

对 HDFS 读取操作的方法有很多，如通过 HDFS 命令，或创建对应的 Hive 表，或使用 Pig，这些方法的引擎都没有变。通过将 Spark 作为计算引擎并结合使用 SQL 的方法，就可以将分布式存储和分布式计算区分开，以提高计算速度和操作环境灵活性，如表 12-7 所示。

表 12-7　HDFS 和 Spark SQL 的操作环境

应 用 项	说 明
操作	读取 HDFS 文件，并构建对应的视图
应用数据	MovieLens 数据
操作环境	HDP 大数据开发环境

（1）初始化 SparkSession 和 SparkContext。

```
from pyspark import SparkContext
from pyspark.sql import SparkSession
sc=SparkContext(appName="hdfs_dataframe")
spark=SparkSession.builder.appName('hdfs_dataframe')
.master("Yct201811021847")
.getOrCreate()
```

（2）读取 HDFS 文件，构建 DataFrame。

```
# 通过 csv 函数读取 HDFS 上的文件
movies_df=spark.read.csv('hdfs://localhost:9000/test_data/movies.
csv',header=True, inferSchema=True)     # 读取 movies 表
#  读取 links 数据
links_df=spark.read.csv('hdfs://localhost:9000/test_data/links.csv',heade
r=True,inferSchema=True)
# 使用 join 关联两个数据
```

（3）创建视图，使用 SQL 进行关联。

```
movies_df.createOrReplaceTempView( ‘movies’ )       # 创建 movies 视图
links_df.createOrReplaceTempView( ‘links’ )         # 创建 links 视图
# 使用 moveisId 关联 movies 表和 links 表
data=spark.sql( “ SELECT movies.title , movies.genres,   \
links.imdbId,links.tmdbId     \
              FROM movies LEFT JOIN links
          ON movies.movieId = links. Movies  ” )
```

（4）保存数据，并删除视图。

```
data.write.parquet("movie_link.parquet")
spark.catalog.dropTempView(' movies ')
spark.catalog.dropTempView('links ')
```

（5）读取 HDFS 文件时，应注意对 HDFS 文件路径格式的书写。

```
data.show(2)
title              genres                 imdbId    tmdbId
Toy Story (1995)   Adventure|Animati...   114709    862
Jumanji (1995)     Adventure|Childre...   113497    8844
```

12.8 Hive 和 Spark SQL

通过 PySpark 连接和读取 Hive 表，生成 DataFrame 的基础构建视图。实际的操作过程很简单，但处理速度却有很大提升。本示例操作的数据库是 FoodMart，它是 HDP SandBox 自带的。这是一个关于食品销售的数据仓库，其操作环境如表 12-8 所示。

表 12-8　Hive 和 Spark SQL 的操作环境

应用项	说明
操作	使用 Spark SQL 操作数据连接 Hive 表
应用数据	HDP SandBox 中 Hive 自带的 FoodMart 数据库
操作环境	HDP SandBox 的大数据环境

12.8.1　使用 Spark SQL 操作 Hive

（1）导入必要的库，并创建 SparkContext 对象和 SparkSession 对象。

```
from pyspark.sql import SparkSession
from pyspark import SparkContext
sc=SparkContext(appName="hive_dataframe")
spark=SparkSession.builder.appName('hive_dataframe')   \
        .enableHiveSupport() \
        .getOrCreate()
```

（2）直接使用 Spark SQL 查看 FoodMart 数据。

```
>>> spark.sql('use foodmart')                       # 切换到 FoodMart 数据
DataFrame[]                                         # 返回空的 DataFrame 数据
>>> spark.sql('show tables').show()                 # 查看数据库中的表
|database      |           tableName           |             isTemporary|
|foodmart      |            account            |                  false|
|foodmart      |      agg_c_10_sales_fa...|                  false|
|foodmart      |      agg_c_14_sales_fa...|                  false|
>>> spark.sql('select * from inventory_fact_1998 limit 3').show()
                                                    # 查看事实表数据
|product_id|time_id|warehouse_id|store_id|units_ordered|units_shipped| ...
|       308|    765|           1|       1|           53|            7|
|       325|    765|           1|       1|           84|           62|
|       275|    765|           1|       1|           24|           24|
...
```

（3）使用 Spark SQL 进行关联操作。

```
spark.sql('SELECT  prd.brand_name , prd.product_name  , whouse.warehouse_
name , \
        whouse.warehouse_city , fact.units_ordered ,  fact.units_shipped ,     \
        fact.warehouse_sales , fact.warehouse_cost , fact.store_invoice      \
        FROM inventory_fact_1998 fact                                        \
        LEFT JOIN product prd ON fact.product_id = prd.product_id            \
        LEFT JOIN warehouse whouse ON fact.warehouse_id = whouse.warehouse_id')
```

12.8.2 执行说明

在 sql 函数中可直接调用 SQL 处理数据，这样为操作带来了极大的方便。先使用 Hive 构建对应的数据仓库，可作为分布式数据的存储层，然后使用 Spark SQL 进行处理，以实现多维数据的分析，其代码执行后的返回数据如图 12-5 所示。

```
>>> data=spark.sql('SELECT  prd.brand_name , prd.product_name  , whouse.warehouse_name , \
...             whouse.warehouse_city , fact.units_ordered ,  fact.units_shipped ,    \
...             fact.warehouse_sales , fact.warehouse_cost , fact.store_invoice     \
...             FROM inventory_fact_1998 fact                                        \
...             LEFT JOIN product prd ON fact.product_id = prd.product_id            \
...             LEFT JOIN warehouse whouse ON fact.warehouse_id = whouse.warehouse_id')
>>> data.show(2)
+----------+--------------------+-----------------+---------------+-------------+-------------+
|brand_name|        product_name|   warehouse_name|warehouse_city|units_ordered|units_shipped|
+----------+--------------------+-----------------+---------------+-------------+-------------+
|     Super|Super Strawberry ...|Salka Warehousing|       Acapulco|           53|            7|
|      Best|    Best Wheat Puffs|Salka Warehousing|       Acapulco|           84|           62|
+----------+--------------------+-----------------+---------------+-------------+-------------+
```

图 12-5 Spark SQL 调用 Hive 表

12.9 UDF 和 Spark SQL

在 DataFrame 和 Spark SQL 中可以使用自定义的 UDF 函数进行操作，这样就拓展了 Spark 的功能。对于 Spark 中没有的功能，可以自行编写函数进行扩展，如表 12-9 所示。

表 12-9 UDF 和 Spark SQL 的操作

应用项	说明
操作	使用 Python 编写 UDF，并在 Spark SQL 中使用
使用函数	pyspark.sql.functions.udf 和 SparkSession.udf
操作环境	自安装 Windows 的 Spark 环境

（1）导入必要的库，并创建 SparkSession 对象和 SparkContext 对象。

```
from pyspark import SparkContext
from pyspark.sql import SparkSession
sc=SparkContext(appName="pg_dataframe")
spark=SparkSession.builder.appName('pg_dataframe') \
        .master("Yct201811021847") \
        .getOrCreate()
```

（2）创建 DataFrame 数据。

```
from pyspark.sql.functions import udf
import pandas as pd
import numpy as  np
add_udf = udf(lambda z: z+1)          # 定义 udf 函数，并随 DataFrame 的数据加 1
df_pd = pd.DataFrame(
    data={'integers': [1, 2, 3],
     'floats': [-1.0, 0.5, 2.7],
     'integer_arrays': [[1, 2], [3, 4, 5], [6, 7, 8, 9]]}
)
df = spark.createDataFrame(df_pd)     # 创建 DataFrame
```

（3）在 DataFrame 中调用 udf 函数。

```
(
    df.select('integers',
              'floats',
              add_udf('integers').alias('int_add'),
              add_udf('floats').alias('float_add'))
)
```

（4）在 Spark SQL 中调用 udf 函数。

```
spark.range(1, 20).registerTempTable("test")      # 创建一张 test 表
def add(s):                                       # 定义 udf 函数，并对数据进
行 +1 的操作
  return s+1
spark.udf.register("addWithPython", add)     # 注册 udf 函数
spark.sql(" SELECT id, addWithPython(id)  FROM test ")     # 在 Spark SQL 中
使用 udf 函数
```

（5）执行说明和查看结果。

对于第 1 个在 DataFrame 中使用 pyspark.sql.functions.udf 或对应装饰器的，本例操作后得到的数据如下。

```
integers      floats|        int_squared        float_squared
  1           -1.0          2                  0.0
  2           0.5           3                  1.5
  3           2.7           4                  3.7
```

对于第 2 个在 Spark SQL 中使用 udf 函数的，应先将相关的 udf 函数定义好，再使用 SparkSession.udf.register 函数进行注册，本例操作后的数据如下。

```
    ID        addWithPython(id)
    1         2
    2         3
    3         4
```

12.10 Streaming 和 Spark SQL

本节将第十一章 Spark Streaming 说明和 Spark SQL 进行整合。这里使用网络数据流为例进行演示，为了让不同的数据场景都可以使用 SQL 来处理，其应用环境如表 12-10 所示。

表 12-10 Streaming 和 Spark SQL 的应用环境

应 用 项	操 作
操作	Spark SQL
使用数据	网络 Socket 数据
使用函数	SparkSession.readStream 和 SparkSession.writeStream
操作环境	HDP 大数据环境

（1）开 netcat TCP 服务，打开一个终端，输入以下命令。

```
hadoop@~$ nc -lk 6789
```

（2）导入必要的库，并创建 SparkSession 对象、SparkContext 对象和 readStream 流对象。

```
from pyspark import SparkContext
from pyspark.sql import SparkSession
sc=SparkContext(appName="streaming_sc")
spark = SparkSession.builder\
        .appName("NetworkWordCount")\
        .getOrCreate()
lines = spark.readStream\                   # 创建 Streaming 流
        .format('socket')\
        .option('host', '127.0.0.1')\
          .option('port', 6789)\
        .load()
```

（3）接收网络数据进行处理。

```
from pyspark.sql.functions import explode
from pyspark.sql.functions import split
words = lines.select(                       # 返回给定数组中每个元素的新行
        explode(
            split(lines.value, ' ')
        ).alias('word') )
```

（4）创建数据流对应的表，并使用 SQL。

```
words.registerTempTable("networks")
# 使用 SQL 统计单词的个数
data=spark.sql('select count(*) , word from networks group by word')
```

开启执行数据流操作。

```
query = data.writeStream\                    # 将数据在终端上显示
        .outputMode('complete')\
        .format('console')\
        .start()
```

（5）执行说明和查看结果。

开启 netcat TCP 服务并任意输入一些数据，随后对应的 SQL 开始处理数据，其结果如下。

```
在 netcat TCP 服务中输入以下内容
This method first checks whether there is a valid global default
SparkSession, and if yes, return that one. If no valid global default
SparkSession exists, ...
输出结果为:
count(1)        word
   1            If
   1            whether
   4            SparkSession
```

12.11 Spark SQL 优化

Spark SQL 的一些配置项可以针对特定的场景进行优化，如表 12-11 所示。

表 12-11 Spark SQL 优化

优 化 项	说 明
spark.sql.codegen	默认值为 false。当该值为 true 时，Spark SQL 可快速将每个查询编译为 Java 字节码。因此，提高了大型查询的性能
spark.sql.inMemorycolumnarStorage.compressed	默认值为 true。当该值为 true 时，可根据数据的统计信息自动压缩内存的列存储
spark.sql.inMemoryColumnarStorage.batchSize	默认值为 10000，该值是列缓存的批处理大小。虽然较大的值可以提高内存的利用率，但会导致内存不足的问题
spark.sql.parquet.compression.codec	默认的快速压缩。针对高速度且合理的压缩
spark.sql.shuffle.partitions	连接或聚合数据时使用的分区数
spark.sql.files.maxPartitionBytes	读取文件时打包到单个分区的最大字节数
spark.sql.files.openCostInBytes	打开文件的估计成本（由字节数测量），在多个文件放入分区时可以同时扫描使用

（1）缓存表的数据优化。针对稳定且数据量较小、适合存放在内存中、不会占用大量的空间，并且不用频繁读取的情况，可以使用 Spark 提供的缓存函数存储表。

（2）选择合适的计算函数。对于 Spark SQL 查询的结果，如果数据量比较大，选择一次性的读取所有的数据是不合理的，这样造成驱动端内存压力过大。同时也会增加网络流量的消耗。因此可以使用 foreachPartition() 并行处理查询结果，数据不需要拉回到 Driver 端，也就减少了网络流量的消耗。

12.12 总结

本章学习了 Spark SQL 使用不同数据源应用于不同场景的方法。它的主要步骤包括：创建 DataFrame、将 DataFrame 注册为表、使用 sql 函数执行 SQL 语句，以及保存表或删除表。通过这些步骤可进行合理有效的开发，总结一些常用的类和函数如表 12-12 所示。

表 12-12 总结说明

类或函数	说 明
DataFrameReader	从外部存储系统加载 DataFrame 的接口
DataFrameWriter	用于将 DataFrame 写入外部存储系统的接口
Catalog	Catalog 目录是管理关系实体（如数据库、表、函数和临时视图）的元存储，也称为元数据目录
SparkSession.sql	执行 SQL 语句执行
createGlobalTempView	创建全局临时视图
createTempView	创建本地临时视图
registerDataFrameAsTable	将 DataFrame 注册为表
dropGlobalTempView	删除全局临时视图
dropTempTable	删除本地临时视图

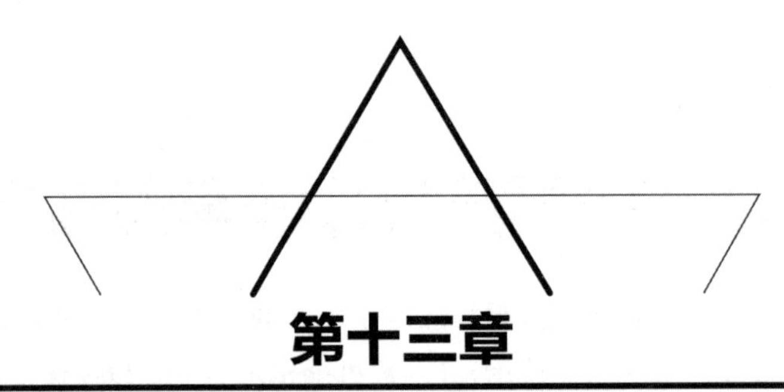

第十三章 分析方法及构架的说明

本章主要起到串联知识体系的作用，具体内容包括数据分析可视化的处理方法和相关概念的说明，对前面章节的相关总结，以及开发中应遵循的主要构架等。

13.1 统计的概念和数据可视化

数据分析是概率统计最重要的知识点之一，而数据可视化是高效的数据处理手段之一，其展示方法和图表也有很多。

13.1.1 统计的相关概念

1. 基本概念

（1）类别数据 - 定性数据。定性数据包括分类数据和顺序数据，是一组表示事物性质、规定事物类别的文字表述型数据，不能将其量化，只能将其定性。如有 4 种鸢尾花品种、学生编号是 100000 等。

（2）数值数据 - 定量数据。数值型数据具有数字的意义，一般包含可测量的、可计数的数据。如两地的距离、学生的身高体重等。

（3）频数。频数表示一个特定组，或者说一个特定区间内统计对象的数目，类似于计数，是一种统计方式，用于描述一个类别中有多少个项。

（4）信息。信息可赋予数字的意义，它表示对象的某种属性特征，如 1 米长的桌子、2 斤苹果等。

（5）连续数据。连续数据表示在一定区间内可以任意取值，且是连续不断的，相邻两个数值可作无限分割（可取无限个数值）对应连续变量的数据。如电灯的使用时间、白矮星的演化时间等。

（6）离散数据。离散数据表示数据是可以经过观测而知的，具有间断性的，可一个一个计算的对应离散数据。如天猫“双十一”的销售额、企业个数、设备台数等。

2. 统计量

统计量可以对数据的质量、稳定性、变异性程度进行评估，以实现对数据的准确分析和预测，如表 13-1 所示。

表 13-1 统计量

统计指标量	说 明
算术平均值	描述数据的集中趋势。将一组数据中所有数据之和，再除以这组数据的个数。可在数据非常对称，且仅显示出一种趋势时使用
中位数	衡量集中趋势的方法。将数据按照升序排序，对于奇数个数，中位数为中间数据；对于偶数个数，则中位数为两个中间数值相加除以 2 得到的结果。存在异常值时，可导致数据在不对称时使用
众数	分布具有明显集中趋势点的数值，代表数据的一般水平。它也是一组数据中出现次数最多的数值，可能会有多个众数

续表

统计指标量	说 明
方差	衡量随机变量或一组数据时离散程度的度量。在概率论中方差用来度量随机变量和其数学期望之间的偏离程度
标准差	方差的算术平方根，反映一个数据集的离散程度
期望	试验中每次可能结果的概率乘以其结果的总和，它是最基本的数学特征之一
相关关系	研究变量之间线性相关程度的量
协方差	两个变量总体误差的期望，方差是协方差的一种特殊情况，即两个变量相同
四分位距	用来构建箱形图，以及对概率分布的简要图表概述

13.1.2 数据可视化图表

不同的图表形式可揭示出不同的数据信息，但也可能误导读者，或隐藏重要的信息。本节将对不同的图表进行说明，以更好地理解数据意义，揭示深层次的问题，在第十六章中将会使用这些图表。

（1）饼图。饼图展示一个数据系列中各项的大小与各项总和的比例。饼图中的数据类型可显示整个饼图的百分比。饼图的使用要求：仅有一个要绘制的数据系列；数据中无负数，最好无零值；各类分别代表整个饼图的一部分，如图 13-1 所示。

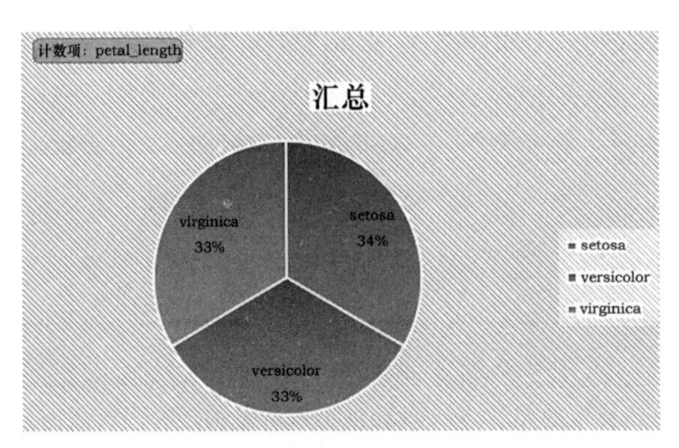

图 13-1 饼图

（2）条形图。条形图能够准确表示各类别的关系，表现形式可以分为垂直和水平两种，主要体现类别间的差异，不同类别的数据对比展示如图 13-2 所示。

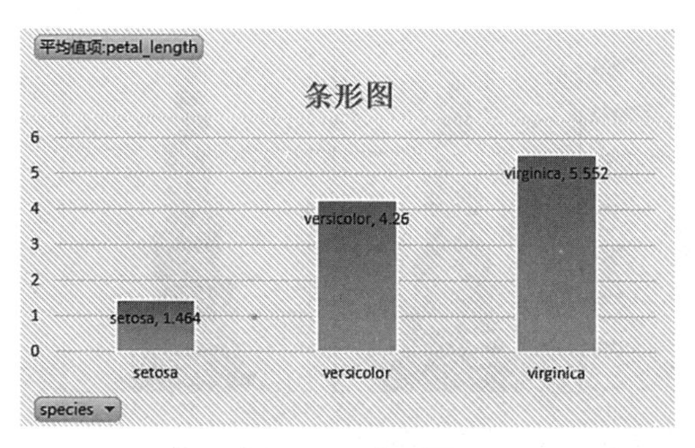

图 13-2 条形图

（3）堆积条形图。堆积条形图展示多批数据，每批数据在一个条形图上进行展示，可使用不同的颜色表示不同的属性，如图 13-3 所示。

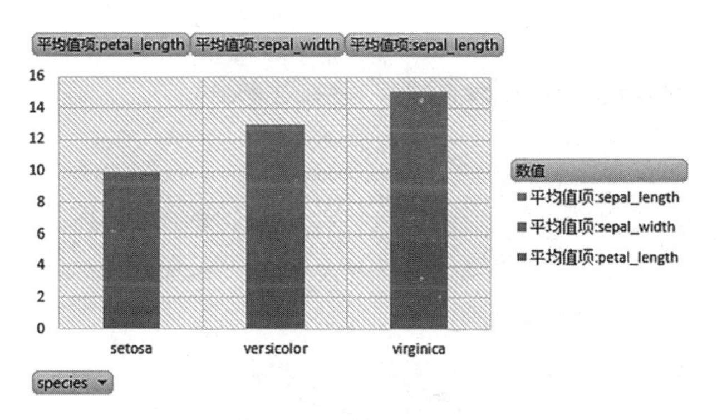

图 13-3 堆积条形图

（4）分段条形图。分段条形图展示多批数据，每批数据使用一组条形图进行展示，其属性可使用不同颜色进行区分，如图 13-4 所示。

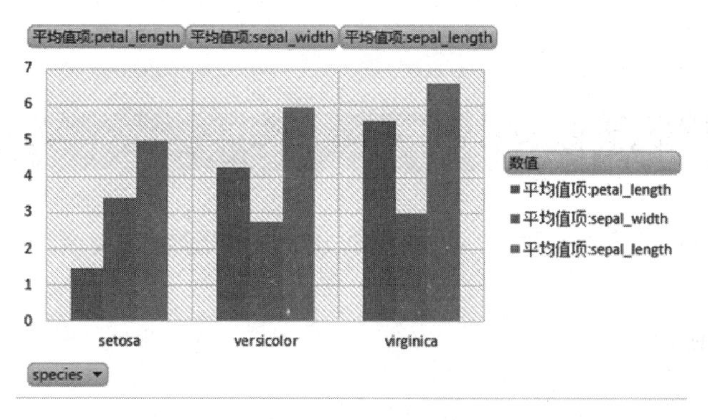

图 13-4 分段条形图

（5）直方图。直方图用于处理分组数据。既可以用来体现不同分组间每个数据的区间，又可以体现频数的关系。分组数据中每个区间的面积和其频数成正比，如图 13-5 所示。

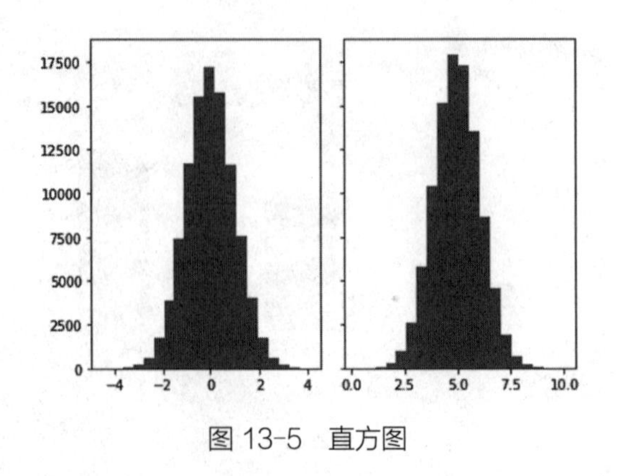

图 13-5　直方图

（6）折线图。折线图可以用来体现趋势，对多批数据进行显示，每批数据使用一条线段。折线图由绘制出的各个点连接起来，可用折线进行基本的预测，但使用折线图表示类别数据是没有意义的，如图 13-6 所示。

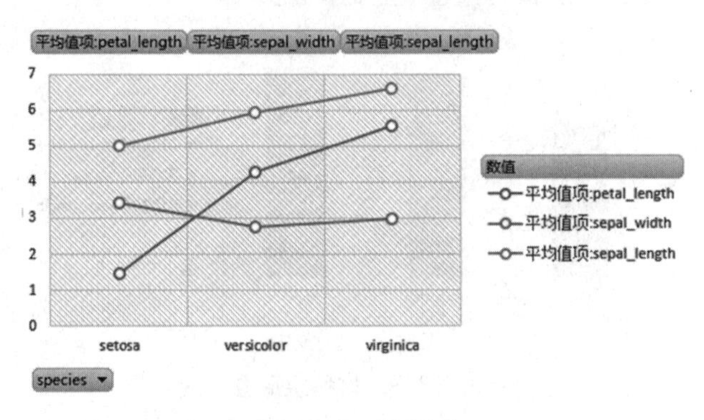

图 13-6　折线图

（7）其他图表。如散点图、箱线图、雷达图等。

13.2 数据分析方法的探讨

本节将探讨数据分析的方法，可对后续的数据分析提供指导思想，形成可用的方法论。

13.2.1 基本步骤

数据分析的方法和步骤有很多，下面介绍一种分析流程，具体分为 4 步：确定问题或设定目标、分解问题或目标、分析评估和决策验证，如图 13-7 所示。

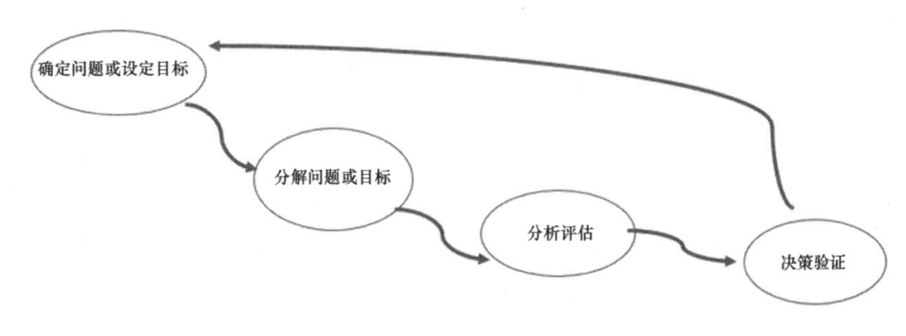

图 13-7　数据分析的基本步骤

（1）确定问题或设定目标。通过数据可以直观地说明大多数社会生产问题，如某企业 2019 年亏损 10 亿元，某零售商 2020 年的销售目标为 10 亿元。

（2）分解问题或目标。通过将问题分解为明确的小问题，从而形成易于管理和解决的局面。如 2019 年销售额下降，具体的原因有工厂产能和销售策略这两个问题；2020 年为提高销售额需要采取加大广告投放和提高产品质量这两种措施。

（3）分析评估。对分解的问题，可通过不同的角度和分析方法进行评估。实际上是对数据的不同维度或属性进行分析，并构建其关系。如某企业需要挑选出 3 款主推商品，让最优秀的业务员进行推销。最优秀的业务员和产品间的搭配原则和方法，需要进行分析和评估。

（4）决策验证。在分析评估得到对应的方案后，对这些方法实施验证，最终持验证结果反馈到最初的问题或目标，以达到修正和优化的目的。

13.2.2　对比分析

统计与分析最基本的原理之一就是比较，可通过相互比较发现问题。对比分析基于在相同数据标准下，由其他影响因素所导致的数据差异，找出这些差异，并进一步挖掘差异背后的原因。

1. 同比和环比

（1）同比指在相邻时段中某一相同时间点的比较。如 2019 年和 2020 年是相邻时段，2019 年 3 月和 2020 年 3 月是这两个相邻时段的同一个时间点，由于都是 3 月，对这两个时段进行数据对比就是同比。

（2）环比指在相邻时间段的对比。如 2019 年 4 月和 2019 年 3 月就是相邻时间段，这两个时间段的数据对比就是环比。

2. 控制组

控制组是决策验证中一个随机选择的子集，其中的个体并没有特殊的调整。需要使用控制组的原因是，没有控制组就没有办法确定变化是由相关操作或某些其他变量造成的。因此，没有控制组就意味着没有比较，也就意味着无法对发生的情况进行判断，以及无法验证分析评估方法的正确性。

如决策替换一批衣服的颜色，以提高其销量。让两种颜色的衣服在同样的市场环境下进行销售，查看二者的销量。但不能全部使用新的颜色，这样即便是销量提高了，也还是无法确定原因就是由于改变了衣服颜色。

13.2.3 证伪法分析

数据分析领域中的证伪法思想指的是，分析和预测的数据是否能够在真实信息或客观事实的作用下，对数据的正确性进行佐证，判断其真伪。如有一个电动车生产商 teslx，传媒企业出于某种原因预测 teslx 今年将生产 80 万辆电动车。使用证伪法分析这个预测，由于 teslx 工厂产能不足的客观事实已通过较权威的渠道披露，所以这个 80 万辆年产量的预测是值得怀疑的。

13.2.4 主客观概率分析

（1）主观概率。主观概率是指观察者可以通过参考学到的知识和自己的经验来获得洞察力。主观概率并非仅从数据和事实中得出，而主要是基于一个人对某种情况和可能结果的估计或直觉，但不能排除个人的偏见。

（2）客观概率。客观概率是指基于对具体度量的分析，而不是预感或猜测事件发生的机会或概率。每个度量都是记录下来的观察结果、一个事实或者是长期收集数据的一部分。

主客观概率的说明，即所谓谋事在人，成事在天。但是对于主观概率的使用还是要注意的，毕竟无法排除偏见部分，但也无法否认它具有一定的作用。

13.2.5 误差分析法

不可能所有的分析预测都是准确的，存在误差是必然的，只是要将误差控制在合理的范围内。对于可能的误差原因，一方面可能是数组的质量问题；另一方可能面是使用的分析方法有误。

为了能够尽可能将误差的范围缩小，就要在数据清洗集成时对异常数据进行充分检查，或是结合本章中说明的对比分析法和图表分析法将误差查找出来。计算的过程应多重复几次，防止单次异常出错，可以使用诸如最小二乘法等技术将误差降低。

13.2.6 机器学习和数据可视化

机器学习在大数据分析中扮演着越来越重要的角色，大致可以区分为监督学习算法和非监督学习算法，通过这些算法可以发现隐藏在数据中的潜在信息。数据可视化将数据以更易理解的方式展示，同时也能够实现更高级的数据钻取和联动操作。

13.3 开发构架说明

大数据开发生态中包含了很多功能模块，如图 13-8 所示，可以发现涉及处理的方面太多，所以设想是否可以使用 Python，让其开发过程能遵循一个相对简单点的构架。

图 13-8　大数据生态

以简化开发为目的，如图 13-9 所示将构建分为 3 层，第一层是 HDFS 分布式数据；第二层中在实施数据处理预测；第三层是数据可视化过程。操作处理分为两大方向：以 SQL 为主的数据分析；机器学习算法的参数配置。

（1）以 SQL 为主的数据分析。由于 SQL 使用相对简单，有 Hive SQL 和 Spark SQL 的支持，HBase 可以通过 Phoenix 实现 SQL 查询。结合已学过的 Python 库相关知识，可以使开发变得简单。在第十四章将进行详细的说明。

（2）机器学习算法的参数配置。对于机器学习算法，理解每种算法的作用及需要的参数尤为重要。对于 Python 而言更是幸福的烦恼，因为有太多优秀的机器学习库，其中 Spark 就有自带机器学习库 mllib。在第十五章将对各种不同算法进行说明。

（3）图形库的使用。经过大数据平台处理后的数据可转化为 pandas 或 numpy 数据，就可以同 Python 丰富的图形化库、Web 系统框架和 BI 系统进行集成。在第十六章将进行数据可视化操作，并集成到不同的系统上。

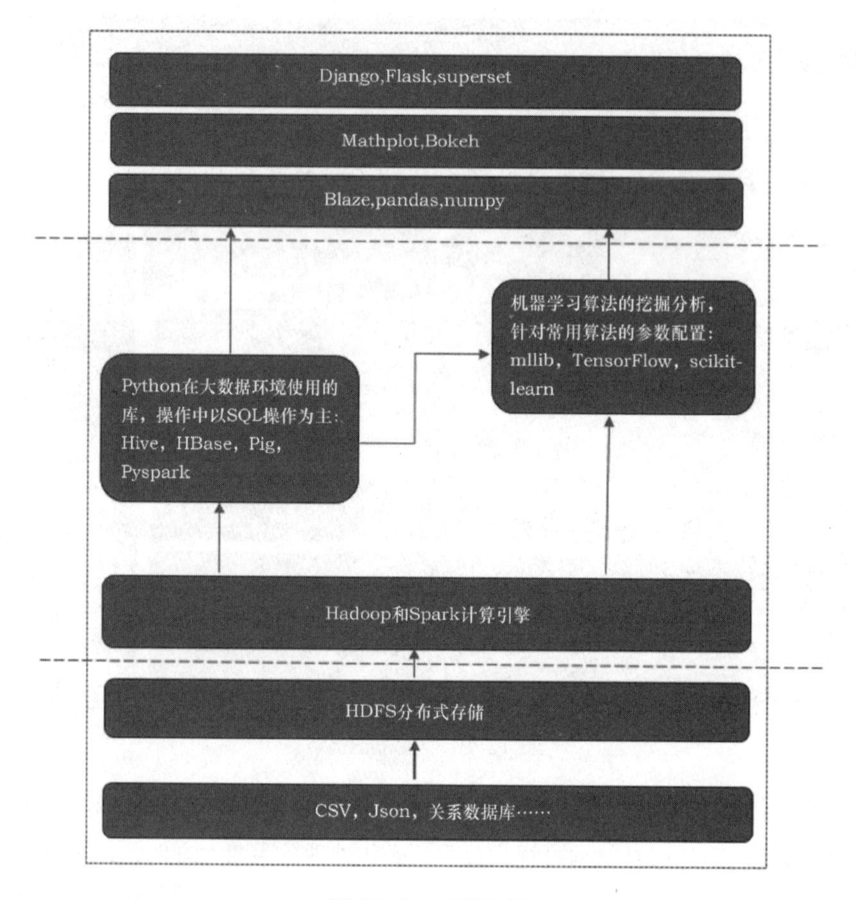

图 13-9　开发构架

13.4 总结整合说明

针对已介绍的 Python 库的相关内容进行总结，并说明在第十四章至第十六章的数据分析中同 Python 的组合。本节主要起承上启下的作用，达到在实际数据分析中能有更明确思路的目的。

13.4.1 Python 库总结

总结前面章节在不同的大数据平台组件上使用的 Python 包或模块，说明在数据分析中是如何集成使用的，如表 13-2 所示。

表 13-2　Python 库总结

模块或包	功能	集成方向
Snakebite	Python HDFS 客户端	在第十六章 Python Web 系统上展示
PyHive	Python Hive 客户端	在第十四章数据分析中，通过 PyHive 调用 SQL 窗口函数
org.apache.pig.scripting	在 Python 中调用 Pig	在第十六章 Python Web 系统上展示
HappyBase	Python HBase 操作库	在第十六章集成到 Python 其他库进行操作，并在 Web 上展示
Phoenix SQL	在 HBase 中使用 SQL	在第十四章使用 SQL 分析数据

通过在各大数据功能平台上的连接和数据操作，能够让处理分析数据简单地同Python进行对接。

13.4.2　PySpark 总结

PySpark 是 Apache Spark 的 Python 应用程序编程接口（API）。PySpark 包括一组公共类、2 个模块（SQL 模块和流数据模块）和 2 个包（Mllib 和 ML）用于机器学习，如图 13-10 所示，在后续章节中将使用这些 API 并将其整合到 SQL。

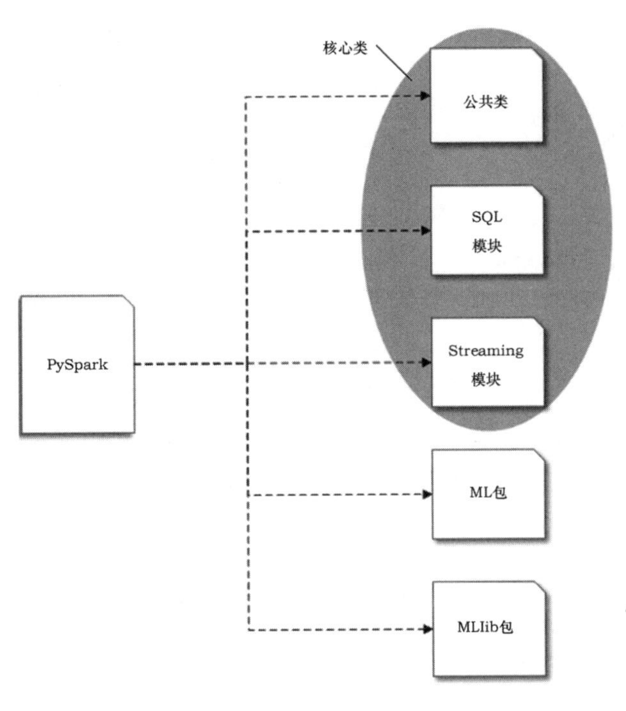

图 13-10　PySpark 主要 API

（1）PySpark 核心类。PySpark 核心类由公共类、SQL 模块和流模块的 6 个子集类组成。这些类表示核心的 PySpark 功能，如表 13-3 所示。

表 13-3　PySpark 核心类

类 型	类 名
公共类	SparkContext
公共类	RDD
SQL 模块	SparkSession
SQL 模块	DataFrame
流数据模块	StreamingContext
流数据模块	DStream

（2）PySpark 公共类。在 Pyspark 中有 8 个公共类，分别是 SparkContext、RDD、Broadcast、Accumulator、SparkConf、SparkFiles、StorageLevel 和 TaskContext，如表 13-4 所示。

表 13-4　Pyspark 公共类

类 名	说 明
Accumulator	一个只加操作共享的变量，在任务中只能增加值
Broadcast	广播变量，可用于跨任务复用
RDD	弹性分布式数据集，是 Spark 中基础的编程抽象
SparkConf	用于 Spark 应用程序的参数配置
SparkContext	Spark 应用程序的主要入口
SparkFiles	提供对文件操作的相关功能
StorageLevel	用于数据存储级别的设置
TaskContext	提供关于当前运行任务的信息

（3）PySpark SQL 模块。SQL 模块中有 10 个类，包括类型、配置、DataFrames 和许多其他功能的 SQL 函数和方法，如表 13-5 所示。

表 13-5　SQL 模块

类 名	说 明
SparkSession	用于操作 DataFrame 的入口点
Column	用来表示 DataFrame 的列

续表

类 名	说 明
Row	用来表示 DataFrame 的行
GroupedData	用于提供 DataFrame 的汇总功能
Types	定义 DataFrame 的数据类型
Functions	提供丰富的常用功能，如数学工具、日期计算、数据转换等
Window	提供窗口函数功能
DataFrame	用于创建 DataFrame 对象
DataFrameNaFunctions	用于处理 DataFrame 的 null 值
DataFrameStatFunctions	用于统计汇总 DataFrame 的数据

（4）PySpark 流数据模块。流数据模块包含 3 个主要的类：StreamingContext、Dstream 和 StreamingListener，还特别提供针对 Flume、Kafka、Kinesis 流数据处理的类，这里只对前 3 个类进行说明，如表 13-6 所示。

表 13-6　流数据模块

类 名	说 明
StreamingContext	用于处理 Spark Streaming 应用的入口
Dstream	Spark Streaming 的基本抽象，Dstream 是一个连续的数据流
StreamingListener	对 Streaming 数据流事件的监控和处理

第十四章 集成分析

本章依据第十三章的指导思想，以 SQL 窗口为主在 Hive 和 Spark 中进行分析，以集成使用各 Python 库中的 API 为辅，注重将 Python 各功能库和 SQL 整合以达到有效的开发目的。通过 SQL 窗口分析函数，能够完成一些难以用代码控制的分析工作。本章的主要内容包括介绍 SQL 窗口函数、在不同的平台模块上整合 Python 调用 SQL 窗口函数，以及讲解 Python Blaze 的使用方法与 Blaze 转换为 Python Pandas 的方法。

14.1 SQL 窗口函数的说明

SQL 窗口函数主要用于分析，它允许针对集合、窗口执行各种计算并返回一个结果。窗口函数有助于通过更简单、直观、有效的方式来解决各类问题。本节中将通过 northwind 数据库演示和说明 SQL 窗口函数语法。

14.1.1 SQL 窗口函数的语法

窗口函数主要应用于由 OVER 子句定义的行集函数。OVER 子句用于确定行集的分区和排序，使用窗口函数计算窗口中每一行的值。

```
OVER 子句的语法
OVER (
        [ <PARTITION BY clause> ]                       # 指定分区列
        [ <ORDER BY clause> ]                           # 指定分区的排序列
        [ <ROW or RANGE clause>  BETWEEN...AND...] # 指定窗口范围的边界
       )
```

（1）PARTITION BY 子句。指将查询结果集分为多个分区，其窗口函数分别应用于每个分区，并为每个分区重新启动计算，具体语法如下。

```
PARTITION BY value_expression ... [ n ]
value_expression 只能引用可供 FROM 子句使用的列。value_expression 不能引用选择列
其中表中的表达式或别名。value_expression 可以是列表达式、标量子查询、标量函数或用户定
义的变量。
```

（2）ORDER BY 子句。定义结果集的每个分区中行的逻辑顺序。在分区中的每行数据都按这个顺序进行处理，具体语法如下。

```
ORDER BY order_by_expression
    [ COLLATE collation_name ]
    [ ASC | DESC ]
[ ,...n ]
指定用于排序的列或表达式。其中 order_by_expression 只能引用可供 FROM 子句使用的列，不
能将整数指定为表示列名或别名
```

（3）ROWS…BETWEEN 子句。通过指定分区的起点和终点进一步限制分区的行数。按照逻辑关联或物理关联对当前行指定某一范围的行，使用 ROWS 子句实现基于 ORDER BY 子句的顺序，并对之前和之后的行进行设置，如表 14-1 所示。

表 14-1 窗口函数的边界设置

关 键 字	说 明
PRECEDING	窗口向前
UNBOUNDED PRECEDING	指定窗口在分区的第一行开始，且只能指定为窗口起点
UNBOUNDED FOLLOWING	指定窗口在分区的最后一行结束，且只能指定为窗口终点
FOLLOWING	窗口向后
CURRENT ROW	当前行
UNBOUNDED	无界限

14.1.2 聚合函数

OVER 子句可以在除 GROUPING 或 GROUPING_ID 函数以外聚合函数的后面。通过在窗口函数中使用聚合函数，这样计算的值和单纯只使用 GROUP BY 汇总的最大差异是，既可保持明细数据，同时又含有汇总值。

（1）通过 PARTITION BY 指定分区。使用 OVER 子句与使用子查询相比，可以更高效地派生聚合值。将各聚合函数在销售订单 OrderID 分区中进行聚合操作，代码如下。

```
SELECT OrderID, ProductID, UnitPrice
    ,SUM(UnitPrice) OVER(PARTITION BY OrderID) AS Total
                                                 # 计算 OrderID 分区的汇总
    ,AVG(UnitPrice) OVER(PARTITION BY OrderID) AS "Avg"
                                                 # 计算 OrderID 分区的均值
    ,COUNT(UnitPrice) OVER(PARTITION BY OrderID) AS "Count"
    ,MIN(UnitPrice) OVER(PARTITION BY OrderID) AS "Min"
                                                 # 计算 OrderID 分区的最小值
    ,MAX(UnitPrice) OVER(PARTITION BY OrderID) AS "Max"
                                                 # 计算 OrderID 分区的最大值
FROM OrderDetails
WHERE OrderID IN(10248,10249);         # where 条件只限制了数据量，可更好地观测结果
```

查询结果使用 OrderID 订单号分区，应注意相同 OrderID 订单的汇总值相同。但如果有指定排序的列值不同，则可实现累计汇总计算。

```
OrdeID   ProductID  UnitPrice  Total  Avg      Count  Min    Max
10248    11         14.00      58.60  19.5333  3      9.80   34.80
10248    42         9.80       58.60  19.5333  3      9.80   34.80
10248    72         34.80      58.60  19.5333  3      9.80   34.80
10249    14         18.60      61.00  30.50    2      18.60  42.40
10249    51         42.40      61.00  30.50    2      18.60  42.40
```

（2）明确 ROWS…BETWEEN…限定分区中函数的使用。使用 ROWS 设置分区的数据行数，

其中包括两行，即当前行和其后一行。

```
SELECT OrderID, CustomerID
    ,EmployeeID
    ,DATEPART(yy,OrderDate) AS OrderYear
    ,SUM(Freight) OVER (PARTITION BY EmployeeID   # 以 EmployeeID 为分区
                ORDER BY DATEPART(yy,OrderDate)   # 以年进行降序
ROWS BETWEEN CURRENT ROW AND 1 FOLLOWING) AS Total  # 分区计算行数为下一行
FROM  Orders
WHERE EmployeeID IN (1,2)
```

查询结果，Total 列的值是由本行的 Freight 与其下一行的 Freight 值相加所得。

```
OrderID    CustomerID   EmployeeID    OrderYear    Freight     Total
10270      WARTH        1             1996         136.54      163.47
10275      MAGAA        1             1996         26.93       103.76
10285      QUICK        1             1996         76.83       78.18
```

14.1.3 分组排序函数

在 SQL 窗口中有 4 个函数用于分组和排序，分别是 RANK、NTILE、DENSE_RANK、ROW_NUMBER。

（1）RANK 排序函数。指返回分区结果集内每条数据的排名，行排名是依据分区中排序字段设置的，如果两个或多行排序字段的值相同，则使用相同的排名。

（2）NTILE 分组函数。指用于将分组数据按照顺序切分成 n 组，并返回对应的分组号。这样数据分为 n 组后，针对每组可以使用不同的逻辑实现精细化处理。

（3）DENSE_RANK 排序函数。指生成数据项在分区的排名，排名相等就不会在名次中留下空位。它和 RANK 的比较差异就在于是否会留下排序空位。

（4）ROW_NUMBER 排序函数。指对分区结果集的输出进行编号，并返回分区结果集内的序列号，每个分区的第一行从 1 开始。

（5）以下代码示例使用上面 4 个函数，计算在全分区中的统计值。

```
SELECT s.FirstName, s.LastName , s.Title ,p.TerritoryID
    ,ROW_NUMBER() OVER (ORDER BY Title) AS "Row Number"
    ,RANK() OVER (ORDER BY Title) AS Rank
    ,DENSE_RANK() OVER (ORDER BY Title) AS "Dense Rank"
    ,NTILE(4) OVER (ORDER BY p.TerritoryID) AS Quartile
FROM Employees AS s
INNER JOIN EmployeeTerritories AS p
ON s.EmployeeID = p.EmployeeID
```

计算结果如图 14-1 所示。注意不同排序列的对比，是否会出现相同排名或排序值空位的情况。

	FirstName	LastName	Title	TerritoryID	Row Number	Rank	Dense Rank	Quartile
1	Andrew	Fuller	Vice President, Sales	01581	43	43	4	1
2	Andrew	Fuller	Vice President, Sales	01730	44	43	4	1
3	Andrew	Fuller	Vice President, Sales	01833	45	43	4	1
4	Andrew	Fuller	Vice President, Sales	02116	46	43	4	1
5	Andrew	Fuller	Vice President, Sales	02139	47	43	4	1
6	Andrew	Fuller	Vice President, Sales	02184	48	43	4	1
7	Steven	Buchanan	Sales Manager	02903	5	5	2	1

图 14-1　分组排序函数的窗口

14.1.4　分析函数

使用分析函数可以在数据窗口中选择特定的数据行，基于选择行进行计算。但是与聚合函数不同，分析函数可能针对每个组返回多行。使用分析函数来计算移动平均值、总计、百分比或一个组内的前 n 个结果。

（1）FIRST_VALUE/LAST_VALUE 指取分组内排序后，截止到当前行的第一个值 / 最后一个值。在本示例中，计算相同供应商分区以商品价格升序排序，并使用 FIRST_VALUE 将供应商分区中价格最低的产品挑选出来。

```
SELECT ProductName , CompanyName  , UnitPrice ,
       FIRST_VALUE(ProductName) OVER (PARTITION BY p.SupplierID
                                      ORDER BY UnitPrice ASC  # 供应商分区，价格按
升序排序
                 ) AS first_price_product
FROM  Products AS p
INNER JOIN  Suppliers AS s
ON p.SupplierID = s.SupplierID
ORDER BY p.SupplierID
```

计算 first_price_product 列，将相同供应商分区中价格最低的商品挑选出来。

```
ProductName   CompanyName       UnitPrice    first_price_product
Aniseed Syrup Exotic Liquids    10.00        Aniseed Syrup
Chai          Exotic Liquids    18.00        Aniseed Syrup
Chang         Exotic Liquids    19.00        Aniseed Syrup
Louisiana     Hot Spiced Okra... 17.00       Louisiana Hot Spiced Okra
```

（2）LAG 函数。指用于统计窗口内往上第 n 行的值。可用于访问分区中先前行的数据，而不需要使用自连接。LAG 以当前行为参考行，以给定物理偏移量对前面行进行访问。在 SELECT 语句中使用此分析函数，可将当前行的值与先前行中的值进行比较。在本示例中，通过 LAG 函数计算客户分区中上一次产品运输过程的航线和对接雇员。

```
SELECT ShipName , CustomerID , EmployeeID , ShipVia ,
      # 计算相同客户中，上一次产品运输的航线
       LAG(ShipVia, 1,0) OVER (partition by CustomerID ORDER BY OrderDate
```

```
) AS Pre_ShipVia ,
      # 计算相同客户中，上一次产品运输处理的对接雇员
      LAG(EmployeeID, 1,0) OVER (partition by CustomerID ORDER BY
OrderDate ) AS Pre_Emp
FROM Orders
ORDER BY  CustomerID
```

计算结果如下，注意将列 Pre_Emp 同 EmployeeID、ShipVia 和 Pre_ShipVia 的上下行进行对比。

```
ShipName               CustomerID  EmployeeID  ShipVia  Pre_ShipVia  Pre_Emp
Alfreds Futterkiste    ALFKI       6           1        0            0
Alfred's Futterkiste   ALFKI       4           2        1            6
Alfred's Futterkiste   ALFKI       4           1        2            4
Alfred's Futterkiste   ALFKI       1           3        1            4
```

（3）LEAD 函数。指访问相同分区结果集后续行中的数据，而不使用自联接。LEAD 函数以当前行为参考行，给定物理偏移量对后续行的访问。在 SELECT 语句中使用此分析函数，可将当前行中的值与后续行中的值进行比较。在本示例中，通过 LEAD 函数计算在客户分区的下一次产品运输过程中的航线和对接雇员。

```
SELECT ShipName , CustomerID , EmployeeID , ShipVia ,
       # 计算相同客户中，下一次产品运输的航线
       LEAD(ShipVia, 1,0) OVER (partition by CustomerID ORDER BY OrderDate
) AS After_ShipVia ,
       # 计算相同客户中，下一次产品运输的对接雇员
      LEAD(EmployeeID, 1,0) OVER (partition by CustomerID ORDER BY
OrderDate ) AS After_Emp
FROM Orders
ORDER BY  CustomerID
```

计算结果如下。注意将列 Pre_Emp 和 EmployeeID 同列 ShipVia 和 Pre_ShipVia 的上下行进行对比。

```
ShipName               CustomerID EmployeeID ShipVia After_ShipVia After_Emp
Alfreds Futterkiste    ALFKI      6          1       2             4
Alfred's Futterkiste   ALFKI      4          2       1             4
Alfred's Futterkiste   ALFKI      4          1       3             1
Alfred's Futterkiste   ALFKI      1          3       1             1
```

14.1.5 多维分析

分析函数 GROUPING SETS、GROUPING__ID、CUBE，ROLLUP 通常用于 OLAP 中，可以查看不同维度的统计数据，并且使用这些函数后能让代码的行数变少，不需要使用 UNION ALL 语句对不同分组结果进行连接。

（1）GROUP BY CUBE 子句。根据 GROUP BY 维度的所有组合进行聚合，可以得到全部粒度级别的计算。

```
SELECT COUNT(*) cnt , ProductName , CategoryName  ,GROUPING__ID
FROM
```

```
(
    SELECT A.*,B.CategoryName
    FROM Products  A
    INNER JOIN Categories  B
    ON A.CategoryID = B.CategoryID
) A
GROUP BY ProductName , CategoryName  # 以产品分类和产品维度汇总
WITH CUBE
ORDER BY GROUPING__ID DESC
—上面使用 GROUP BY CUBE 的语句相当于以下的 union all 的效果
SELECT COUNT(*) cnt ...               # 全部汇总
FROM table
union all
SELECT COUNT(*) cnt...                # 以产品分类汇总
FROM table
group by categoryname
union all
SELECT COUNT(*) cnt...                # 以产品汇总
FROM table
group by categoryname
```

计算结果中的 grouping_id 用于表示不同汇总级别的分组编号。如第一行的 productname 和 categoryname 列为 null 值，当 grouping__id 值为 3 时，则表示为全部汇总，grouping__id 值为 2 时则表示是以产品分类进行汇总。

```
cnt     productname     categoryname    grouping__id
77      null            null            3
12      null            Beverages       2
12      null            Condiments      2
...
1       Alice Mutton    null            1
```

（2）GROUP BY ROLLUP 子句。它是 CUBE 计算的子集，以最左侧的维度为主进行层级聚合。

```
SELECT COUNT(*) cnt , ProductName , CategoryName  ,GROUPING__ID
FROM
(
    SELECT A.*,B.CategoryName
    FROM Products  A
    INNER JOIN Categories  B
    ON A.CategoryID = B.CategoryID
) A
GROUP BY ProductName , CategoryName
WITH ROLLUP
ORDER BY GROUPING__ID;
```

计算结果发现没有 grouping__id 为 2 的行，是由于只以左侧维度为主进行汇总的原因。

```
cnt productname     categoryname    grouping__id
77  null            null            3
1   Maxilaku        null            1
1   Alice Mutton    null            1
```

（3）GROUPING SETS 子句。在一个 GROUP BY 查询中，根据不同的维度组合进行聚合，等价于将不同维度的 GROUP BY 结果集进行 UNION ALL，其中的 GROUPING__ID 表示结果属于哪一个分组集合。

```
SELECT COUNT(*) cnt , ProductName , CategoryName  ,GROUPING__ID
FROM
(
    SELECT A.*,B.CategoryName
    FROM Products  A
    INNER JOIN Categories  B
    ON A.CategoryID = B.CategoryID
) A
GROUP BY ProductName , CategoryName
grouping sets (ProductName,CategoryName)
ORDER BY GROUPING__ID DESC
# 计算结果如下所示
cnt  productname   categoryname   grouping__id
6    null          Meat/Poultry   2
5    null          Produce        2
12   null          Beverages      2
...
1    Alice Mutton null            1
```

14.2 Hive SQL 分析

在 PyHive 库中调用 Hive SQL，并以确定问题或设定目标、分解问题或目标、分析评估和决策验证这个分析步骤进行迭代循环处理。本节通过使用 Northwind 数据库中的数据分析，并结合第 14.1 节中说明的 SQL 窗口函数进行分析，简单模拟公司企业的分析决策过程。

14.2.1　确定问题

（1）使用 SQL 窗口函数分析收入最低的产品。从所有订单中找出收入最低的 3 个产品。

```
SELECT * FROM
(# 对每个产品和订单进行排序，用于计算出收入最低的产品
SELECT OrderID , ProductID , Income , Income_Total , Income_Product ,
Income_Order ,
       DENSE_RANK() OVER( ORDER BY Income_Product) Rank_Income_Product ,
       RANK() OVER(PARTITION BY ProductID ORDER BY Income) Rank_Product ,
       DENSE_RANK() OVER(ORDER BY Income_Order) Rank_Income_Order ,
       RANK() OVER(PARTITION BY OrderID ORDER BY Income) Rank_Order
FROM
(# 在这个查询中计算出以产品和订单为分区的产品收入
```

```
    SELECT  OrderID , ProductID , UnitPrice * Quantity * (1-Discount)
Income ,
       SUM(UnitPrice * Quantity * (1-Discount)) OVER() Income_Total ,
      SUM(UnitPrice*Quantity*(1-Discount)) OVER(PARTITION BY ProductID)
Income_Product ,
      SUM(UnitPrice * Quantity * (1-Discount)) OVER(PARTITION BY OrderID)
Income_Order
    FROM  OrderDetails
)A
) B WHERE ( Rank_Income_Product <= 3 AND Rank_Product <=3 )
```

（2）在 PyHive 中调用上述 Hive SQL 语句。将 PyHive 库连接 Hive 后，使用 SQL 窗口语句进行分析。

```
from pyhive import hive                         # 导入 PyHive
connection = hive.Connection(host='hadoop_env.com', port=10000) # 连接hive
cursor = connection.cursor()
cursor.execute("USE northwind")                 # 换到 northwind 库
cursor.execute(" 上面的 SQL 语句”)
data= cursor.fetchall()                         # 返回的数据是列表
```

计算的数据结果如图 14-2 所示，在 Rank_Porduct 和 Rank_Order 两列中显示了收入最低的 3 个产品。

OrderID	ProductID	Income	Income_Total	Income_Product	Income_Order	Rank_Income_Product	Rank_Product	Rank_Income_Order	Rank_Order
10323	15	62	1265793.03961849	1784.82499694824	164.399997711182	3	1	70	3
10341	33	16	1265793.03961849	1648.125	352.600006103516	2	2	147	1
10453	48	137.7	1265793.03961849	1368.71252441406	407.699996948242	1	3	170	1
10500	15	176.7	1265793.03961849	1784.82499694824	523.259994506836	3	3	229	1
10528	33	16	1265793.03961849	1648.125	392.200012207031	2	2	161	1
10579	15	155	1265793.03961849	1784.82499694824	317.75	3	2	126	1
10604	48	68.85	1265793.03961849	1368.71252441406	230.849998474121	1	1	92	1
10814	48	86.7	1265793.03961849	1368.71252441406	1788.45000457764	1	2	575	1
10850	33	8.5	1265793.03961849	1648.125	629	2	1	271	1

图 14-2　Hive SQL 分析数据

（3）确定问题，找到收入最低的产品。通过使用 SQL 窗口函数的分析，先得到收入最低的 3 个产品编号，分别是产品 15、产品 33、产品 48，然后再对这些产品的各方面属性进行分析，找出导致该结果可能的原因。这里只将 SQL 语句列举进行说明，PyHive 调用的处理方法类似。

14.2.2　分解问题

分解问题包括两部分：通过各项统计值查看产品价格、销量、折扣间的关系；通过对时间维度中产品收入的同比和环比分析，确认是否有时间的影响。

（1）计算产品各项统计值。使用 Hive 的统计函数，计算各产品交易的价格、数量、折扣及相关性的统计值。通过查看这些值确定收入较低的产品在所有产品中的定位。以下将整个 SQL 语句拆解进行说明。

```
SELECT  ProductID , COUNT(*)  cnt ,        # 产品编码和汇总产品订单的数据
```

计算每种产品价格、数量以及折扣的最大值、最小值、平均值，通过对比这些值确定数据边界，定位 3 个收入最低产品在所有产品中所处的位置。

```
# 计算每种产品价格、数量、折扣的平均值
AVG(UnitPrice) avg_price ,  AVG(Quantity) avg_quantity , AVG(Discount)
avg_discount,
# 计算每种产品价格、数量、折扣的最小值
MIN(UnitPrice) min_price ,  MIN(Quantity) min_quantity , AVG(Discount)
min_discount,
# 计算每种产品价格、数量、折扣的最大值
MAX(UnitPrice) max_price ,  MAX(Quantity) max_quantity , MAX(Discount)
max_discount,
```

计算每种产品价格、数量、折扣的四分位值，函数 percentile_approx 可用于计算不同分位的值。通过四分位距确定产品的整体分布是否有偏移。

```
percentile_approx(cast(UnitPrice as float),array(0.25,0.5,0.75,0.99)) per_
price ,
percentile_approx(cast(Quantity as float),array(0.25,0.5,0.75,0.99)) per_
quantity ,
percentile_approx(cast(Discount as float),array(0.25,0.5,0.75,0.99)) per_
discount ,
```

计算产品价格、数量、折扣的方差和标准差，明确产品价格的波动程度是否对收入造成影响。

```
# 计算每种产品价格、数量、折扣的方差
variance(UnitPrice) var_price ,  variance(Quantity) var_quantity ,
variance(Discount) var_discount,
# 计算每种产品价格、数量、折扣的标准差
stddev(UnitPrice) std_price , stddev(Quantity) std_quantity ,
stddev(Discount) std_discount
FROM
OrderDetails
GROUP BY ProductID    # 通过产品代码进行汇总
```

SQL 执行后得到的数据很多，这里只论述每种计算值对比的意义。对上面查询数据进行对比的结论是，产品 15、产品 48 的订单量较低，而产品 33 的订单量很高；产品 15、产品 48 的平均价格和波动程度都属于中等偏下，而产品 33 的平均价格和波动程度都很低。

同时，为了更好地明确产品的销量、折扣对价格的影响，可使用以下 SQL 计算产品各属性间的相关性。

```
SELECT
corr(cast(UnitPrice as float),cast(Quantity as float)) cor_price_quan ,
                                                       # 价格和数量的相关性
    corr(cast(UnitPrice as float),cast(Discount as float)) cor_price_dis ,
                                                       # 价格和折扣的相关性
    corr(cast(Quantity as float),cast(Discount as float)) cor_qua_dis
                                                       # 数量和折扣的相关性
```

```
FROM
OrderDetails
# 计算结果如下，发现产品价格同销量和折扣的关系并不大，但销量和折扣有一定的关系
cor_price_quan            cor_price_dis                              cor_qua_dis
0.014300003934655048 0.014195787856982372  0.1673822465091093 8
```

（2）时间维度的同比和环比。通过在相同时间维度中对比，确定在特定时间段是否会造成收入下降，其处理的过程如下。

```
SELECT ProductID , year, month ,
       SUM(income) OVER(partition by ProductID , year) income_year ,
                                  # 用于年收入同比
      income ,
      LAG(income,1,0) OVER(partition by ProductID,year ORDER BY month)
pre_month_income
FROM
(
SELECT ProductID , year, month ,SUM(income)  income
                                  # 按产品、年、月汇总收入
FROM
(
        SELECT  ProductID
        , UnitPrice * Quantity * (1-Discount)  income
                                  # 计算收入
        , substring(convert(varchar(100),orderDate,112),1,4) year
                                  # 从订单日期中提取年
        , substring(convert(varchar(100),orderDate,112),1,6) month
                                  # 从订单日期中提取月
        FROM  OrderDetails A
        INNER JOIN Orders B
        ON A.OrderID = B.OrderID
) A
GROUP BY ProductID,year,month
) A
```

通过查询结果对收入按年粒度、月粒度进行同比和环比分析。在 3 个收入的产品中，虽然月粒度的同比和环比数据增减的情况都有出现，但各类产品在年粒度中的收入总体上是逐年递增的。

14.2.3 分析评估

通过上一节的分解分析，得到 3 个收入最低的产品为产品 15、产品 33、产品 48。这 3 个产品的价格都较稳定，没有太大的波动，其中产品 15、产品 48 的单价和销量都较低，而产品 33 的销量很高，但价格最低。通过同比和环比分析，得知这 3 个产品的收入都在逐年递增，最终的评估结论如下。

（1）3 个产品自身价格较低是主要原因，产品 33 虽有不错的销量，但仍不足以显著提高收入。

（2）由于产品 15 和产品 48 具有较大的相似性，可以考虑使用组合销售的策略。

（3）虽然这 3 个产品的收入最低，但也是在逐年递增的。因此对这 3 个产品如何取舍，应全面

考虑以达到平衡。

14.2.4 决策验证

决策验证主要是针对分析的结果。假设公司的决策管理层制定出如下的方案进行调整，其将在第十三章说明的各种分析方法中进行验证、迭代。

（1）将产品 15 和产品 48 进行捆绑销售，并适当给予折扣，以提高其销量。

（2）产品 33 的特点是价格低，但销量高，可将该产品作为其他高收入产品的附赠品。

对于这两个方案都设置对应的控制组进行对比，并以月为单位，查看销售量和收入是否有所提高。最后对各项数据信息进行反馈，并以综合评估、迭代的方式验证。

14.3 Spark SQL 分析

在 Spark SQL 中调用窗口函数，并以确定问题或设定目标、分解问题或目标、分析评估和决策验证这个分析步骤进行迭代循环处理。通过对 Northwind 数据库的产品进行分析，来确定收入最高的产品，并简单模拟公司企业分析决策的过程。

14.3.1 设定目标

（1）使用 SQL 窗口函数分析收入最高的产品。在 Spark SQL 中调用对应的 SQL 分析语句，以获取收入最高的产品，其具体的处理过程如下。

```
SELECT * FROM
(# 对每个产品收入进行降序排序
SELECT OrderID , ProductID , Income , Income_Total , Income_Product ,
      DENSE_RANK() OVER( ORDER BY Income_Product DESC) Rank_Income_
Product ,
     RANK() OVER(PARTITION BY ProductID ORDER BY Income DESC) Rank_
Product
FROM
(# 计算以产品为分区的收入
   SELECT  OrderID , ProductID , UnitPrice * Quantity * (1-Discount)
Income ,
   SUM(UnitPrice * Quantity * (1-Discount)) OVER() Income_Total ,
   SUM(UnitPrice*Quantity*(1-Discount)) OVER(PARTITION BY ProductID)
Income_Product
   FROM  OrderDetails
)A
) B WHERE ( Rank_Income_Product <= 3 AND Rank_Product <=3 )
```

（2）在 PySpark 中调用 SQL 语句。根据第十二章说明的 PySpark 连接 Hive 方法，将 PySpark 连接 Hive 数据库，并调用上面的 SQL 语句，分析出收入最高的产品。

```
from pyspark.sql import SparkSession
from pyspark import SparkContext
sc=SparkContext(appName="hive_dataframe")
spark=SparkSession.builder.appName('hive_dataframe')  \
        .enableHiveSupport() \
        .getOrCreate()
spark.sql('use northwind')                   # 切换到 northwind 数据库
data=spark.sql(' 上面的 SQL 语句 ')            # 利用查询的数据进行下一步分析
```

查询结果如图 14-3 所示。在 Rank_Income_Product 列中计算产品收入的排名，以及 Rank_Product 列中相同产品不同订单的收入排名。

OrderID	ProductID	Income	Income_Total	Income_Product	Rank_Income_Product	Rank_Product
10897	29	9903.2	1265793.03961849	80368.6719970703	2	1
10912	29	5570.55	1265793.03961849	80368.6719970703	2	2
11030	29	5570.55	1265793.03961849	80368.6719970703	2	2
10981	38	15810	1265793.03961849	141396.735229492	1	1
10865	38	15019.5	1265793.03961849	141396.735229492	1	2
10889	38	10540	1265793.03961849	141396.735229492	1	3
10417	38	10540	1265793.03961849	141396.735229492	1	3
11017	59	6050	1265793.03961849	71155.7000274658	3	1
11030	59	4125	1265793.03961849	71155.7000274658	3	2
10841	59	2750	1265793.03961849	71155.7000274658	3	3

图 14-3　PySpark SQL 的查询结果

（3）确定目标，找到收入最高的产品。通过分析得到收入最高的 3 个产品为产品 29、产品 38、产品 59，通过制定各种营销方式将这 3 个产品打造成明星产品。

14.3.2　分解问题

将问题分解成 2 个不同的目标进行分析，即确定对于这 3 个产品销售最多的雇员；构建多维分析和相关性分区，以确定关联最密切的属性。

（1）使用 PySpark 的 API 函数，查看 3 个产品的概要信息，如图 14-4 所示。

```
data=spark.sql(" SELECT * FROM orderdatails WHERE ProductID ='29' ")
                              # 获取产品 29 的数据
data.summary().show()         # 查看产品 29 的概要信息，对于产品 38 和产品 59 产品这里不进
行列举
```

通过和其他产品对比后，发现产品 29 的平均单价较高且有较高的销量，同样的方法也可用于分析产品 38 和产品 59。

summary	orderid	productid	unitprice	quantity	discount
count	37	37	37	37	37
mean	10652.027027027027	19.0	8.532432375727472	19.54054054054054	0.05540540602964324
stddev	237.62312439922533	0.0	0.9195570923239058	16.569038385888085	0.08480679398074986
min	10281	19	7.3	1	0.0
25%	10446	19	7.3	10	0.0
50%	10651	19	9.2	15	0.0
75%	10831	19	9.2	25	0.1
max	11076	19	9.2	80	0.25

图 14-4　产品概要信息

（2）分析查询销售处理这 3 个产品最多的雇员。通过最后排名可以得出雇员处理订单数及对应收入的前三名，雇员编号分别为 4、2、3。

```
spak.sql("SELECT  ProductID , employeeid , Income ,
       prd_income , emp_income , cnt ,
DENSE_RANK() OVER(ORDER BY cnt DESC ) emp_rank ,
                              # 降序雇员处理的订单数
DENSE_RANK() OVER(ORDER BY emp_income DESC) emp_income_rank
FROM
(                             # 产品和雇员的分析统计汇总
SELECT  ProductID , employeeid , Income ,
     SUM(Income) OVER(partition by ProductID) prd_income ,
                              # 产品分区汇总收入
     SUM(Income) OVER(partition by employeeid) emp_income ,
                              # 雇员分区汇总收入
     COUNT(*) OVER(partition by employeeid) cnt
                              # 统计雇员处理的订单数
   FROM
   (-- 这个子查询中，关联 OrderDetails 和 Orders
   SELECT A.ProductID  , UnitPrice * Quantity * (1-Discount) Income ,
                              # 计算收入
         B.employeeid , shipvia , shipcity , shipname
   FROM  OrderDetails A
   INNER JOIN Orders B
   ON A.OrderID = B.OrderID
   WHERE ProductID IN ('29','38','59')
                              # 只筛选需要关注的 3 个产品
   ) A
) B
")
```

查询的结果如下。

```
ProductID employeeid Income prd_income emp_income cnt emp_rank emp_income_rank
59        4          330    71155.7    53616.8    21  1        1
59        4          783.75 71155.7    53616.8    21  1        1
59        4          1402.5 71155.7    53616.8    21  1        1
...
```

（3）构建多维分析数据集，通过构建产品运输的航线和目的地城市这两个维度进行综合分析，其结果为，在 1 号、2 号、3 号航线中，途径 2 号航线的次数最多，其对应的收入也最高，其中前往 Boise 和 Cork 这两个城市的运输产品收入最高。

```
spark.sql(“SELECT  ProductID , shipcity , shipvia ,
          SUM(Income) Income , count(*) cnt ,
        GROUPING__ID
FROM
(
    SELECT A.ProductID  , UnitPrice * Quantity * (1-Discount) Income ,
            B.employeeid , shipvia , shipcity
    FROM  OrderDetails A
    INNER JOIN Orders B
    ON A.OrderID = B.OrderID
    WHERE ProductID IN ('29','38','59')
) A
GROUP BY ProductID , shipcity , shipvia
WITH CUBE      # 构建产品、航线和目的地城市的多维分析集
ORDER BY GROUPING__ID")
```

14.3.3 分析评估

通过上节的分析得出产品 29、产品 38、产品 59 的收入最高。在这 3 个产品订单中处理最多的 3 个雇员为 4、2、3（雇员编号）。通过多维分析可知，使用 2 号航线和到达 Boise 和 Cork 这两个城市使产品收入较多，最终评估的结果如下：

（1）收入最高的 3 个产品之所以如此，是因为其平均单价较高且有不错的销量。

（2）针对雇员 4、2、3 需要进一步分析，总结其工作特点及技巧。

（3）针对特定的航线和运输目的地城市的需求量，可以加大推广。

14.3.4 决策验证

针对分析的结论，假设公司的决策管理层对方案进行如下调整，其决策将使用第十三章中说明的各种分析方法进行验证、迭代。

（1）针对 3 个收入最高的产品，应尽力打造，并加大推广和折扣的力度。

（2）针对销售最多的 3 个雇员，分享他们的工作经验并给予奖励，以激发更大的主观能动性。

（3）针对需求量较大的城市，在稳固市场份额的情况下加大广告投入。

14.4 HBase SQL 分析

在第二章的 HBase 安装说明中，曾使用 Phoenix SQL 进行 HBase 操作。但 Phoenix SQL 并不支持窗口函数，为了能透彻地使用 Phoenix SQL，本节将结合 HBase 的数据结构来分析 Phoenix SQL 语句。

14.4.1 映射关系

通过 Phoenix SQL 创建的表和使用 HBase API 创建的表有所不同，其中主要的映射关系就是本节要说明的内容。使用 SQL 创建不同的表，并查看这些表和 HBase 表中数据模型的映射关系。

（1）使用 Phoenix SQL 创建单一主键的表。

```
0: jdbc:phoenix:localhost:2181> CREATE TABLE IF NOT EXISTS  user_table (
id VARCHAR  primary key,         # id 作为主键
name VARCHAR ,
job VARCHAR );
                                 # 在这里可以插入两条一样的主键数据
0: jdbc:phoenix:localhost:2181> upsert into user_table (id,name,job)
values('1','nick','engineer');
0: jdbc:phoenix:localhost:2181> upsert into user_table (id,name,job)
values('1','nick','doctor');
```

在 HBase Shell 中查看表的信息，以及对应的列族和数据。

```
hbase(main):002:0> describe 'USER_TABLE';      # 查看表结构
在输出的表属性信息中，包含 Phoenix 相关元数据
USER_TABLE,{TABLE_ATTRIBUTES=>{coprocessor$1=> '|org.apache.phoenix.
coprocessor.ScanRegionObserver|805306366|', coprocessor$2 =>...
在输出的列族信息中，若没有指定列族时，其名字用 0,1,2，其他信息都是默认的
COLUMN FAMILIES DESCRIPTION
{NAME => '0', BLOOMFILTER => 'NONE', VERSIONS => '1', IN_MEMORY =>
'false', KEEP_DELETED_CELLS =>...
```

（2）使用 Phoenix SQL 创建没有主键的表，但无法创建成功。

```
0: jdbc:phoenix:localhost:2181> CREATE TABLE IF NOT EXISTS  user_table (
id VARCHAR ,     # id 作为主键
name VARCHAR ,
job VARCHAR );
# 无法创建没有主键的表，提示错误如下
The table does not have a primary key. tableName=USER_TABLE1
(state=42888,code=509)
```

（3）使用 Phoenix SQL 创建有明确列族的表，使用时在列名前加个列族名即可。

```
0: jdbc:phoenix:localhost:2181>CREATE TABLE IF NOT EXISTS  user_table1 (
id VARCHAR  primary key,     # id 作为主键
name.name VARCHAR ,
```

```
job.job VARCHAR );
# 插入数据操作
phoenix:localhost:2181>upsert into user_table1 (id,name.name,job.job)
values('1','nick','doctor');
phoenix:localhost:2181> upsert into user_table1 (id,name.name,job.job)
values('1','nick','engineer');
```

在 HBase Shell 中查看表的信息，以及对应列族和数据。

```
hbase(main):002:0> describe 'USER_TABLE1'
# 可以发现在输出的列族信息中，列族名是在定义表时指定的
COLUMN FAMILIES DESCRIPTION
{NAME => 'JOB', BLOOMFILTER => 'NONE', VERSIONS => '1'...}
{NAME => 'NAME', BLOOMFILTER => 'NONE', VERSIONS => '1'...}
hbase(main):001:0> scan 'USER_TABLE1'        # 查看表中的数据
ROW              COLUMN+CELL
 1         column=JOB:\x80\x0C, timestamp=1576480011101, value=engineer
 1         column=NAME:\x00\x00\x00\x00, timestamp=1576480011101, value=x
 1         column=NAME:\x80\x0B, timestamp=1576480011101, value=nick
```

（4）使用 Phoenix SQL 创建复合主键的表。

```
0: jdbc:phoenix:localhost:2181> CREATE TABLE IF NOT EXISTS infor_table(
state CHAR(2) NOT NULL,
city VARCHAR NOT NULL,
population BIGINT
CONSTRAINT my_pk PRIMARY KEY (state, city));
# 插入数据
0: jdbc:phoenix:localhost:2181> upsert into infor_table
(state,city,population) values ('NY','New York',8143197);
0: jdbc:phoenix:localhost:2181> upsert into infor_table
(state,city,population) values ('CA','Los Angeles',3844829);
```

在 HBase Shell 中，查看使用复合主键创建表的数据。

```
hbase(main):006:0> scan 'INFOR_TABLE'
ROW            COLUMN+CELL
CALos Angeles column=0:\x00\x00\x00\x00, timestamp=1576544783877, value=x
NYNew York    column=0:\x00\x00\x00\x00, timestamp=1576544782630, value=x
```

通过以上创建示例，可以发现 Phoenix SQL 创建的表和 HBase API 创建的表之间的映射关系，如图 14-5 所示。

（1）Phoenix SQL 创建表时必须指定主键，并将作为 HBase 表中的 Row Key。

（2）Phoenix SQL 创建复合主键的表，将拼接主键列作为 Row Key。

（3）Phoenix SQL 建表时，若不指定列族，则列族以 _0、_1 的方式命名。

（4）使用 Hbase 创建的表 Phoenix 不能被识别，因为 Phoenix 对每张表都有其相应的元数据信息。

（5）通过 Phoenix SQL 创建的表，可插入相同的主键数据，表示同一 Row Key 的不同版本。

```
CREATE TABLE IF NOT EXISTS
infor_table(
     state CHAR(2) NOT NULL ,
     city  VARCHAR NOT NULL ,
     A.popularlation BIGINT ,
     A.area BIGINT ,
     B.finance BIGINT ,
     B.tax BIGINT
CONSTRAINT ny_pk PRIMARY KEY
(state,city))
```

HBASE表对应左边Phoenix SQL建表语句关系					
		列族A		列族B	
state	city	popularlation	area	finance	tax
NY	New York	xx	xx	xx	xx
CA	LosAngela	xx	xx	xx	xx
主键作为Row_key		对应cell单元	对应cell单元	对应cell单元	对应cell单元

图 14-5　Phoenix SQL 同 HBase 表的映射关系

14.4.2　数据集成

在上一节说明了 Phoenix SQL 表和 HBase 表的映射关系，这样能更深刻地理解 Phoenix SQL。但是如何快速周期性地向 HBase 中导入数据，以充分利用 HBase 大数据处理的性能优势呢？接下来介绍几种方法。

（1）同 Hive 集成，以获取数据。虽然无法直接从 Hive 加载数据到 HBase 表中，但通过 StorageHandlers 技术可以让 Hive 使用 SQL 读 / 写外部的数据源。数据的导入、导出可以统一用 SQL 实现，有效地减少了大数据开发维护的技术栈，具体步骤代码如下。

```
# 创建一张 Hive 表，但其实质指向的是 HBase 表
CREATE TABLE  hbase_user
(empno         INT,
ename          STRING,
sal            INT,
deptno         INT)
STORED BY 'org.apache.hadoop.hive.hbase.HBaseStorageHandler'  # 以 HBase 模型存储
# 构建 Hive 表和 HBase 表间的映射关系
WITH SERDEPROPERTIES ("hbase.columns.mapping" = ":key,cf:ename,cf:sal,cf:deptno")
TBLPROPERTIES ("hbase.table.name" = "hbase_user"); # 定义 HBase 表的名字
```

对于 Hive 和 HBase 间列的映射需要进行特殊的说明。通过使用 hbase.columns.mapping 完成列的映射，且列的行数要相同并按照出现的顺序构建对应的关系。必须要有一个 :key 说明表示 Row Key，列族的表示方法为 cf:ename 格式。构建 HBase 后向表中插入的数据如下所示。

```
INSERT INTO TABLE hbase_user  SELECT * FROM  hive_table;
成功插入后，可以到 HBase Shell 中查看验证
hbase(main):002:0> scan ' hbase_user '
```

（2）Phoenix 脚本的导入方式。使用 Phoenix 安装目录中的 psql.py 脚本，通过 psql.py 脚本可将不同功能的脚本和数据组合在一起操作，起到灵活处理数据的作用，其操作如下所示。

创建 SQL 脚本，用于创建表，其文件名为 create.sql。

```
CREATE TABLE IF NOT EXISTS create_table( id VARCHAR primary key , data
INT);
```

存储数据的 CSV 文件，其文件名为 data.csv，数据样式如下。

```
1,100
1,20
2,10
...
```

创建 SQL 脚本，用于查询数据，其文件名为 query.sql。

```
SELECT id , sum(data) data  FROM create_table group by id ;
```

通过 psql.py 脚本来调用上面定义的 3 个文件，完成集成操作。

```
./psql.py  create.sql  data.csv  query.sql
```

14.5 对接 Numpy、Pandas 的分析

在前面章节中介绍的 Python 库是特定功能的。通过这些库连接大数据平台后，可将处理后的数据转换为 Numpy 数据结构或 Pandas 数据结构，这样就可以在熟悉的环境中使用 Python 进行数据分析。本节将说明 Numpy 和 Pandas 最基础的数据结构，以及如何在大数据平台上对接 Numpy 和 Pandas。

14.5.1 Numpy 数据结构

NumPy 库是用于数值计算的一个非常重要的包。它的主要数据结构是数组类 ndarray，其表示 *n* 维对象是一系列同类型数据的集合。

（1）创建 ndarray 方式。通过 numpy.array 可直接构造 array。

```
>>>import numpy as np                  # 导入 numpy 库
>>>ar1=np.array([0,1,2,3])             # 一维数组
>>>ar2=np.array ([[0,3,5],[2,8,7]])    # 二维数组
>>>ar1
array([0, 1, 2, 3])                    # ar1 数据
>>>ar2                                 # ar2 数据
array([[0, 3, 5],
       [2, 8, 7]])
```

通过 numpy 库中的 arange 函数创建 narray。

```
>>>ar3=np.arange(10)                   # 通过构建连续值的数组，但不包括
```

```
>>>ar4=np.arange(4,10,2)                # 设置指定范围内以一定步长构建的数组
>>>ar3
array([0, 1, 2, 3, 4, 5, 6, 7, 8, 9])
>>>ar4
array([4, 6, 8])
```

通过 numpy.linspace 创建 array。

```
>>>ar5=np.linspace(1,11,4)        # 指定的间隔内返回均匀间隔的数字
>>>ar5
array([ 1.  , 4.33333333, 7.66666667, 11. ])
```

通过不同的功能函数创建 array。

```
>>>ar7=np.ones((1,3,3))             # numpy.ones 函数可构建多维数组，这里构建 1*3*3
的数组，其值初始为 1
>>>ar7 # 类似于 ones 函数、zeros 函数和 empty 函数，但其初始值不同
array([[[1., 1., 1.],
        [1., 1., 1.],
        [1., 1., 1.]]])
>>>np.random.seed(99)               # 设置随机种子数
>>>ar9=np.random.rand(3)            # 生成 3 个随机数，从而形成数组数据
>>>ar9
array([0.67227856, 0.4880784 , 0.82549517])
# 实际上还有很多函数，如 numpy.tile、numpy.diag、numpy.eye 生成的都是数组数据
```

（2）array 数据索引和切片。

```
>>>ar1[1],ar2[0],ar3[-1]            # 通过数组中的表访问数据
(1, array([0, 3, 5]), 9)
>>>ar2[1,2]                         # 针对多维数组的访问方式
# 切片访问方式为 ar[ 开始索引 : 结束索引 : 步长 ] 格式
>>>ar3[2:9:3]
array([2, 5, 8])
```

（3）array 操作方法。

```
# 数组的算术运算
>>>ar1*10
>>> np.array([7,11,23,13]) - np.arange(4)
                                    # 数组将相减，包括相加、乘、除都要有元素个数相匹配
array([ 7, 10, 21, 10])
# 数据数据统计
>>> np.random.seed(10) ; ar=np.random.randint(0,10, size=(5,8))
                                    # 随机生成用于统计的数据
>>> ar.mean() , ar.std() , ar.var() , ar.cumsum()
                                    # 计算均值、标准差、方差、并累计汇总
(4.775,
 3.213156547695739,
 10.324375,.....)
# 数组变形操作
>>> ar=np.arange(1,16)              # 创建一维数组 ar
>>> ar.reshape(3,5)                 # 将刚才创建的一维数组变形为二维
```

14.5.2 Pandas 数据结构

Numpy array 的处理方式在 Pandas 数据上都可以使用。Pandas 有 Series、DataFrame、Panel 这 3 个数据结构，可用来处理不同的维度数据，其操作有行列索引、数据连接、数据变形和数据可视化。

（1）Series 数据结构。Series 数据结构是对 Numpy array 封装处理一维数据的，其由一个 Numpy 数组和对应的标签数组成，构建方式如下。

```
# 既可以使用 Numpy array 创建 Series，也可以通过 Python 数组进行构建
>>>import pandas as pd
>>>import numpy as np                          # 前两行导入 Pandas 和 Numpy
>>>np.random.seed(100)
>>>index=['a','b','c','d']                     # 用于创建 Series 的数据和标签
>>>ser=pd.Series(np.random.rand(4),index=index)      # 创建 Series
>>>ser
a     0.543405
b     0.278369
...
dtype: float64
```

（2）DataFrame 数据结构。DataFrame 是一个二维标记数组，其列可以是不同的类型，这点和 Numpy 的二维数据只能为一种类型有很大的不同。

```
>>>pd.DataFrame(np.array([[20,35,25,20],[11,28,32,29]]),columns=['apple',
'banana','pear','watermelon'])          # 以 numpy 数组创建 DataFrame
>>>data={'region-1': pd.Series([346.15,12.59,459],index=['weight','height
','width']),
'region-2':pd.Series([1133.43,36.05,335.83],index=['weight','height','wid
th'])}
>>>pd_data=pd.DataFrame(data)           # 通过字典创建 DataFrame
```

（3）Panel 数据类型。Panel 是一个三维数组，不像 Series 或 DataFrame 那样被广泛使用，因为它不容易在屏幕上显示。

```
>>>data=np.ones((3,4,5))
>>> pd.Panel(data)                      # 输出的信息如下
<class 'pandas.core.panel.Panel'>
Dimensions: 3 (items) x 4 (major_axis) x 5 (minor_axis)
Items axis: 0 to 2
Major_axis axis: 0 to 3
Minor_axis axis: 0 to 4
```

（4）Pandas 数据操作。Pandas 使用最多的数据结构是 DataFrame 和 Series，其中 DataFrame 结构更为复杂，且操作说明更具代表性，故对 DataFrame 操作进行说明演示。它主要包括行列索引、数据连接、数据变形、数据可视化，如表 14-2 所示。

表 14-2　DataFrame 的索引

操 作	相关行数和操作符
列的索引	通过 [] 指定特定的列。指定多个列时使用列表
	通过使用点号，引用特定的列
	对列进行重命名 df.columns=[新列名列表]
行的索引	使用 [startpos:endpos:step] 切片方式
	使用 loc[] 操作符，它允许面向标签的索引，可传递多行的列表或切片
	使用 iloc[] 操作符，它允许基于下标的索引，也可以使用切片
	使用 ix[] 操作符，允许混合标签和下标的索引，相当于 loc 和 iloc 的混合
	通过 set_index 函数设置行索引
定位元素	使用 iloc 或 loc 定位到行和列交叉处的单元
	使用 iat 函数、at 函数定位特定的元素

下面来使用代码对索引方法进行演示，而且这里说明的操作将会用到对 Hive 和 Spark 集成的操作中。

```
>>>import pandas as pd
>>>import numpy as np      # 导入 Pandas 和 Numpy
# 构建一份测试用字典数据，用于生成 Pandas DataFrame
>>>city_data_dict={'BeiJing':{'2019-Q1':100000,'2019-Q2':120000,'2019-Q3':150000,'2019-Q4':180000},'ShangHai':{'2019-Q1':120000,
'2019-Q2':140000,'2019-Q3':170000,'2019-Q4':190000},
'GuangZhou':{'2019-Q1':90000, '2019-Q2':110000, '2019-Q3':160000,'2019-Q4':180000},
'ShenZhen':{'2019-Q1':97000, '2019-Q2':112000, '2019-Q3':156000,'2019-Q4':187000}}
>>>city_data=pd.DataFrame.from_dict(city_data_dict)     # 创建 DataFrame
>>>city_data      # 创建的 DataFrame 数据样式如下
         BeiJing  GuangZhou  ShangHai  ShenZhen
2019-Q1   100000   90000    120000      97000
2019-Q2   120000   110000   140000      112000
2019-Q3   150000   160000   170000      156000
2019-Q4   180000   180000   190000      187000
```

通过 [] 指定特定的列。指定多个列时使用列表。

```
>>>city_data['GuangZhou']                    # 查看 guangzhou 列的数据
 2019-Q1      90000
2019-Q2     110000
...
Name: GuangZhou, dtype: int64
```

```
>>>city_data[['BeiJing','ShangHai']] # 通过列表查看多列
        BeiJing  ShangHai
2019-Q1    100000 120000
2019-Q2    120000 140000
...
```

通过使用点号，索引特定的列。

```
>>>city_data.BeiJing
 2019-Q1    100000
2019-Q2    120000
...
Name: BeiJing, dtype: int64
```

对列进行重命名，即对 df.columns 重新赋值。

```
>>> city_data.columns=['北京','上海','广州','深圳']     # 将列名替换成中文
>>> city_data     # 查看使用中文重命名列后的数据
北京        上海        广州        深圳
2019-Q1    100000     90000      120000 97000
...
```

使用下标切片索引，并获取行数据。

```
>>> city_data[1:2]
北京上海          广州  深圳
2019-Q2    120000 110000 140000 112000
```

使用 loc[] 操作符，它允许面向标签的索引。

```
>>> city_data.loc['2019-Q1']      # 只查看一行就返回 Series 类型数据，也可使用列表
北京      100000
上海       90000
广州      120000
深圳       97000
Name: 2019-Q1, dtype: int64
```

在 loc[] 操作符中，使用列表。

```
>>>city_data.loc[['2019-Q2','2019-Q1']]
北京上海          广州  深圳
2019-Q2    120000 110000 140000 112000
2019-Q1    100000 90000   120000 97000
```

使用 iloc[] 操作符，它允许基于下标的索引，并可以使用切片。

```
>>>city_data.iloc[1]       # 也可使用切片
北京      120000
上海      110000
广州      140000
深圳      112000
Name: 2019-Q2, dtype: int64
```

定位到 DataFrame 特定元素的方法。

```
>>> city_data.loc['2019-Q2']['北京'] # 使用 loc 函数指定单行和单列
 120000
>>> city_data.iloc[2,1]              # 通过 iloc 函数指定单行和单列
 160000
>>> city_data.iat[3,0]               # 通过 iat 函数指定单行和单列
 180000
```

说明 Pandas DataFrame 的索引后，现对 DataFrame 的汇总、合并、变形进行操作，如表 14-3 所示。

表 14-3 DataFrame 的汇总、合并、变形、可视化

操 作	相关的函数或操作符
汇总	使用 groupby 并结合各类的汇总函数
合并	使用 append 函数合并数据
	使用 merge 函数合并数据
	使用 join 函数合并数据
	使用 concat 函数合并数据
变形	使用 pivot 函数、pivot_table 函数进行变形
	使用 stack 函数进行变形
可视化	通过使用 plot 函数对 mathplotlib 的 pyplot 进行封装

先使用 groupby 函数构建 DataFrameGroupBy 数据类型，然后通过各汇总函数进行计算。

```
>>>import pandas as pd
>>>import numpy as np
>>>order_df=pd.read_csv('./OrderDetails.csv')  # 读取 northwind 的
OrderDetails 数据
>>> order_group=order_df.groupby('ProductID')  # 以产品 ID 进行汇总
>>> type(order_group)    # 返回的类型是 pandas.core.groupby.DataFrameGroupBy
>>> order_group.mean()[['UnitPrice','Quantity','Discount']].head(3)
                                                 # 计算各列的平均值
          UnitPrice    Quantity         Discount
ProductID
1         17.147368  21.789474 0.077632
2         17.877273  24.022727 0.102273
3         9.500000     27.333333    0.016667
>>> mul_order=order_df.set_index(['OrderID','ProductID'])  # 设置复合 index
>>> mul_order.groupby(level=0).sum().head(2)    # 只以 OrderID 进行汇总
      UnitPrice  Quantity     Discount
OrderID
10248   58.6          27          0.0
10249   61.0          49           0.0
```

使用 append 函数、merge 函数、join 函数、concat 函数合并数据。

```
d1=order_df.loc[2:3]
d2=order_df.iloc[2:3]
>>>pd.concat([d1,d2])
>>>d1.append(d2)    # 使用 concat 函数、append 函数合并后的数据如下，会包含重复数据
           OrderID   ProductID   UnitPrice   Quantity   Discount
2          10248     72          34.8        5          0.0
3          10249     14          18.6        9          0.0
2          10248     72          34.8        5          0.0
>>> d1.merge(d2,left_on='OrderID',right_on='OrderID')
                                               # 使用 merge 函数，指定关联的列
>>> d1.join(d2,lsuffix='d1',rsuffix='d2',how='inner')
                                               # 使用 join 函数关联，指定后缀和连接
方式
```

如图 14-6 所示，是使用 merge 函数和 join 函数合并的数据，注意对比二者的相同和差异。事实上二者可达到相同的效果，并且配置连接行为的参数也大致相同。

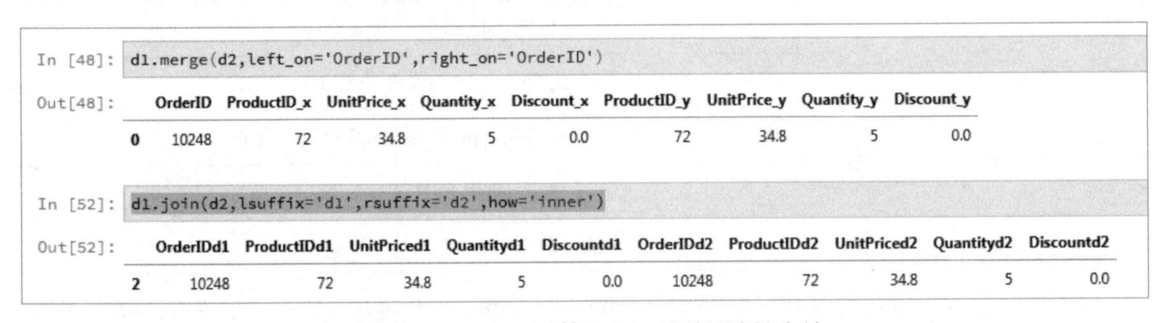

In [48]: `d1.merge(d2,left_on='OrderID',right_on='OrderID')`

Out[48]:

	OrderID	ProductID_x	UnitPrice_x	Quantity_x	Discount_x	ProductID_y	UnitPrice_y	Quantity_y	Discount_y
0	10248	72	34.8	5	0.0	72	34.8	5	0.0

In [52]: `d1.join(d2,lsuffix='d1',rsuffix='d2',how='inner')`

Out[52]:

	OrderIDd1	ProductIDd1	UnitPriced1	Quantityd1	Discountd1	OrderIDd2	ProductIDd2	UnitPriced2	Quantityd2	Discountd2
2	10248	72	34.8	5	0.0	10248	72	34.8	5	0.0

图 14-6　merge 函数和 join 函数的连接合并

```
>>> data=order_df.head(10)       # 获取 10 条数据，用于演示转置和变形
>>> pd.DataFrame(data.values.T, index=data.columns, columns=data.index)
                                 # 行列转换
           0         1         2         3         4         5
OrderID    10248.0   10248.0   10248.0   10249.0   10249.0   10250.0...
ProductID  11.0      42.0      72.0      14.0      51.0      41.0...
...
>>> data.pivot(columns='OrderID',values='UnitPrice')     # 使用 pivot 进行变形
OrderID    10248  10249  10250  10251
0          14.0   NaN    NaN    NaN
1          9.8    NaN    NaN    NaN
...
```

14.5.3　对接集成 Hive

经过大数据平台处理的数据，为了将大数据平台资源用于其他更重要的任务，可将数据转成为

Numpy 或 Pandas 在本地处理，更重要的是这样能有效对接 Python 的各种数据可视化库。本例中通过 PyHive 连接到 Hive，并使用 Hive SQL 进行查询，其返回的数据为列表，这样更容易转化为 Pandas。

```
hive --service hiveserver2    # 开启 Hiveserver2 服务
```

（1）使用 PyHive 连接 northwind 数据库。

```
from pyhive import hive                          # 导入 PyHive
connection = hive.Connection(host='hadoop_env.com', port=10000)   # 连接
hive
cursor = connection.cursor()
cursor.execute("USE northwind")                      # 切换到 northwind 库
```

（2）使用 Hive SQL 进行数据查询。

```
# 查询 SQL 中主要统计产品的分类数和销售分类
SELECT CategoryName , MAX(CategoryNum) CategoryNum ,COUNT(*) OrderNum
FROM
OrderDetails O LEFT JOIN
# 关联子查询 A，子查询包括所有产品的编码，即对应产品分类的统计值
(SELECT ProductID , CategoryName
   COUNT(*) OVER(partition by CategoryName) CategoryNum    # 统计所有产品分
类数
FROM Products p INNER JOIN Categories c      # 通过产品分类代码关联
ON p.CategoryID = c.CategoryID
) A
ON O.ProductID = A.ProductID
GROUP BY CategoryName     # 以产品分类汇总、统计订单中每类产品的数量
```

（3）将返回的数据转化为 Pandas DataFrame 数据类型。

```
# 在 PyHive 中调用上述 SQL 语句
cursor.execute(' 上面的 SQL 语句 ')
import pandas as pd       # 导入 Pandas
category_data=cursor.fetchall()    # 返回的数据是列表格式
label=['CategoryName','CategoryNum' ,'OrderNum']  # DataFrame 列名的定义
pd_data=pd.DataFrame.from_records(sales, columns=labels)
pd_data    # pd_data 的数据格式如下
   CategoryName    CategoryNum   OrderNum
0  Seafood         12            330
1  Meat/Poultry    6             173
...
```

（4）对 Pandas 数据进行可视化操作，数据如图 14-7 所示。

```
import matplotlib.pyplot as plt
data=pd_data.set_index('CategoryName')          # 设置 CategoryName 为行索引值
data.plot(kind='bar')                           # 通过条形图进行展示
```

Out[26]: <matplotlib.axes._subplots.AxesSubplot at 0xaad6cf8>

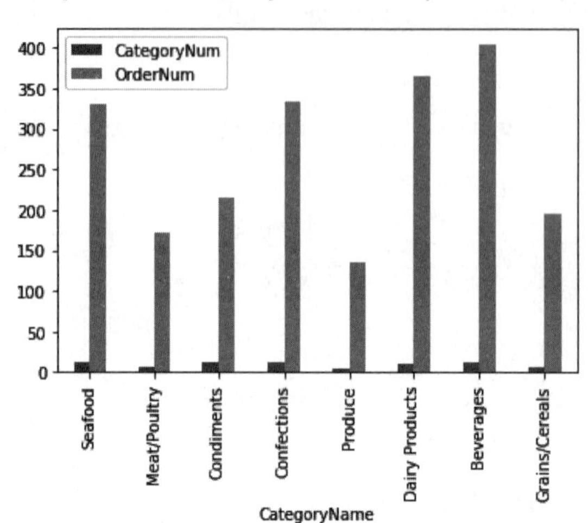

图 14-7 Pandas 数据可视化

14.5.4 对接集成 Spark

在 PySpark 的 DataFrame 中的函数 toPandas，能将数据转换为 Pandas 数据类型。PySpark 库的功能相对有限，通过成功对接 Pandas 可提供更广阔的开发功能。

（1）初始化 PySpark 对象，连接 Spark。

```
from pyspark import SparkContext
from pyspark.sql import SparkSession
import pandas as pd
sc=SparkContext(appName="hdfs_dataframe")            # 初始化 SparkContext
spark=SparkSession.builder.appName('hdfs_dataframe') # 初始化 SparkSession
.master("Yct201811021847")
.getOrCreate()
```

（2）读取 HDFS 文件获取数据。

```
# 读取 movies 表
movies_df=spark.read.csv('hdfs://localhost:9000/test_data/movies.
csv',header=True, inferSchema=True)
# 读取 ratings 评分数据
ratings_df=spark.read.csv('hdfs://localhost:9000/test_data/ratings.csv',h
eader=True,inferSchema=True)
```

（3）将 DataFrame 转化为视图。

```
movies_df.createOrReplaceTempView('movies')          # 创建 movies 视图
ratings_df.createOrReplaceTempView('ratings')        # 创建 ratings 视图
```

（4）使用 Spark SQL 执行窗口函数。

```
rank_data=spark.sql(" SELECT title , rating , userID, genres ,avg_movie_
rating , \
     DENSE_RANK() OVER( ORDER BY avg_movie_rating desc) rank FROM \
                                                    # 计算平均分排名
    (SELECT m.title , rating , userID, m.genres, \
    AVG(rating) OVER(partition by m.movieId) avg_movie_rating \
                                                    # 计算电影平均分
    FROM  movies m LEFT JOIN ratings r ON r.movieId = m.movieId \
    WHERE rating is not null ) A ")
```

（5）将处理的数据转化为 Pandas DataFrame 数据类型。

```
top5_rank=rank_data.filter('rank < 5')       # 只提取前 5 名，这样数据量可减少很多
pd_rank=top10_rank.toPandas()                # 将缩减后的数据进行转化
# 转化为 Pandas DataFrame 数据，如图 14-8 所示
```

In [113]: pd_rank=top5_rank.toPandas()

In [114]: pd_rank

Out[114]:

	title	rating	userID	genres	avg_movie_rating	rank
0	Awfully Big Adventure, An (1995)	5.0	191	Drama	5.00	1
1	What Happened Was... (1994)	5.0	191	Comedy|Drama|Romance|Thriller	5.00	1
2	Strictly Sexual (2008)	5.0	68	Comedy|Drama|Romance	5.00	1

图 14-8 PySpark 转化为 Pandas

（6）对 Pandas 数据进行操作。

```
pd_rank_group=pd_rank.groupby('userID')     # 对评分最高的数据集 userID 进行汇总
pd_rank_group.size().sort_values(ascending=False).head(10)   # 查看其中评分次
数最多的前 10 位
  userID
89      67
105     65
318     14
...
dtype: int64
```

14.6 对接 Blaze 分析

Blaze 生态系统为 Python 用户提供了高效计算的高层接口。它整合了包括 Python 在内的 Pandas、NumPy 及 SQL、Mongo、Spark 在内的多种技术，能够非常容易地与一个新技术进行交互。

Blaze 是一种混合持久化（Polyglot Persistence）技术，可提供一个可适应的、统一的、一致的跨各种后端用户的接口。通过这种混合持久化的方式，可针对特定的问题选择合适的技术，而不是

只使用单一技术处理所有的问题。综上所述，Blaze 的特点如下。

（1）Blaze 包含用于描述和推理分析查询的符号表达式系统。

（2）Blaze 提供针对各种数据库 / 计算引擎的解释器，并以相同的接口表现。

（3）Blaze 自身并不处理计算，其实际计算都由后端对应的引擎完成。

14.6.1 安装 Blaze

在 Anaconda 中安装 Blaze 的方式很简单，但可能会出现各依赖库的版本问题，需要手动进行设置安装。最可能出现由 Pandas 新版本造成的错误，如下所示。

```
>>> from blaze import data              # 导入blaze相关功能
# 出现类似错误如下
@convert.register((pd.Timestamp, pd.Timedelta), (pd.tslib.NaTType,
type(None)))
...
AttributeError: 'module' object has no attribute 'tslib'
# 对于上述错误，有可能是由于 Pandas 版本过高，产生 Bug 所致
>>> pd.__version__                      # 查看 Pandas 版本
u'0.24.2'
# 将 Pandas 版本降低，安装 Pandas0.22 版，安装命令如下
pip install pandas==0.22
```

安装完毕后，先对 Blaze 执行一些简单的代码进行功能性的验证。代码如下所示，执行结果如图 14-9 所示。

```
>>> from blaze import *                 # 导入blaze库
>>> from blaze.utils import example     # 导入blaze库中的内置示例数据
>>> iris = data(example('iris.csv'))    # 读取内置的iris.csv文件
>>> iris.peek()                         # 查看数据
```

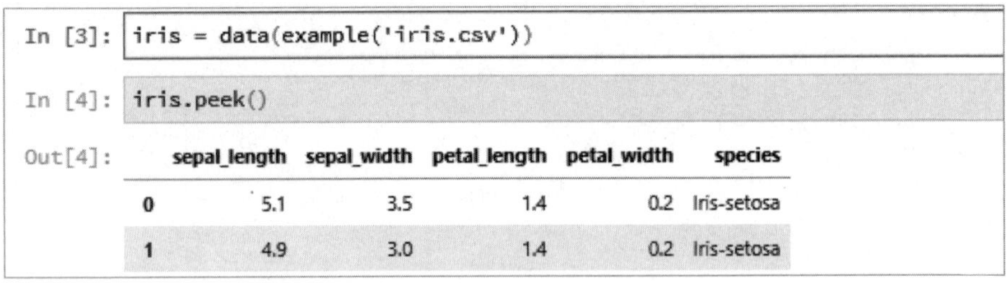

```
In [3]: iris = data(example('iris.csv'))

In [4]: iris.peek()

Out[4]:
```

	sepal_length	sepal_width	petal_length	petal_width	species
0	5.1	3.5	1.4	0.2	Iris-setosa
1	4.9	3.0	1.4	0.2	Iris-setosa

图 14-9　Blaze 使用

14.6.2 使用 Blaze

介绍 Blaze 的目的和 Pandas、Numpy 一样，都是为了能集成大数据平台，更好地进行数据分析，并且 Blaze 能提供比 Pandas、Numpy 更丰富和优雅的功能。下面说明 Blaze 的使用方法，Blaze 包

括 5 大功能模块，如表 14-4 所示。

表 14-4　Blaze 模块

名　字	说　明
Blaze	提供类 NumPy/pandas 的语法，将数据转化到后端计算引擎
DataShape	类型系统。DataShape 结合了 NumPy 的 dtype 和 shape，并扩展到缺失的数据、可变长度的字符串、不规则的字符串数组
Odo	数据迁移。可在不同数据格式和存储系统上迁移
DyND	内存中动态多维数组
Dask.array	在 NumPy 中提供了阻塞算法来处理大于内存的数组，并对多核加以利用

下面将使用 Blaze 连接各种数据源的代码操作，虽然是针对不同的数据源，但都是使用相同的 API 进行操作。

（1）一般的处理形式。通过对 Pandas 数据的处理来进行说明在以下的代码中经常使用的函数，如 Data、symbol 等。

```
>>>import pandas as pd
>>>import blaze as bl
>>>accounts = bl.symbol('accounts', 'var * {id: int, name: string,
amount: int}')
>>>deadbeats = accounts[accounts.amount < 0].name
>>>L = [[1, 'Alice', 100],[2, 'Bob', -200], [3, 'Charlie', 300]]
>>>df = pd.DataFrame(L, columns=['id', 'name', 'amount'])
>>>df=bl.data(df)
>>>type(df)
blaze.interactive._Data
>>> bl.compute(deadbeats, df)
1    Bob
Name: name, dtype: object
```

（2）Blaze 访问不同数据源的方式。在 Blaze 的 data 函数中针对不同的资源，可使用不同的 URL 进行标识，如表 14-5 所示。

表 14-5　支持的数据源

资　源	URI
Json 文件和 CSV 文件	file.json、file.csv
Ssh 文件	ssh://user@host:/path/to/myfile.csv
Postgresql 数据库	postgresql://username:password@hostname:port

续表

资 源	URI
Mongodb 数据库	mongodb://hostname/db::collection
HDFS 文件	hdfs://uscrname@hostname:/path/to/myfile.csv
Hive 数据库	hive://user@hostname:port/database-name::table-name

```
# 对 Postgresql 数据库进行访问
>>>pl=bl.Data('postgresql://postgres:iamroot@localhost:5432/
northwind::customers')
>>>type(pl)
blaze.interactive._Data
# 连接 Spark 的操作
>>>from pyspark import SparkContext
>>>from pyspark.sql import SparkSession
>>>import blaze as bz
>>>sc=SparkContext(appName="blaze_test")
>>>spark=SparkSession.builder.appName('blaze_test').
master("Yct201811021847").getOrCreate()
>>>rdd = bz.into(sc,"category.csv")
>>>type(rdd)
PySpark.rdd.RDD
>>> simple = bz.Data(rdd)
>>> simple.peek().collect()
```

14.7 总结

在介绍使用 Blaze 时说明一个概念，即混合持久化，其针对不同的功能模块尽量使用相同的技术来处理。如在 Hive、Spark、HBase 中使用 SQL 进行分析处理，并将处理的数据与 Numpy 和 Pandas 进行对接。尽量使用第十三章说明的分析方法进行验证和对比，将大多数分析步骤模块化。

第十五章 数据挖掘

本章依据第十三章的说明指导，使用机器学习库处理大数据平台上的数据，主要以PySpark的机器学习包mllib和ml进行操作。Python有很多优秀的机器学习库，如TensorFlow、scikit-learn等。对这些机器学习库和大数据平台的整合有两种方式：一种是先将大数据平台处理完毕后的数据转化为Pandas或Numpy的数据，然后再使用Python库进行处理；另一种是安装这些机器学习库的大数据平台版本，然后直接在大数据平台上调用。

15.1 关于机器学习

机器学习是专门研究计算机如何模拟或实现人类的学习行为，以获取新的知识或技能，重新组织已有的知识结构使之不断改善自身性能的学科，包括使用统计技术，或先进的算法来预测或学习数据中的隐藏模式，并从本质上取代基于规则的系统，使数据驱动的系统更强大。

机器学习建立在数据基础上，可以和人学习的过程进行类比：人作为智能生物可以通过观察外部现象，接受外部信息进行归纳学习，从而加深对事物本质的认知，如伽利略自由落体实验和牛顿观察苹果落地后的思考，都是在揭示万有引力的存在。机器学习也要建立在基础认知上，但这些认知过程需要依托大量的数据，如使用机器学习辨认不同的动物，就要接受大量的图片数据，然后再将每种动物的各种可视化特征进行量化，才能在对应的算法中达到区分辨认的目的。

15.1.1 概念和步骤

这里说明的概念不是烦琐的数学公式和算法原理，而是在大局上的处理过程。熟悉这些处理过程后，可从整体上理解其学习的过程。毕竟并不是每个开发者都需要且有能力编写机器学习算法的，大部分使用者只要理解每种机器学习算法的应用场景，并能够合理调整参数配置即可，具体概念说明如表 15-1 所示。

表 15-1　机器学习的相关概念

概　念	说　明
特征 -Feature	特征是原始数据某个方面的数值表示。它是数据和模型之间的纽带
估计器 -Estimator	估计器可以通过训练特征数据得到机器算法模型
转换器 -Transformer	转换器可以通过算法将训练后的数据集转换为另一个数据集
评估器 -Evaluation	评估器使用机器学习算法预测值的准确性
模型 -Model	机器学习模型是一个数学公式的定义，包含需要从数据中学习的参数
训练集 -Training	训练集是用来建立预测模型数据集的子集
验证集 -Validation	验证集用于评估在培训阶段构建的模型性能，可用于微调模型的参数，以及选择性能最佳的模型，但并不是所有的建模算法都需要验证集
测试集 -Test	测试集用来评估模型未来可能性能的数据集的子集

对于上述的概念，应结合使用相应的库进行理解。特别是要在 PySpark ML 或 scikit-learn 机器学习库中找到对应概念的类，然后再明确这些概念在机器学习算法处理中对应流程步骤的地位。

下面将说明机器学习处理的步骤流程，包括 7 个步骤。这些步骤应结合上节中讲解的概念加深理解和记忆，然后再使用 PySpark ML 库将概念、步骤、具体实施方法统一起来。

（1）数据收集，明确数据源和操作。针对这些数据源的特点，制定数据源清单，确定使用何种工具将这些数据同步到大数据平台。

（2）数据准备，构建分析用 DataFrame。处理数据的缺陷和问题，如修正或剔除错误数据、填补缺失数据、进行数据类型转换等操作，以让数据达到一定的规范标准。

（3）针对数据特点和分析要求选择算法模型。不同的算法适用于不同的任务场景和数据格式，需要选择合理的模型。这步应理解每种模型算法的特点，并灵活运用。

（4）使用模型训练数据。将准备好的数据汇总，并划分出一部分数据作为训练集合。在对应的算法模型下进行训练，目的是解答问题或做出正确的预测。

（5）评估数据预测的准确性。对已经训练的模型进行评估，用于对其性能、算法参数合理性、预测准确性等方面的评估。

（6）参数调优达到更好的预测效果。由于有些参数设置在开始时是假设的，因此评估完是测试这些假设并尝试其他值的较好时机。

（7）将训练好的模型加以应用。经过上面的步骤处理对测试集数据使用模型训练。

15.1.2　机器学习分类

机器学习可分为成四大类：有监督学习、无监督学习、半监督学习、强化学习。下面将简要说明这些分类，并用具体场景进行举例说明。

1. 有监督学习

机器学习可以驱动大量的应用程序和商业价值。在监督学习中，可根据标记的数据训练模型，通过标记就意味着数据有正确的答案。有监督学习的对应算法有线性回归、逻辑回归、支持向量机、贝叶斯分类、决策树等。

有监督学习模型需要使用足够的观测数据来训练，然后再对类似的数据进行预测。在监督学习中，模型需要至少有一个输入特征 / 属性才能与输出列一起被训练。有监督学习的应用场景说明如下：

（1）特定的客户是否会购买该产品，特定群体客户的相似性；

（2）某病人罹患某种疾病的概率有多大；

（3）一件商品售价预期是多少，和相关商品对比是否合理；

（4）银行是否应该向某人发放贷款，存在的风险有多大。

2. 无监督学习

在无监督学习中，首先，忽视训练数据集中任何标签或结果列，其次，没有明确目的，是试图在数据中找到隐藏的信息。无监督学习的算法有：聚类算法（如 *K*-Means 算法）、降维计算（如

PCA 算法)、关联规则计算（如 Apriori 算法）等，对于无监督学习的应用场景说明如下：

（1）数据可以分为几类（这些分类是没有被发现的）；

（2）商场需要将哪些商品捆绑在一起销售，以达到更好的销量；

（3）确定影响数据的主要属性，剔除不必要数据，以降低影响提高计算的效率。

3. 半监督学习

半监督学习介于有监督学习和无监督学习之间，事实上它使用了这两种技术。这种类型的学习主要适用于处理混合数据集的场景，其中包含有标记和未标记的数据。有时它只是完全未标记的数据，可通过手动标记其某些部分。半监督学习可以用在这一小部分带标签的数据上，先对模型进行训练，然后再用它来标记其余部分的数据。

4. 强化学习

强化学习又称再励学习、评价学习或增强学习，是机器学习的范式和方法论之一，用于描述和解决智能体在与环境的交互过程中，通过学习策略达成回报最大化或实现特定目标的问题。近几年来，比较典型的强化学习系统是 AlphaGo 智能围棋机器人，所以强化学习将会在今后对各类生产、学习领域产生巨大影响。

15.2 PySpark 机器学习包

在第十三章中对 PySpark 中的主要模块和包进行了总结说明，明确 pyspark.ml 包和 pyspark.mllib 包的功能定位，在大数据平台上使用各机器学习算法进行数据的挖掘分析。本节先说明 pyspark.ml 包和 pyspark.mllib 包的区别，然后分别对 pyspark.ml 包和 pyspark.mllib 包进行说明，最后列举常用的数据处理方法。

二者的区别在于 PySpark.mllib 包用于 RDD 数据的处理；pyspark.ml 包用于 DataFrame 数据的处理。由于在 Spark 早期版本中还没有 DataFrame 数据结构，在引入 DataFrame 后专门使用 pyspark.ml 包，所以可以简单地认为 pyspark.ml 包是 pyspark.mmlib 包的升级版本，实际操作时建议使用 pyspark.ml 包。

15.2.1 pipeline 模块

Pipeline API 在 Spark 1.2 版中被引入，用来解决 mllib 在处理复杂机器学习上的弊端，从而构建机器学习工作流式的应用。这样在逻辑上可更好地组织管理机器学习的过程。Pipeline API 主要包括的类如表 15-2 所示，为了更好地理解这些类，可结合第 15.1 节中说明的机器学习概念和处理步骤。

表 15-2 pipeline API 的类

类	说 明
Pipeline	评估器，管道由一系列阶段组成，每个阶段或是估计器，或是转换器
Estimator	估计器抽象基类。大多数机器学习算法类、特征处理都是从这个类继承
Transformer	转换器抽象基类。大多数机器学习模型类、特征模型都是从这个类继承的
Model	已经训练拟合的模型
PipelineModel	已经过转换和拟合的通道

pyspark.ml 包的核心类是 Estimator 和 Transformer，模块中其他类的行为都类似于这两个基本类。

（1）Estimator —估计器。Estimator 类及其子类都实现了 fit 方法。该函数接收 DataFrame 类型参数，但其返回一个模型对象。

（2）Transformer —转换器。Transformer 类中有一个 transformer 方法。该函数接收 DataFrame 类型参数，并返回 DataFrame 类型。通常情况下会在原 DataFrame 数据中添加新的列。

15.2.2 主要的模块

基于 DataFrame 的机器学习 API，允许用户快速组装和配置实用的机器学习管道。在 pyspark.ml 包中有含数个模块。这些模块的功能广泛，如表 15-3 所示。

表 15-3 pyspark.ml 包的模块

模 块	说 明
Classification	包含用于分类算法的类，如支持向量机 -SVM、逻辑回归算法等
Clustering	包含用于聚类算法的类如 *K*-Means，对于聚类算法和上述分类算法的主要差异是划分类别是否已知
Evaluation	包含用于评估使用机器学习算法后，再计算预测值准确性的类
Feature	封装提供通用功能转换器，可将原始数据特征转换为更适合的模型拟合形式
FPM	封装了关联规则计算相关的类
Linalg	包含线性代数计算，主要用于向量和矩阵计算的类
Param	封装了各种不同类型的类
Recommendation	包含用于构建推荐系统的类，如 ALS 算法
Regression	包含回归分析算法的类，如线性回归、逻辑回归等
Tuning	用于机器学习算法的参数调整，如决策树、随机森林，在使用前需要设置参数，通过 Tuning 进行调整可以获取最佳的参数

对于上面的模块，除 Evaluation、Feature、Tuning 是分别提供模型评估、特征转换、参数调整的作用外，其他模块都封装了相关的机器学习算法和模型。以下代码中以 *K*-Means 算法为例，解释 PySpark ML 中各模块间的关系。

（1）初始化 PySpark SparkSession 对象，创建 DataFrame 数据。

```
>>>from pyspark.sql import SparkSession      # 导入 SparkSession
>>>spark = SparkSession\
        .builder\
        .appName("KMeansExample")\
        .getOrCreate()                      # 创建 SparkSession 对象
>>>dataset = spark.read.format("libsvm").load("sample_kmeans_data.txt")
                                            # 读取数据创建 DataFrame
```

（2）导入 KMeans 相关库和评估器。

```
>>>from pyspark.ml.clustering import KMeans# 导入 KMeans 算法库
>>>kmeans = KMeans().setK(2).setSeed(1)     # 构建 KMeans 对象
>>>type(kmenas)                             # 查看算法类型
pyspark.ml.clustering.KMeans
>>>from pyspark.ml import Estimator
>>>isinstance(kmeans,Estimator)             # 判断 KMeans 算法类是否为估计器
True
```

（3）对数据进行训练并预测。

```
>>>model = kmeans.fit(dataset)              # 调用 fit 函数的训练数据，返回模型类型
>>> type(model)                             # 查看模型类型
pyspark.ml.clustering.KMeansModel
>>> from pyspark.ml import Transformer
isinstance(model,Transformer)               # 返回的 model 数据类型实际是转换器
True
>>> predictions = model.transform(dataset)  # 调用 transform 函数转换数据
```

（4）创建估计器进行评估预测的准确性。

```
>>>from pyspark.ml.evaluation import ClusteringEvaluator
                                            # 导入聚类算法评估器
>>>evaluator = ClusteringEvaluator()        # 创建评估器对象
>>>silhouette = evaluator.evaluate(predictions)
                                            # 评估模型
>>>str(silhouette)                          # 查看评估结果
0.9997530305375207
```

通过上面代码说明 Pipeline API 中类和算法模块的关系。在学习过程中最好结合 15.1.1 节中的概念和步骤进行，这样可加深理解并能有效地掌握开发流程。

15.3 特征的抽取、转换和选择

由于数据的格式和复杂性不同，针对特定算法的原始数据格式无法使用，为了降低数据的复杂性，提高训练速度和避免过度拟合，需对数据进行特征处理。

本节的主要内容包括特征抽取、特征转换、特征选择 3 大部分，分别介绍后，再用具体的代码说明。这些转换代码的使用频率很高，应该牢记。在特征处理过程中，要先明确是定性数据还是定量数据，应特别注意字符型数据的转换处理。

15.3.1　特征抽取

特征提取是一种维度减少的过程，将初始数据集分解为更可管理的组来进行处理。大数据集的特征是大量的变量，并需要大量的计算资源。而特征抽取能有效地减少必须处理的数据数量，同时还能准确地描述原始数据集，如表 15-4 所示。

表 15-4　特征抽取的算法

算 法	说 明
TF-IDF	TF 指词频，IDF 指逆文本频率的指数，字词的重要性随其在文件中出现的次数成正比增加
Word2Vec	可以把单词转换成一个代码，用于自然语言的处理或机器学习的过程
FeatureHasher	将一组分类特征或数值特征投影到指定维数的特征向量中

（1）TF-IDF 特征抽取。词袋模型（Bag of Words），假设不考虑文本中词与词之间的上下文关系，仅仅考虑所有词的权重，而权重与词在文本中出现的频率有关。以下代码导入必要的库，创建用于分析的 DataFrame 数据并使用 Tokenizer 对象进行分词操作。

```
from pyspark.ml.feature import HashingTF, IDF, Tokenizer        # 导入必要的库
sentenceData = spark.createDataFrame([
    (0.0, "IDF is an Estimator which is fit on a dataset and produces an
IDFModel"),
    (0.0, "The IDFModel takes feature vectors and scales each feature"),
    (1.0, "CountVectorizer converts text documents to vectors of term
counts")
], ["label", "sentence"])       # 创建 DataFrame 数据，供操作使用
```

构建 Tokenizer 对象，输入列时要处理 DataFrame 的对应列名，最后返回 Transformer 处理后的 DataFrame 数据。

```
tokenizer = Tokenizer(inputCol="sentence", outputCol="words")
wordsData = tokenizer.transform(sentenceData)     # 进行分词操作，返回一个
DataFrame 对象
wordsData.printSchema()          # 查看返回的 DataFrame 数据，添加单词数组列
```

HashingTF 对分词后的数组使用散列方法转化为一个特征向量。

```
# HashingTF 对分词后的单词数组进行处理，并指定特征值
hashingTF = HashingTF(inputCol="words", outputCol="rawFeatures",
```

```
numFeatures=10)
featurizedData = hashingTF.transform(wordsData)
```

使用 IDF 进行调整。

```
idf = IDF(inputCol="rawFeatures", outputCol="features")
idfModel = idf.fit(featurizedData)             # 训练数据，返回模型
rescaledData = idfModel.transform(featurizedData)
                                               # 模型转化
rescaledData.select("label","words", "features").collect()
                                               # 查看转化后的特征数据，其结果如下
[Row(label=0.0, words=[u'idf', u'is', u'an', u'estimator', u'which', u'is',
u'fit', u'on', u'a', u'dataset', u'and', u'produces', u'an', u'idfmodel'],
features=SparseVector(10, {0: 0.2877, 1: 1.3863, 2: 2.0794, 3: 0.0, 5:
0.0, 6: 0.2877, 7: 0.5754})),...
```

（2）Word2Vec 特征抽取。以下代码将模拟一系列的文档（实际是一个句子），这些文档可用于单词数组，对于每个文档，先将其转换为特征向量，而后再传递给学习算法处理。

```
from pyspark.ml.feature import Word2Vec        # 导入 Word2Vec
documentDF = spark.createDataFrame([
    ("Word2Vec is an Estimator which takes sequences of words
representing".split(" "), ),
    ("The Word2VecModel transforms each document into a vector using".
split(" "), ),
    ("his vector can then be used as features for prediction".split(" "),
)
], ["text"])  # 创建测试 DataFrame
```

若将对应的文档转化为特征向量，应先构建 Word2Vec 估计器。

```
# 创建 Word2Vec 对象，它是一个 Estimator 估计器
word2Vec = Word2Vec(vectorSize=3, minCount=0, inputCol="text",
outputCol="result")
model = word2Vec.fit(documentDF)               # 训练数据返回 Word2VecModel
result = model.transform(documentDF)           # 转换数据
for row in result.collect():                   # 查看转换的特征
    text, vector = row
print(u"文本 : [%s] => \n特征向量 : %s\n" % (", ".join(text), str(vector)))
# 输出的结果如下
文本 : [his, vector, can, then, be, used, as, features, for, prediction]
=>
特征向量 : [0.0018979262560606003,-0.034886953281238677,-
0.03560755136422813]
```

（3）FeatureHasher 特征抽取。将一组分类或数值特征分解为指定维度的特征向量 (通常比原始特征空间小得多)，这是用哈希技巧将特征映射到特征向量中的索引。以下代码构建了一个有 4 列数据的 DataFrame，由于每列数据类型不同，会导致在哈希转换中产生不同的行为。

```
from pyspark.ml.feature import FeatureHasher      # 导入 FeatureHasher
dataset = spark.createDataFrame([
```

```
    (2.2, True, "1", "foo"),
    (3.3, False, "2", "bar"),
    (4.4, False, "3", "baz"),
    (5.5, False, "4", "foo")
], ["real", "bool", "stringNum", "string"])          # 创建测试用 DataFrame
```

创建哈希映射转换器，指定输入列为以上创建DataFrame的4列，而输出列为经过哈希处理的列。

```
hasher = FeatureHasher(inputCols=["real", "bool", "stringNum",
"string"],outputCol="features")
featurized = hasher.transform(dataset)                # 转化数据
featurized.show(truncate=False)                       # 查看转换的数据
real   bool   stringNum   string   features
2.2    true   1           foo      (262144,[174475,247670,257907,262126],
                                   [2.2,1.0,1.0,1.0])
```

15.3.2 特征转换

特征转换只是将特征从一种表示形式转换为另一种表示形式。需要特征转换的原因：数据类型不适合输入到机器学习算法中，如文本、类别；特征值在学习过程中可能会产生问题，如不同尺度的数据；减少绘制和可视化数据的特征数量，加速训练或提高特定模型的准确性。在 PySpark ML 模块中有很多用于特征转换算法的类，这里只列举 3 个代码演示。

（1）StringIndexer 对字符串列的编码。StringIndexer 将标签的字符串列编码为数字下标索引。代码如下所示，将由字符串表示的分类转换为由数字表示。

```
from pyspark.ml.feature import StringIndexer
                                  # 导入 StringIndexer
df = spark.createDataFrame(
    [(0, "a"), (1, "b"), (2, "c"), (3, "a"), (4, "a"), (5, "c")],
["id", "category"])               # 构建测试用 DataFrame，其中 category 列由字符串表示
indexer=StringIndexer(inputCol="category", outputCol="categoryIndex")
                                  # 构建 StringIndexer 估计器
indexed = indexer.fit(df).transform(df)
                                  # 训练和转换数据
indexed.show()                    # 查看数据
  id     category    categoryIndex
   0        a            0.0
   1        b            2.0
   2        c            1.0
```

（2）IndexToString 字符串列编码逆过程。与 StringIndexer 相反，IndexToString 将由 StringIndexer 转换后的数据转换原来的列。这样的作用是在数据训练预测后，可以使用原始标签以便于查看。

```
from pyspark.ml.feature import IndexToString, StringIndexer    # 导入
IndexToString, StringIndexer
df = spark.createDataFrame(
```

```
    [(0, "a"), (1, "b"), (2, "c"), (3, "a"), (4, "a"), (5, "c")],
["id", "category"])      # 构建测试用 DataFrame，其中 category 列由字符串表示
indexer=StringIndexer(inputCol="category", outputCol="categoryIndex")
                                             # 构建 StringIndexer 估计器
indexed = indexer.fit(df).transform(df)      # 训练和转换数据
```

通过 StringIndexer 训练的数据，使用 IndexToString 还原标签。

```
# 创建 IndexToString 转换器，输入列为经过 StringIndexer 处理的输出列
converter = IndexToString(inputCol="categoryIndex",
outputCol="originalCategory")
converted = converter.transform(indexed)     # 转换数据
converted.select("id", "categoryIndex", "originalCategory").show()   # 查看
数据
  id    categoryIndex           originalCategory
   0             0.0            a
   1             2.0            b
   2             1.0            c
```

（3）OneHotEncoder 映射一个分类特征。独热编码映射一个分类特征，表示为一个标签索引。它的一个单值表明了一个特定特征值的存在，并且可以转换多个列，返回每个输入列的独热编码的输出向量列。

```
from pyspark.ml.feature import OneHotEncoderEstimator    # 导入
OneHotEncoderEstimator
df = spark.createDataFrame([
    (0.0, 1.0),(1.0, 0.0),(2.0, 1.0),
    (3.0, 2.0),(2.0, 1.0),(3.0, 0.0)
], ["category1", "category2"])    # 构建用于测试的 DataFrame，其中包括两个分类列
# 创建一个独热编码估计器，输入列为测试 DataFrame 的分类列
encoder=OneHotEncoderEstimator(inputCols=["category1","category2"],output
Cols=["Vec1","Vec2"])
model = encoder.fit(df)          # 训练数据
encoded = model.transform(df)    # 转换数据
encoded.show()                   # 查看数据
category1  category2      Vec1                 Vec2
    0.0    1.0            (3,[0],[1.0])        (2,[1],[1.0])
    1.0    0.0            (3,[1],[1.0])        (2,[0],[1.0])
```

15.3.3 特征选择

特征选择是机器学习工作流程中关键的组成部分。高维度的数据模型通常会被阻塞，特征选择通过减少尺寸，又不损耗全部信息的方法来解决问题，这样也有助于理解特征及其重要性。在 pyspark ml 中有 3 个特征选择算法类：VectorSlicer、Rformula 和 ChiSqSelector。

（1）ChiSqSelector 算法。卡方选择器以分类特征的标记数据运行，使用 k 平方检验独立来决定选择哪个特性。以下代码构建一个包含 id、features、resulted 的 DataFrame，其中 features 是训练后

的特征列向量，而 resulted 是预测列，现在要从 features 特征向量中找出对预测最有效的列。

```
from pyspark.ml.feature import ChiSqSelector    # 导入卡方选择器
from pyspark.ml.linalg import Vectors
df = spark.createDataFrame([
    (1, Vectors.dense([2.0, 3.0, 10.0, 1.0]), 1.0,),
    (2, Vectors.dense([0.0, 1.0, 7.0, 0.0]), 0.0,),
    (3, Vectors.dense([1.0, 2.0, 3.0, 0.1]), 0.0,)], ["id", "features",
"resulted"])# 构建 DataFrame
```

构建卡方选择器，第一个参数为 numTopFeatures，表示选择几个最具有预测能力的特征，Label 参数表示预测的列。

```
selector= ChiSqSelector(numTopFeatures=1, featuresCol="features",outputCo
l="selectedFeatures", labelCol=" resulted ")        # 构建卡方选择器
result = selector.fit(df).transform(df)             # 训练转换数据
result.show()                                       # 查看数据
id      features            resulted    selectedFeatures
1       [2.0,3.0,10.0,1.0]  1.0         [2.0]
2       [0.0,1.0,7.0,0.0]   0.0         [0.0]
3       [1.0,2.0,3.0,0.1]   0.0         [1.0]
```

（2）VectorSlicer 算法。VectorSlicer 是一个转换器输入特征向量，输出原始特征向量子集。VectorSlicer 接收带有特定索引的向量列，通过对这些索引的值进行筛选得到新的向量集。

```
from pyspark.ml.feature import VectorSlicer         # 导入 VectorSlicer
from PySpark.ml.linalg import Vectors
# 构建一个只包含特征向量的 DataFrame，特征向量有 5 个特征
df = spark.createDataFrame([(Vectors.dense([-2.0, 2.3, 0.0, 0.0, 1.0]),),
            (Vectors.dense([0.0, 0.0, 0.0, 0.0, 0.0]),),
            (Vectors.dense([0.6, -1.1, -3.0, 4.5, 3.3]),)], ["features"])
```

构建 VectorSlicer 转换器，对第 3 个参数 indices 只选择第 2 和第 5 个特征。

```
vs=VectorSlicer(inputCol="features", outputCol="sliced", indices=[1, 4])
data=vs.transform(df)            # 转换数据
data.show(truncate=False)        # 查看转换后的 DataFrame
features                  sliced
[-2.0,2.3,0.0,0.0,1.0]    [2.3,1.0]
[0.0,0.0,0.0,0.0,0.0]     [0.0,0.0]
```

（3）Rformula 算法。Rformula 通过 R 模型公式来选择列，R 模型公式是将数据中的字段通过 R 语言的 Model Formulae 转换成特征值。转换的特征列名为 lable，类型为 Double。

```
from pyspark.ml.feature import RFormula
# 构建用于转换的 DataFrame
df = spark.createDataFrame([(1.0, 1.0, "a"),(0.0, 2.0, "b"),(0.0, 0.0,
"a")], ["y", "x", "s"])
rf = RFormula(formula="y ~ x + s")    # 使用 Rformula 转换器，在参数中定义转换方法
data=model = rf.fit(df).transform(df)          # 训练转换
```

```
data.show()                                              # 查看转换的数据
y     x     s    features   label
1.0   1.0   a    [1.0,1.0]   1.0
0.0   2.0   b    [2.0,0.0]   0.0
0.0   0.0   a    [0.0,1.0]   0.0
```

15.4 PySpark 机器学习包的使用

从本节开始结合已说明的开发步骤和特征处理方法，达到对 PySpark ML 模块的整体性认识，并能合理使用各种常用的机器学习算法。代码操作主要由 5 个步骤组成，在每个步骤中使用已说明的 PySpark API。

（1）读取数据：读取各类的数据源，用 DataFrame 进行构建分析。

（2）探索性数据分析：用各 PySpark API 对数据进行浏览、统计，以加强对数据的理解。

（3）特征转换：针对特征列进行转换工作，以适应特征机器学习算法的要求。

（4）算法训练数据：构建机器学习算法，对数据训练做出预测。

（5）预测的准确性：查看训练预测结果的准确性。

15.4.1 线性回归

线性回归是利用数据统计的回归分析，来确定两种或两种以上变量间相互依赖关系的一种统计分析方法。最简单的表达形式为 y=ax+b，其中包含一个自变量和一个因变量，也可以称这种回归分析为一元线性回归。如果有多个自变量，且自变量和因变量为线性关系，则是多元线性回归。

接下来构造一份有 6 列的测试数据，数据的样式如下，通过这份数据可使用 PySpark ML 模块的线性回归算法进行训练和预测。

```
var1    var2    var 3   var4        var5    result
537,    596 ,   86,     0.317,      0.252,  0.374
509,    624,    79,     0.308,      0.244,  0.382
676,    733,    73,     0.325,      0.259,  0.437
```

（1）构建 SparkSession 对象和读取数据，用 DataFrame 进行分析。

```
from pyspark.sql import SparkSession
spark=SparkSession.builder.appName('lin_reg').getOrCreate()     # 创建
SparkSession 对象
# 读取构建测试数据文件
df=spark.read.csv('linear_dataset.csv',inferSchema=True,header=True)
```

（2）数据探索性分析，检测数据质量和相关的特征。对数据有一定的认识，且为后续进行线性回归训练做准备。

```
print((df.count(), len(df.columns)))
                          # 查看数据规模，输出如下有 1151 行 6 列的数据
(1151, 6)
df.printSchema()          # 查看 DataFrame 表模型，输入如下包括 5 个自变量一个应变量
的数据
root
  |-- var1: integer (nullable = true)
  |-- var2: integer (nullable = true)
  |-- var3: integer (nullable = true)
  |-- var4: double (nullable = true)
  |-- var5: double (nullable = true)
  |-- result: double (nullable = true)
df.describe().show()      # 查看统计值，其计算结果如图 15-1 所示
```

summary 列是指各项的统计值，包括平均值、标准差、最大值等。其中从 var1 到 var5 是原始特征列，result 是要预测的列。

summary	var1	var2	var3	var4	var5	result
count	1150	1150	1150	1150	1150	1150
mean	643.6973913043478	644.2704347826087	71.62608695652175	0.3191382608695646	0.15598347826086953	0.3919947826086955
stddev	63.10662570038112	64.78680908019999	13.753493658264567	0.030429290211964388	0.010494753386318759	0.034980138199992294
min	460	461	40	0.161	0.11	0.301
max	1009	1103	116	0.369	0.194	0.491

图 15-1　线性回归中测试数据的统计值

```
from pyspark.sql.functions import corr
df.select(corr('var1','result')).show()
                        # 计算各自变量与应变量的相关性，以 var1 为例
corr(var1, result)
0.512530311949889
```

（3）先进行特征转换，以适应模型算法中的要求。

```
from pyspark.ml.linalg import Vector
from pyspark.ml.feature import VectorAssembler
                        # 导入库 VectorAssembler，用于特征转换
# 构建 VectorAssembler 转换器，将数据中的 5 个自变量转换成一个特征向量
vec_assmebler=VectorAssembler(inputCols=['var1', 'var2', 'var3', 'var4',
'var5'],outputCol='features')
features_df=vec_assmebler.transform(df)
                        # 训练数据后，在返回的 DataFrame 中添加了 features 列
features_df.select('features').show(2,truncate=False)
                        # 查看转换后 DataFrame 的 features 列
features
[634.0,666.0,61.0,0.316,0.159]
[600.0,600.0,94.0,0.31,0.146]
```

再将转换后的数据划分为训练集合和预测集合。

```
model_df=features_df.select('features','output')
                                          # 只选择需要的特征向量和对应预测列
train_df,test_df=model_df.randomSplit([0.7,0.3])
                                          # 随机分配训练和预测数据，比例为 7:3
```

（4）使用 pyspark.ml.regression 模块构建线性回归模型。

```
from pyspark.ml.regression import LinearRegression
                                          # 导入线性回归库
# 创建 LinearRegression，评估其参数设置对应的特征列和预测列对应要处理 DataFrame 的列名
lin_reg=LinearRegression(featuresCol='features',labelCol='result')
lr_model=lin_reg.fit(train_df)            # 对划分的训练集合数据进行训练
print('{}{}'.format(' 方程截距 :',lr_model.intercept))
                                          # 查看训练后线性方程的截距，模型的 intercept
方程截距 :-0.0341052044358
print('{}{}'.format(' 方程参数系数 :',lr_model.coefficients))
                                          # 回归方程中 5 个自变量的系数
方程参数系数 :
[7.56933354878375e-05,0.00010275807727516532, 0.0005114091819457881,
0.15148017117148063, 1.4514984185449151]
```

（5）对训练后的数据使用评估器进行评估。

```
training_predictions=lr_model.evaluate(train_df)     # 进行评估
# 通过均方误差 meanSquaredError 评估估值的准确性，其值在 [0,1] 间且其值越小越好
print('{}{}'.format(' 均方误差 :',training_predictions.meanSquaredError))
均方误差 :0.000512713870761
# 通过 R2 判定系数，评估模型的拟合程度，其值越接近 1，则说明模型越有较高的价值
print('{}{}'.format('R2 判定系数: ',training_predictions.r2 ))
 R2 判定系数: 0.601601692958
```

通过以上评估，使用均方误差和 R2 进行准确性判断，可以判定训练模型有较大的使用价值，接下来就可以使用训练模型对预测数据集进行预测了。

15.4.2 逻辑回归

Logit 模型（Logit model）也称评定模型、分类评定模型。它是离散选择法模型之一，也是最早的离散选择模型。逻辑回归可用于分类操作，但由于逻辑回归算法本身性质决定了其更常用于二分类。

1. 逻辑回归二分类

逻辑回归模型和线性回归在形式上基本相同，但其表达式为 w`$x$+b，实际上更为复杂。其中 w 和 b 是待求参数，区别在于其因变量不同，多重线性回归直接将 w`x+b 作为因变量，即 y=w`x+b。因变量可以是二分类的，也可以是多分类的。但是二分类的更为常用也更加容易解释，多类可以使用 softmax 方法进行处理。通过公式模型图可更容易理解二分类，如图 15-2 所示。

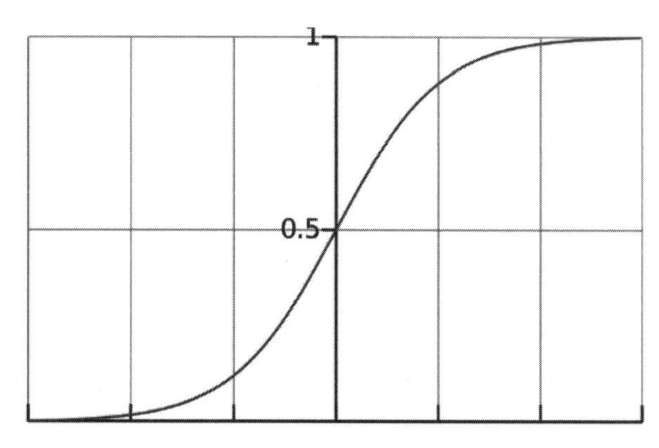

图 15-2 逻辑回归模型

该函数是一条 S 形的曲线。可以发现曲线在中心点附近的增长速度较快，而两端的增长速度较慢。w 值越大，曲线中心的增长速度越快，并从图中可知 Y 的值域为 (0,1)。当决策函数值大于或等于 0.5 时，对应 x 属性对象归为正样本。当决策函数值小于 0.5 时，对应 x 属性的对象归为负样本，即可对样本数据进行二分类。

2. PySpark ML 中的逻辑回归算法

用于测试的数据为模拟国内用户在不同电商平台中进行购物的行为，数据的样式和说明如下。

```
模拟数据为不同城市的客户在不同的电商平台上搜索产品后是否进行购买的信息，其中城市包括北京、
上海、广州、深圳，电商平台包括 TaoBao、JingDong、SuNing。数据中记录了客户的年龄和浏
览的商品数及最后是否购买
城市    年龄    是否第一次访问    电商平台    搜索产品数    是否购买
广州    38      1                 TaoBao      12            0
深圳    29      1                 TaoBao      11            0
上海    32      1                 SuNing      1             0
北京    33      1                 JingDong    3             0
```

（1）创建 SparkSession 对象读取数据，构建分析用 DataFrame。

```
from pyspark.sql import SparkSession
spark=SparkSession.builder.appName('log_reg').getOrCreate()
                            # 创建 SparkSession 对象
df=spark.read.csv('Log_Reg.csv',inferSchema=True,header=True)
                            # 读取模拟数据
```

（2）数据探索性分析，检测数据质量和相关的特征，即对数据有一定的认识，为后续进行逻辑回归训练做准备。

```
# 查看数据规模，及全景统计
print((df.count(),len(df.columns)))
                            # 查看数据规模，输出表有 1.5 万行数据，其有 6 列
 (15056, 6)
df.printSchema()            # 查看数据结构，确定各列类型是否能转换和是否为 null
 root
 |-- 城市 : string (nullable = true)
```

```
 |-- 年龄 : integer (nullable = true)
 |-- 是否第一次访问 : integer (nullable = true)
 |-- 电商平台 : string (nullable = true)
 |-- 搜索产品数 : integer (nullable = true)
 |-- 是否购买 : integer (nullable = true)
df.groupBy(' 城市 ').count().show()     # 统计各城市的客户数
城市     count
深圳     1947
上海     9184
北京     887
广州     3038
df.groupBy(' 电商平台 ').count().show() # 统计各电商平台的客户数
电商平台       count
 JingDong     4321
   TaoBao     7432
   SuNing     3303
df.groupBy(' 城市 ').mean().show()      # 以城市维度进行平均值统计，其计算结果如
图 15-3 所示
```

通过以城市计算各用户的特征均值，发现北京用户在电商平台上搜索的次数最多，且最后购买的可能性也较高。

城市	avg(年龄)	avg(是否第一次访问)	avg(搜索产品数)	avg(是否购买)
深圳	30.26707755521315	0.3261427837699024	4.927067282999486	0.03697996918335902
上海	28.408101045296167	0.518074912891986	9.976698606271777	0.5431184668989547
北京	27.704622322435174	0.560315670800451	11.082299887260428	0.644870349492672
广州	27.94042132982225	0.5401579986833444	10.673140223831467	0.6135615536537196

图 15-3　城市维度统计的平均值

（3）进行特征转换，如城市和电商平台这两列都是字符串形式，需要进行转换。

```
from pyspark.ml.feature import StringIndexer     # 导入 StringIndexer 库
# 构建 StringIndexer 估计器，输入列是电商平台并训练数据
str_index=StringIndexer(inputCol=" 电商平台 ", outputCol=" 电商平台索引
").fit(df)
df =str_index.transform(df)    # 转换数据，返回经过特征转换后的 DataFrame
df.show()      # 查看转换后的数据，可以看到最后一列为转换的特征
 城市   年龄   是否第一次访问   电商平台    搜索产品数    是否购买    电商平台索引
 广州   38     1                TaoBao      12            0           0.0
 深圳   37     1                JingDong    2             0           1.0
 上海   32     1                SuNing      1             0           2.0
```

使用独热编码将刚才用 StringIndexer 转换的特征，进一步转换为特征向量。

```
from pyspark.ml.feature import OneHotEncoder     # 导入独热编码库
# 对刚才使用 StringIndexer 编码的列进行独热编码，生成特征向量
commerce_vector = OneHotEncoder(inputCol=" 电商平台索引 ", outputCol=" 电商平
台索引向量 ")
```

```
df = commerce_vector.transform(df)   # 转换数据
df.show()        # 查看生成的特征向量数据
城市 年龄 是否第一次访问 电商平台 搜索产品数 是否购买 电商平台索引 电商平台索引向量
广州 38   1              TaoBao   12         0        0.0          (2,[0],[1.0])
深圳 29   1              TaoBao   11         0        0.0          (2,[0],[1.0])
```

先按照同样的操作对城市列进行特征转换操作，生成特征向量。转换后最终生成包含特征向量的 DataFrame 数据，如图 15-4 所示。

```
country_indexer = StringIndexer(inputCol=" 城市 ", outputCol=" 城市索引
").fit(df)
df = country_indexer.transform(df)
country_vector = OneHotEncoder(inputCol=" 城市索引 ", outputCol=" 城市索引向量
")
df = country_vector.transform(df)
```

然后在原始数据集的基础上添加了两个转换的特征向量，分别是城市索引向量和电商索引向量。

城市	年龄	是否第一次访问	电商平台	搜索产品数	是否购买	电商平台索引	电商平台索引向量	城市索引	城市索引向量
广州	38	1	TaoBao	12	0	0.0	(2,[0],[1.0])	1.0	(3,[1],[1.0])
深圳	29	1	TaoBao	11	0	0.0	(2,[0],[1.0])	2.0	(3,[2],[1.0])
深圳	37	1	JingDong	2	0	1.0	(2,[1],[1.0])	2.0	(3,[2],[1.0])
上海	32	1	SuNing	1	0	2.0	(2,[],[])	0.0	(3,[0],[1.0])
北京	33	1	JingDong	3	0	1.0	(2,[1],[1.0])	3.0	(3,[],[])

图 15-4　逻辑回归测试的特征转换

最后将转换的特征向量列和其他列一起转换为一个更大的特征向量，这样的数据才能符合使用逻辑回归算法类的参数要求。

```
from pyspark.ml.feature import VectorAssembler
                                         # VerctorAssembler 将多列合并成向量列
# 在输入列中字段列表转化为一个特征向量，以“特征值向量”为列名返回
df_assembler = VectorAssembler(inputCols=[' 电商平台索引向量 ',' 城市索引向量 ','
年龄 ', ' 是否第一次访问 ',' 搜索产品数 '], outputCol=" 特征值向量 ")
df = df_assembler.transform(df)        # 进行特征转换
df.printSchema()   # 最终查看可用于逻辑回归算法的表结构，但实际只需要 " 特征值向量 " 和
" 是否购买 " 两列
 root
 |-- 城市 : string (nullable = true)
 |-- 年龄 : integer (nullable = true)
 |-- 是否第一次访问 : integer (nullable = true)
 |-- 电商平台 : string (nullable = true)
 |-- 搜索产品数 : integer (nullable = true)
 |-- 是否购买 : integer (nullable = true)
 |-- 电商平台索引 : double (nullable = false)
 |-- 电商平台索引向量 : vector (nullable = true)
 |-- 城市索引 : double (nullable = false)
 |-- 城市索引向量 : vector (nullable = true)
 |-- 特征值向量 : vector (nullable = true)
```

（4）划分数据用于逻辑回归算法的处理。

```
model_df=df.select(['特征值向量','是否购买'])
                                   # 选择特征列和预测列构建而成的 DataFrame
training_df,test_df=model_df.randomSplit([0.7,0.3])
                                   # 训练集合和测试集合比例为 7:3
# 查看划分后训练数据集合的状况，了解划分情况。同样方法适用于测试集合
training_df.count()                # 训练集合数据量为 10545
 10545
training_df.groupBy('是否购买').count().show()
                                   # 查看训练集合中的购买人数
   是否购买  count
     1      5301
     0      5244
```

（5）使用逻辑回归算法进行训练和预测数据。

```
from pyspark.ml.classification import LogisticRegression # 导入逻辑回归算法库
# 构建逻辑回归估计器，特征列为 "特征值向量"，预测列为 "是否购买"
log_reg=LogisticRegression(features='特征值向量',labelCol='是否购买')
log_reg_model=log_reg.fit(training_df)    # 进行训练数据
```

对训练后的预测列进行查看，使用评估器对预测的准确性进行验证。将实际已购买和预测会购买的记录函数筛选出，同时获取购买的概率。

```
train_results= log_reg_model.evaluate(training_df).predictions     # 使用评
估器查看其预测的准确性
# 将实际已购买和预测会购买的记录通过 filter 函数筛选出，同时获取购买的概率
train_results.filter(train_results['是否购买']==1).filter(train_
results['prediction']==1).select(['是否购买','prediction','probability']).
show(10,False)
```

prediction 列显示预测的结果，probability 列显示预测准确性的概率。通过如图 15-5 所示的数据就可以发现预测成功性很高，概率都在 80% 以上。

```
+--------+----------+----------------------------------------+
|是否购买|prediction|probability                             |
+--------+----------+----------------------------------------+
|1       |1.0       |[0.176840126881l667,0.8231598731188332]  |
|1       |1.0       |[0.176840126881l667,0.8231598731188332]  |
|1       |1.0       |[0.176840126881l667,0.8231598731188332]  |
|1       |1.0       |[0.09382282828791462,0.9061771717120853] |
|1       |1.0       |[0.09382282828791462,0.9061771717120853] |
|1       |1.0       |[0.09382282828791462,0.9061771717120853] |
|1       |1.0       |[0.047527672541544205,0.9524723274584559]|
|1       |1.0       |[0.047527672541544205,0.9524723274584559]|
|1       |1.0       |[0.047527672541544205,0.9524723274584559]|
|1       |1.0       |[0.047527672541544205,0.9524723274584559]|
+--------+----------+----------------------------------------+
```

图 15-5　预测的结果

```
# 计算整体预估准确性的比例，可以通过手动计算预测准确的记录数
correct_preds=train_results.filter(train_results['是否购买']==1)    \
.filter(train_results['prediction']==1).count()
```

```
# 通过将预测准确的记录数除以全部的记录数，查看整体预测的正确比例
float(correct_preds)/(training_df.filter(training_df['是否购买']==1).
count())  # 计算结果如下
 0.9398226749669873
# 也可以使用 accuracy 属性直接获取整体预测的正确比例
print('{}{}'.format('预测准确率：', log_reg_model.evaluate(training_df).
accuracy) )
 预测准确率：0.939971550498
```

（6）在成功得到训练数据集的预测结果后，就可对其进行训练和分析了。

```
results= log_reg_model.evaluate(test_df).predictions  # 用构建好的模型对测试
集 test_df 进行训练
# 使用 BinaryClassificationEvaluator 评估其对测试集的预测准确性，以达到更完善的验证
from pyspark.ml.evaluation import BinaryClassificationEvaluator
# 以下两行代码将预测正确，且将分类区分出购买和不购买的记录数
true_postives = results[(results['是否购买'] == 1) & (results.prediction
== 1)].count()
true_negatives = results[(results['是否购买'] == 0) & (results.prediction
== 0)].count()
# 以下两行代码将预测不正确，且将分类区分出预测错误的类型（如购买预测为不购买）
false_positives = results[(results['是否购买'] == 0) & (results.prediction
== 1)].count()
false_negatives = results[(results['是否购买'] == 1) & (results.prediction
== 0)].count()
# 通过计算购买的预测准确性，可以发现其准确性在 90% 以上
precision = float(true_postives) / (true_postives + false_positives)
 0.93179765131
```

15.4.3 随机森林

随机森林算法是一个包含多个决策树的分类器，并且其输出的类别是由个别树输出类别的众数决定的。从概念中可以发现，在学习随机森林算法前需要对决策树进行学习，所以本书先简单讲解决策树的概念，然后再演示 PySpark ml 模块的随机森林算法。

1. 信息熵和决策树

决策树 (Decision Tree）是在已知各种情况发生概率的基础上，通过构成决策树来求期望值大于或等于零的概率。由于预测模型可直观运用概率图解法，计算时通过信息熵来选择树的分支走向，所以在使用决策树前要先了解信息熵的计算方法。

信息熵常被用来作为一个系统信息含量的量化指标。它有 3 个特征：单调性，即发生概率越高的事件，其所携带的信息熵越低；非负性，即信息熵不能为负；累加性，即多随机事件同时发生的量度可以表示为各事件不确定性量度的和。对于信息熵累加性，可使用一个示例进行说明。假设在一个封闭系统的盒子中，其中有各种信息源，这些信息源间，可能相互关联或彼此独立。现在要从这个盒子外部接收这些信息，如果盒子中只有一个数据源，就可以每次都确定信息，这样的必然事件对应的概率是 1，对应的熵值为 0。如果盒子中有很多数据源，当两个独立数据源发生时的概

率是 $P(A)*P(B)$，两个关联数据源条件概率为 $P(A|B)=P(A \cap B)/P(B)$，就可以通过取对数操作，将概率计算转化为加减计算。

2. 决策树计算

在说明完信息熵的特征后，可用实际计算信息熵构建决策树数据。模拟一份银行贷款等级评估的数据，数据样式如图 15-6 所示，有 5 列数据其中前 4 列是用户特征，最后一列“贷款额度”是根据前 4 列特征值做出的决定。

年龄段	是否购车	是否购房	薪资水平	贷款额度
中年	是	是	高	高
少年	是	是	中等	高
青年	是	是	中等	低
中年	否	是	高	高
青年	是	是	高	低
少年	否	是	低	高
少年	否	否	低	低
中年	否	否	低	高
少年	否	是	中等	高
青年	否	是	低	高
青年	是	否	高	低
少年	是	否	中等	低
青年	否	否	中等	高
中年	是	否	中等	高

图 15-6　决策树模拟的数据

使用决策树来判断一个用户的贷款额度等级。要计算每种贷款额度等级的概率和信息熵，在图 15-6 中共有 14 行数据，其中高额度贷款有 9 条，低额度贷款有 5 条，对应的概率计算如下所示。

```
高贷款额度概率 :  9/14 = 0.64
低贷款额度概率 :  5/14 = 0.36
E(贷款额度) = - P(高贷款额度) * log(2)(P(高贷款额度))  - P(低贷款额度) *
log(2)(P(低贷款额度))
          = -( 0.64 * log(2)(0.64)) - (0.36 * log(2)(0.36))
          = -( 0.64 * -0.643856 ) - (0.36 * -1.473931)
          = 0.41206784 + 0.53061516
          = 0.94
用同样的方式可计算各个特征的熵值:  E(年龄) = 0.69 ; E(购车) = 0.79 ; E(购房) =
0.89 ; E(薪资) = 0.91
```

信息增益衡量标准是看特征能够为分类系统带来多少信息，带来的信息越多，该特征越重要。对一个特征而言，系统在有特征和没特征时信息量将会发生变化，而前后信息量的差值就是这个特征给系统带来的信息量。

```
IG(年龄段) = E(贷款额度) - E(年龄段)
```

```
            = 0.94 - 0.69
            = 0.25
IG(购车)    = E(贷款额度) - E(购车)
            = 0.94 - 0.79
            = 0.15
IG(购房)    = E(贷款额度) - E(购房)
            = 0.94 - 0.89
            = 0.05
IG(薪资)    = E(贷款额度) - E(薪资)
            = 0.94 - 0.91
            = 0.03
```

通过求解信息增益量可以发现年龄的信息增益量最大，所以将其作为决策树的 root。通过相同的方法比较各属性就可以得到如图 15-7 所示的决策树。

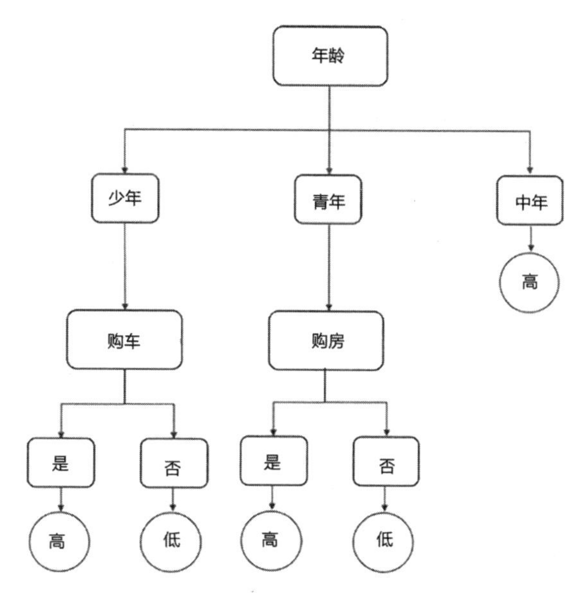

图 15-7 计算决策树

3. PySpark ML 模块的随机森林算法

在知道决策树是如何工作后，就可以转向学习随机森林算法了。正如名字所暗示的，随机森林算法是由许多决策树组成的，其中“随机”的原因是因为树是随机生成的，决策树接受不同数据点训练试图学习输入和输出之间的关系。

使用的数据是模拟一份汽车在不同组合场景的故障情况，数据的样式如下所示。它分别有 6 行数据，其中前 5 行是不同的使用场景，最后一行则表示是否有故障。

```
地区  驾驶员年龄  驾龄  每年保养次数  汽车类型  故障
5     32          6     1             3         0
4     22          2.5   0             2         0
3     32          9     3             3         1
```

（1）构建 SparkSession 对象和用 DataFrame 读取数据构建分析。

```
from pyspark.sql import SparkSession
spark=SparkSession.builder.appName('random_forest').getOrCreate()
df=spark.read.csv('cars.csv',inferSchema=True,header=True)
```

（2）数据探索性分析，检测数据质量和相关的特征。对各列按平均值、方差、最小值、最大值进行统计。

```
print((df.count(),len(df.columns)))     # 查看数据规模，有 6 列共 5207 行数据
 (5207, 6)
df.printSchema()        # 通过查看数据列名，确定列类型是否符合随机森林算法
 root
 |-- 地区 : integer (nullable = true)
 |-- 驾驶员年龄 : double (nullable = true)
 |-- 驾龄 : double (nullable = true)
 |-- 每年保养次数 : double (nullable = true)
 |-- 汽车类型 : integer (nullable = true)
 |-- 故障 : integer (nullable = true)
df.groupBy(' 每年保养次数 ',' 故障 ').count() \     # 统计车辆保养次数和故障件的关系
.orderBy(' 每年保养次数 ',' 故障 ','count',ascending=True).show()
每年保养次数     故障     count
0.0             0        1752
0.0             1        285
1.0             0        680
# 查看 DataFrame 中各列的统计值，结果如图 15-8 所示
df.describe().select('summary',' 地区 ',' 驾驶员年龄 ',' 驾龄 ',' 每年保养次数 ','
汽车类型 ').show()
```

summary	地区	驾驶员年龄	驾龄	每年保养次数	汽车类型
count	5207	5207	5207	5207	5207
mean	4.156135970808527	28.91357787593624	8.799404647589784	1.3578836182062608	2.4536201267524484
stddev	0.9395952913420921	6.860914622077383	7.303439479306463	1.4217206625193524	0.8772697645768409
min	1	17.5	0.5	0.0	1
max	5	42.0	23.0	5.5	4

图 15-8 随机森林算法各列的统计值

（3）进行特征转换，将各特征列转换为一个特征向量。

```
from pyspark.ml.feature import VectorAssembler
                                   # VerctorAssembler 将多列合并成向量列
df_vec=VectorAssembler(inputCols=[' 地区 ', ' 驾驶员年龄 ', ' 驾龄 ', ' 每年保养次
数 ', ' 汽车类型 '], outputCol="features")
df = df_vec.transform(df)          # 将各列转换为特征向量
df.printSchema()                   # 查看转换后的 DataFrame，添加了 features 列
 root
 |-- 地区 : integer (nullable = true)
 |-- 驾驶员年龄 : double (nullable = true)
 |-- 驾龄 : double (nullable = true)
 |-- 每年保养次数 : double (nullable = true)
```

```
 |-- 汽车类型 : integer (nullable = true)
 |-- 故障 : integer (nullable = true)
 |-- features: vector (nullable = true)
```

（4）构建随机森林模型，对数据进行训练。

```
model_df=df.select(['features','故障'])                # 选择训练需要的模型列
train_df,test_df=model_df.randomSplit([0.7,0.3])   # 训练数据和测试数据分为 7:3
from pyspark.ml.classification import RandomForestClassifier
                                                   # 导入随机森林算法库
# 构建随机森林估计器。设置特征列和预测列，numTrees 参数表示训练的决策树
rf_classifier=RandomForestClassifier(featuresCol='features',labelCol='故障',numTrees=30)
rf_model = rf_classifier.fit(train_df)          # 在测试集上使用模型
rf_pred=rf_model.transform(test_df)             # 转换数据，返回的包括预测数据
rf_pred.show(10,False)                          # 查看预测数据，如图 15-9 所示
```

图中的 probability 表示对故障预测的概率，而 prediction 则是使用随机森林算法做出预测的值。

In [21]: rf_pred.show(10,False)

features	故障	rawPrediction	probability	prediction
[1.0,17.5,0.5,0.0,2.0]	0	[18.783571907130153,11.216428092869846]	[0.6261190635710051,0.3738809364289484]	0.0
[1.0,22.0,2.5,0.0,1.0]	1	[13.564496325738299,16.435503674261703]	[0.4521498775246094,0.5478501224753901]	1.0
[1.0,27.0,6.0,1.0,2.0]	0	[12.825942561920609,17.17405743807939]	[0.42753141873068695,0.572468581269313]	1.0
[1.0,27.0,6.0,1.0,3.0]	1	[12.272550916929765,17.727449083070226]	[0.4090850305643256,0.5909149694356743]	1.0
[1.0,27.0,6.0,2.0,2.0]	1	[13.251959727315288,16.748040272684708]	[0.4417319909105097,0.5582680090894904]	1.0
[1.0,27.0,9.0,1.0,3.0]	1	[11.356614627371096,18.643385372628902]	[0.3785538209123699,0.6214461790876301]	1.0
[1.0,27.0,9.0,4.0,1.0]	0	[12.378159288441315,17.621840711558683]	[0.41260530961471054,0.5873946903852895]	1.0

图 15-9　随机森林算法的预测结果

（5）对评估预测的准确性进行判断。

```
from pyspark.ml.evaluation import BinaryClassificationEvaluator
                                                   # 二元分类的评估器
rf_bin=BinaryClassificationEvaluator(labelCol='故障').evaluate(rf_pred)
print('{}{}'.format('使用二元分类评估器的评估结果 :',rf_bin))
                                                   # 查看二元分类评估的准确性
 使用二元分类评估器的评估结果 :0.734692458171
```

评估在特征向量中哪个特征是最重要的特征，这项评估可用于特征选择。通过减少特征个数，能有效防止拟合过度的问题。

```
rf_model.featureImportances   # 发现 0 标签是最重要的，但输出结果没有对应的特征说明
 SparseVector(5, {0: 0.585, 1: 0.0338, 2: 0.233, 3: 0.0795, 4: 0.0687})
# 可以通过 DataFrame 的元数据信息查看特征列对应的重要性
import_feature=df.schema["features"].metadata["ml_attr"]["attrs"]
import json
# 由于中文显示问题，用 json.dump 输出，可以发现“地区”对应 0 标签，这是汽车故障最主要的原因
print json.dumps(import_feature,encoding='utf-8',ensure_ascii=False)
 {"numeric": [{"name": "地区", "idx": 0}, {"name": "驾驶员年龄", "idx": 1},
{"name": "驾龄", "idx": 2}, {"name": "每年保养次数", "idx": 3}, {"name": "
汽车类型", "idx": 4}]}
```

15.4.4 推荐系统

推荐系统是指能够预测用户对一组商品的偏好，并能推荐热门商品的系统。在互联网时代需要推荐系统的一个关键原因是，人们有太多的选择且获取渠道丰富。构建推荐系统的一般处理过程如下：

（1）现实场景到推荐系统模型的转换，构建模型中的转换关系。

（2）划分推荐系统中参与的对象。如电商平台的主要对象是购物者和相关的商品。

（3）将对象用其自身特征进行表述，如购物者可以通过年龄、性别、所住城市等属性特征表示。

（4）将对象的特征结构表述清晰。假设用一个函数来表示对象，通过这个函数就可以将多个对象用一个特征矩阵表示。

（5）将不同类别对象的特征矩阵进行乘操作，就可以计算其相关性。

（6）由于对象的函数是通过假设获取的，所以需要进行评估以获取最优函数。

1. 推荐系统的分类

推荐系统被定义为由人们提供推荐输入，然后系统将这些输入聚合起来，并指向适当的接受者。推荐系统的常见分类有 6 种，其说明如下。

（1）协同推荐系统。它是应用最广泛、最成熟的技术，聚合了对象的评级或推荐。根据用户的评级可识别用户之间的共性，并基于用户间的比较再生成新的推荐。协同过滤是基于这样一种假设：过去同意的人将来也会同意，他们会像过去一样喜欢相似的东西。

（2）基于内容的推荐系统。它主要包括信息过滤研究的衍生和延续。在这个系统中，对象主要由它们的相关特性来定义。它是建立在内容信息上做出推荐的，不需要依据用户对项目的评价意见，更多地需要用机器学习的方法从关于内容的特征描述中获取信息。

（3）基于知识推荐。它是基于对用户需求和偏好的推断来推荐对象的。基于知识推荐的思路：由于知道特定的项目如何满足特定的用户需求，因此可以推断出需求和可能推荐之间的关系。

（4）基于关联规则推荐。它以关联规则为基础，关联规则是形如 $x \rightarrow y$ 的蕴涵式，其中 x 和 y 分别称为关联规则的先导和后继。关联规则挖掘可以发现不同商品在销售过程中的相关性，它在零售业已经得到了成功的应用。

（5）基于效用推荐。它是建立在对用户使用项目的效用情况上计算的，其核心问题是怎么样为每一个用户创建一个效用函数。因此，用户资料模型在很大程度上是由系统采用的效用函数决定的。

（6）组合推荐。由于各种推荐方法都有优缺点，所以在实际中组合推荐的方式经常被采用。研究和应用最多的是内容推荐和协同过滤推荐的组合，它结合了两个以上推荐系统的优势，也消除了彼此的弱点。

2. 使用 PySpark ML 推荐系统

现在使用 PySpark ML 的推荐系统，由于数据为第二章中说明的用户电影评分数据

MovieLens，所以数据格式就不详细说明了，必要时在代码中说明。

（1）创建 SparkSession 对象，读取 MovieLens 数据并创建视图。

```
from pyspark.sql import SparkSession
spark=SparkSession.builder.appName('rs').getOrCreate()
# 由于在数据中，电影和评分是分开的，所以就需要关联获取不同用户对电影的评分
df_ratings=spark.read.csv('ml-latest-small/ratings.csv',inferSchema=True,
header=True)
df_movie=spark.read.csv('ml-latest-small/movies.csv',inferSchema=True,hea
der=True)
df_ratings.createOrReplaceTempView("ratings")      # 构建评分视图
df_movie.createOrReplaceTempView("movies")         # 构建电影视图
```

（2）使用 Spark SQL 查询需要获取的数据列。

```
df_details = spark.sql("SELECT ratings.userId , ratings.movieId ,  \
movies.title , movies.genres , ratings.rating  FROM ratings    \
INNER JOIN movies ON ratings.movieId = movies.movieId ")
                              # 通过两视图关联获取具体的信息
df_details.printSchema() # 查看生成 DataFrame 的表结构，确定是否为需要的数据结构，与
  root                   # 是否要对列的类型进行转换
   |-- userId: integer (nullable = true)
   |-- movieId: integer (nullable = true)
   |-- title: string (nullable = true)
   |-- genres: string (nullable = true)
   |-- rating: double (nullable = true)
```

（3）探索性数据分析，检测数据质量和相关的特征。

```
print((df_details.count(),len(df_details.columns)))
                                        # 确认数据规模，有 5 列数据集共 1 万多行
 (100836, 5)
# 查看进行最多次评分的 userId，有助于评估有可能刷分的账户
df_details.groupBy('userId').count().orderBy('count',ascending=False).
show(10,False)
userId   count
414      2698
599      2478
474      2108
df_details.summary().select('summary','rating').show()
                                              # 查看评分的统计值，并评估数据
   summary              rating
    count               100836                # 总评分次数
    mean          3.501556983616962           # 评分的平均数
   stddev         1.0425292390606342          # 评分的标准差
     min                  0.5                 # 最低评分
     25%                  3.0                 # 第一四分位数
     50%                  3.5                 # 第二四分位数即中位数
     75%                  4.0                 # 第三四分位数
     max                5.0                   # 最高评分
```

（4）进行特征转换操作，由于电影名是字符串格式，所以需要将其转换为数字表示。

```
from pyspark.ml.feature import StringIndexer,IndexToString
stringIndexer = StringIndexer(inputCol="title", outputCol="title_num")
model = stringIndexer.fit(df_details)
indexed_df = model.transform(df_details)    # 将电影名的字符串特征转换为数字表示
# 统计查看经过特征转换的 DataFrame
indexed_df.groupBy('title_num').count().orderBy('count',ascending=False).
show(3,False)
  title_num   count
   0.0         329
   1.0         317
   2.0         307
train,test=indexed_df.randomSplit([0.7,0.3])   # 将训练和测试数据集以 7:3 划分
```

（5）构建推荐系统模型，对数据进行训练和预测。

```
from pyspark.ml.evaluation import RegressionEvaluator    # 导入
RegressionEvaluator 回归评估器
# 计算均方根误差。参数 metricName 表示评估器的名字，目前支持 rmse- 均方根误差、mse- 均
方误差、R2、mae- 平均绝对误差
e=RegressionEvaluator(metricName=mse,predictionCol='prediction',labelCol=
'rating')
mse=e.evaluate(predicted_ratings)
print('{}{}'.format("均方误差：",mse))
                              # 发现误差的相对评分范围是 0~5，虽有点高但还是可以使用的
均方误差：1.12497491767      # 必要时调整模型参数测试，让误差变小
```

（6）向用户推荐可能喜欢的电影，以 userID 为 24 的用户为例进行说明。

```
unique=indexed_df.select('title_num').distinct()
                              # 使用 distinct 查询出所有的电影
unique.count()                # 统计出共有 9719 部电影被评分
all_movie = unique.alias('all_movie')
                              # 对所有电影 DataFrame 重命名，便于使用
# 以 userID 为 24 的用户为被推荐的对象，先在所有电影中找出此用户已经看过且评分的
watched_24=indexed_df.filter(indexed['userId'] == 24).select('title_num').
distinct()
watched_24.count()            # userID 为 24 的用户，只看过 110 部电影
 110
```

在计算出 userID 为 24 的用户已经看过并评分的电影 DataFrame 后，需要找出该用户没有看过的电影，并在这些电影中预估评分最高的向其推荐，推荐结果如图 15-10 所示。

```
# 使用左关联，从所有电影中挑选出 ID 为 24 的用户没有看过的电影，并判断关联字段是否为 null
all_movie.createOrReplaceTempView("all_movie")
watched_24.createOrReplaceTempView("watched_24")
remain_24=spark.sql(" SELECT title_num  FROM ( SELECT a.title_num title_
num ,
b.title_num b_title_num FROM  all_movie a LEFT JOIN watched_24 b
ON a.title_num = b.title_num ) A  WHERE b_title_num is null  ")
remain_24=remain_24.withColumn("userId",lit(24))    # 添加 uselD 列，值都为 24
# 转换获取推荐电影的前 10
```

```
recommends=rec_model.transform(remain_24).orderBy('prediction',ascending=
False).limit(10)
# 转换特征使用电影名字
movie_title = IndexToString(inputCol="title_num",
outputCol="title",labels=model.labels)
final=movie_title.transform(recommendations)
final.show()
```

预测评分列 prediction 中有高于 5 分的情况，原因是模型训练还不够好，评估均方误差为 1.1 也说明了这个问题，所以必要时应进行算法参数调优，使预测更为准确。

```
+---------+------+----------+-----------------------------------------+
|title_num|userId|prediction|title                                    |
+---------+------+----------+-----------------------------------------+
|3885.0   |24    |6.019973  |Trekkies (1997)                          |
|1079.0   |24    |5.61056   |All About Eve (1950)                     |
|1306.0   |24    |5.498757  |Professional, The (Le professionnel) (1981)|
|1545.0   |24    |5.4037766 |Circle of Friends (1995)                 |
|2332.0   |24    |5.3978667 |Louis C.K.: Hilarious (2010)             |
|1690.0   |24    |5.3446827 |His Girl Friday (1940)                   |
|2688.0   |24    |5.329534  |Wonderland (2003)                        |
|1331.0   |24    |5.3073187 |High Noon (1952)                         |
|2590.0   |24    |5.294312  |Pale Rider (1985)                        |
|3391.0   |24    |5.2720866 |Auntie Mame (1958)                       |
+---------+------+----------+-----------------------------------------+
```

图 15-10 推荐列表

15.4.5 朴素贝叶斯分类器

在机器学习中，朴素贝叶斯分类器是一类基于贝叶斯定理的简单“概率分类器”。它是一种基于贝叶斯定理的分类技术，假设类中某个特定特性的存在与其他特性的存在无关。贝叶斯定理解决了生活中经常遇到的条件概率问题。如已知某条件的概率，如何得到两个条件交换后的概率。其中 $P(A|B)$ 表示：在 B 的条件下 A 的概率，也就是在已知 $P(A|B)$ 的情况下如何求出 $P(B|A)$ 的概率。如图 15-11 所示的贝叶斯公式，虽然该公式很简单，但能解决很多复杂的问题。

$$P(A|B)=\frac{P(B|A)P(A)}{P(B)}$$

图 15-11 贝叶斯公式

贝叶斯定理之所以有用，是因为在生活中经常会遇到这种情况：虽然能直接得出 $P(A|B)$，但 $P(B|A)$ 则很难直接得出。贝叶斯定理打通了从 $P(A|B)$ 获得 $P(B|A)$ 的道路。

1. 朴素贝叶斯公式

假设有一份根据天气情况和参加户外运动的统计数据，其具体数据样式如下，现在要根据这份数据统计不同情况下参加活动的概率。

```
日期    天气    户外运动
1       晴天    是
2       阴天    是
```

```
3        雨天     否
4        晴天     是
...
最终的统计结果如下，根据这些统计数值进行计算概率。
天气     没运动        有运动
晴天     3             12               p(晴天): 15/19=0.48
阴天     4             6                p(阴天): 10/31=0.32
雨天     1             5                p(雨天): 6/31=0.19
p(没运动): 8/31=0.25                    p(有运动):23/31=0.74
```

在成功计算了这些基础概率后，再计算条件概率。以晴天为例进行说明，将对应的概率带入贝叶斯公式中。

```
P(有运动|晴天)=p(晴天|有运动) * p(有运动) / p(晴天)
对于p(晴天|有运动) :12 /(12+6+5)=0.52; p(有运动)=0.74; p(晴天)=0.48。最终计算结果如下
P(有运动|晴天):0.52 * 0.74 / 0.48=0.80  发现在晴天下，户外运动的概率很高
```

通过对贝叶斯公式的使用，可以深入性理解一些朴素贝叶斯算法，但是朴素贝叶斯却是一个不够好的估计器。对于它的评估概率需要谨慎验证处理，并且对于朴素贝叶斯中特征独立性的假设，在现实生活中几乎不可能获得一组完全独立的预测变量。

2. 使用 PySpark ML 贝叶斯

下面将使用 Spark ml 对 Hive 的 iris_dataset 数据表进行分类操作，并通过 pyspark.ml.Pipeline 来组织操作涉及的不同模型。

（1）创建 SparkSession 对象，并连接 Hive 读取 iris 表。

```
from pyspark.sql import SparkSession
spark = SparkSession.builder.appName('naive_bayes').getOrCreate()   # 创建
SparkSession 对象
irisdf=spark.sql("SELECT SepalLength, SepalWidth, PetalLength, PetalWidth,
Species FROM iris")
```

（2）探索性数据分析，浏览数据查看数据规模和数据结构。

```
print((irisdf.count(),len(irisdf.columns)))    # 查看数据规模有 5 列共 150 行数据
 (150, 5)
irisdf.describe().select('summary','sepal_length','sepal_width', 'petal_
width','petal_width').show()
summary        sepal_length        sepal_width  petal_width  petal_length
count          150                 150          150          150
mean           5.843               3.054        1.198        3.758
stddev         0.828               0.433        0.763        1.764
min            4.3                 2.0          0.1          1.0
max            7.9                 4.4          2.5          6.9
```

（3）特征转换功能将鸢尾花的 4 个特征数据值转换为一个特征向量，将分类字段转换为数字。

```
from pyspark.ml.feature import StringIndexer
```

```
labelIndexer = StringIndexer(inputCol="Species", outputCol="label") # 将分类列转换为数值类别
from pyspark.ml.feature import VectorAssembler
# 将 4 列特征转化为特征向量
vecAssembler=VectorAssembler(inputCols=["sepal_length","sepal_width","petal_length","petal_width"], outputCol="features")
train, test = irisdf.randomSplit([0.7, 0.3], seed = 100)  # 将数据划分为训练集和测试集
```

（4）构建贝叶斯分类器，并使用 Pipeline 组织各模型。

```
from pyspark.ml.classification import NaiveBayes
from pyspark.ml import Pipeline
# 参数 smooth 是为了防止零频率问题设置的
nb=NaiveBayes(smoothing=1.0, modelType="multinomial")
# 构建一个 stages，其中包含特征转化和贝叶斯估计器
pipeline = Pipeline(stages=[labelIndexer, vecAssembler, nb])
#pipeline 由一系列阶段组成，每个阶段或是估计器，或是转换器。当调用 fit 时按顺序执行阶段
model = pipeline.fit(trainingData)
```

（5）构建模型后，对测试数据集进行预测并查看其准确性。

```
predictions = model.transform(testData)      # 对测试数据进行转换
predictions.printSchema()  # 查看转换后的数据结构，可以发现多了预测列和对应的概率
 root
 |-- sepal_length: double (nullable = true)
 |-- sepal_width: double (nullable = true)
 |-- petal_length: double (nullable = true)
 |-- petal_width: double (nullable = true)
 |-- species: string (nullable = true)
 |-- label: double (nullable = false)
 |-- features: vector (nullable = true)
 |-- rawPrediction: vector (nullable = true)
 |-- probability: vector (nullable = true)
 |-- prediction: double (nullable = false)
# 查看预测的分类及对应的概率。Prediction 列是预测类型，probability 列是对各类型预估概率列表
from pyspark.sql.functions import rand, randn
predictions.select("label", "prediction", "probability").orderBy(rand()).show(10,truncate=False)
label  prediction  probability
0.0    0.0         [0.5102539620018235,0.44669801476904714,0.04304802322912938]
2.0    2.0         [0.28187011846272936,0.164449037425246,0.5536808441120247]
0.0    0.0         [0.5011710102587182,0.4758893090175348,0.02293968072374696]
1.0    1.0         [0.4728547962801507,0.5179831760092096,0.009162027710639722]
```

（6）对评估预测的准确性判断。

```
from pyspark.ml.evaluation import MulticlassClassificationEvaluator
                                              # 多元分类的评估器
#metricName 参数表示对评测的方法，可以使用 explainParam 函数查看具体的评测方法
evaluator=MulticlassClassificationEvaluator(labelCol="label",predictionCol
```

```
="prediction",metricName='accuracy')
evaluator.explainParam("metricName")        # 查看可以使用的评测方法
 'metricName: metric name in evaluation (f1|weightedPrecision|weightedRec
all|accuracy) (default: f1, current: accuracy)'
accuracy = evaluator.evaluate(predictions)
print (u' 预测的准确性：{}'.format(accuracy)) # 查看预测的准确性
预测的准确性：0.936170212766
```

15.4.6 聚类的处理

聚类分析起源于分类学，但聚类并不等于分类。聚类与分类的不同在于，聚类所要求划分的类是未知的。聚类分析以相似性为基础，在一个聚类的模式之间比不在同一聚类中的模式之间具有更多的相似性。

1. 聚类的说明

已介绍的机器学习算法都是监督机器的学习，即在已知目标变量或标签的位置中，试图预测基于输入特性的输出。像聚类这样的无监督学习是没有标记数据的，人们虽不会试图预测任何输出，却想找到有趣的模式，并将数据中类似的值组合在一起形成分类。

（1）聚类处理方法的举例。聚类中通过计算各个数据对象“距离”的大小，将对象进行划分。为便于对“距离”的理解，可先将量化观察对象用一个点来表示，然后再计算各点间的距离。

如将用户通过年龄、身高、体重来表示，量化后的数据如下。现要计算两个用户间的距离，方法同计算平面上两点距离一样，即欧几里得度量。

```
用户 ID     年龄     薪水（k）    体重（kg）   身高（cm）
1001        30       15k          62           172
1002        40       25k          75           170
```

欧几里得度量是一个通常采用的距离定义，指在 m 维空间中两个点之间的真实距离，或者向量的自然长度。在二维和三维空间中欧氏距离就是两点之间的实际距离，具体的计算公式如图 15-12 所示。

$$Dist_{(A,B)} = \sqrt{(A1-B1)^2+(A2-B2)^2+(A3-B3)^2+(A4-B4)^2}$$

图 15-12 欧几里得距离计算

通过欧几里得公式，对上面列举数据中的两个用户距离进行计算，得到两个用户间的距离为 19.3。

```
= √ ((30-40)² + (15-25)² + (62-75)² + (172-170)²)
= √ (100+100+169+4)
= 19.3
```

（2）*K*-Means 算法。*K*-Means 算法是一种迭代求解的聚类分析算法，其步骤是先随机选取 *K* 个对象作为初始的聚类中心，然后计算每个对象与各个子聚类中心之间的距离，最终把每个对象分配给距离其最近的聚类中心，如图 15-13 所示。

*K*代表数据集中划分类别的个数。从图中可以很明显看到数据集被划分为3类，对应*K*的值为3，且每个分类中都有一个位于中心的叉号点，即图心。它既是一个集群中心的数据，也是集群中最具有代表性的点，每个集群中数据点到图心的距离最近。如图 15-14 所示，通过方差来确定图心，方差是分类集群内其他点到这个点距离的最小平方和。

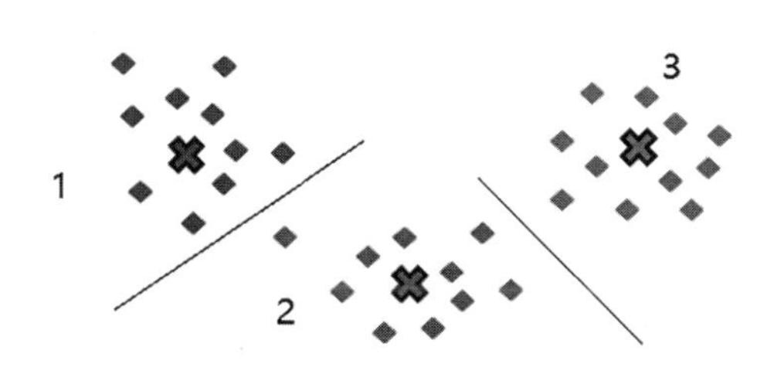

图 15-13　*K*-Means 算法

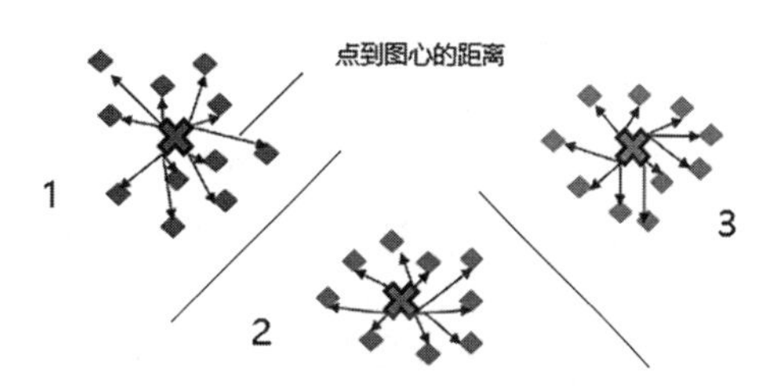

图 15-14　*K*-Means 算法的图心

2. PySpark ML 聚类算法

使用 PySpark ML 的 *K*-Means 算法，对鸢尾花数据 iris_dataset 进行聚类操作。由于在原始数据中已有分类列，可使用 *K*-Means 算法进行新的分类分析。

（1）创建 SparkSession 对象并读取 iris 数据，构建 DataFrame。

```
from pyspark.sql import SparkSession
spark = SparkSession.builder.appName('k_means').getOrCreate()
                                            # 创建 SparkSession 对象
df=spark.read.csv('iris_dataset.csv',inferSchema=True,header=True)
                                            # 读取数据
```

（2）探索性数据分析，检测数据质量和相关的特征。

```
print((df.count(),len(df.columns)))         # 查看数据规模有 5 列共 150 行数据
 (150, 5)
df.groupBy('species').count().orderBy('count',ascending=False).show(3)
                                            # 各种类的汇总值相同
 species     count
 virginica     50
 versicolor    50
 setosa       50
df.printSchema()  # 查看数据模型：共有五列，其中四列是数值列，标签列是分类列
 root
 |-- sepal_length: double (nullable = true)
 |-- sepal_width: double (nullable = true)
 |-- petal_length: double (nullable = true)
 |-- petal_width: double (nullable = true)
 |-- species: string (nullable = true)
```

（3）特征转换功能，将鸢尾花的四个特征数据值转换为一个特征向量。

```
from pyspark.ml.linalg import Vectors
from pyspark.ml.feature import VectorAssembler
input_cols=['sepal_length', 'sepal_width', 'petal_length', 'petal_width']
# 构造输入列
vec_as = VectorAssembler(inputCols = input_cols, outputCol='features')
data = vec_as.transform(df)                  # 转换数据
data.orderBy(rand()).show(10,False)   # 特征转换后的数据中多了 features 一列
sepal_length sepal_width petal_length petal_width species   features
4.8          3.1         1.6          0.2         setosa    [4.8,3.1,1.6,0.2]
5.8          2.7         5.1          1.9         virginica[5.8,2.7,5.1,1.9]
7.3          2.9         6.3          1.8         virginica[7.3,2.9,6.3,1.8]
```

（4）创建 *K*-Means 算法模型和计算合适的 *K* 值。

```
# 在前面说明 K-Means 算法时，已说明了 K 值需要自己设定，并且计算聚类后各点到图心距离的差平方和最小，这些都表明了聚类算法会很耗时
from pyspark.ml.clustering import KMeans    # 导入 K-Means 库
squared_errors={}          # 用字典存放不同 K 值对应的最小误差平方和
for k in range(2,21):     # 用于计算 K 值从 2~20
kmeans = KMeans(featuresCol='features',k=k)
                           # 构建 KMeans，估计其参数传递的特征列和 k 值
    model = kmeans.fit(data)
    distance = model.computeCost(data)       # computeCost 返回误差平方和
    squared_errors[k]=distance
    print(" 当 K 值为：{}".format(k))
    print(" 集合内误差平方和：" + str(distance))
print('------------------------------')
# 在上面 for 循环中，计算 K 值及其对应的误差平方和输出的结果如下
  当 K 值为 2 时，
集合内误差平方和：152.368706477
  --------------------------------
  当 K 值为 3 时，
集合内误差平方和：78.945065826
--------------------------------
  当 K 值为 4 时，
集合内误差平方和：71.6570902675
--------------------------------
...
```

（5）通过 Python Mathplotlib 库以图形方式查看各 *K* 值及其误差平方和，如图 15-15 所示。

```
import matplotlib.pyplot as plt          # 导入 matplotlib 库
plt.scatter(squared_errors.keys(),squared_errors.values())
                                         # 使用散点图绘制
plt.xlabel(u'k 值 -K Value')             # 设置 x 轴
plt.ylabel(u' 误差平方和 -SSE Value')    # 设置 y 轴
plt.savefig('K-Value.jpg')               # 图片保存
```

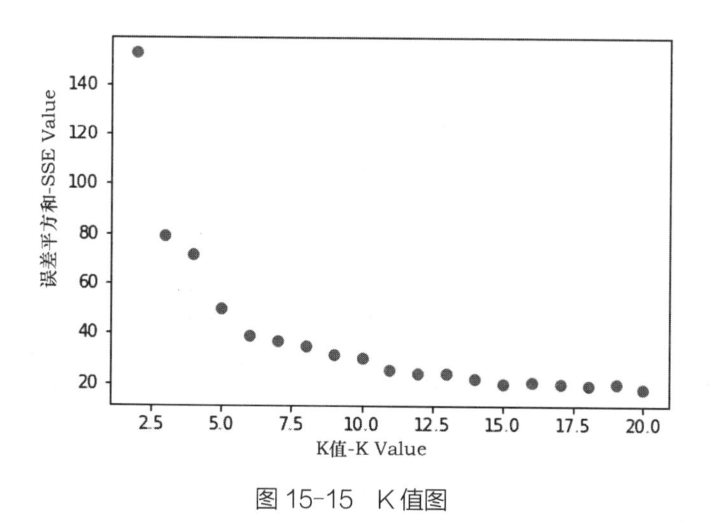

图 15-15 K 值图

通过分析发现，*K* 值明显分成 3 段，即 *K* 为 2 是一段，*K* 为 3 和 4 是一段，但 *K* 大于、等于 5 后，误差就开始小范围变化，所以选择 *K* 为 5 作为分类数据的最佳值。

```
kmeans = KMeans(featuresCol='features',k=5,)        # 以 K 为 5 构建 KMeans
model = kmeans.fit(data)                             # 训练数据
predictions=model.transform(data)                    # 转换数据
# 将新分类和原分类进行汇总
predictions.groupBy('species','prediction').count().show()
species    prediction    count
setosa     2             23
setosa     4             27
virginica  0             17
virginica  1             32
```

15.5 集成 TensorFlow

TensorFlow 是一个基于 Python 开发、开源的深度学习框架。它由 Google 开发，可在图形分类、音频处理、推荐系统和自然语言处理等场景中使用。

在 Spark 中集成了对应的 TensorFlow 版本，即 TensorFrames 库。由于 TensorFrames 中函数和参数的名字和 TensorFlow 中的一样，所以其允许使用 TensorFlow 程序操作 Spark 的数据流。虽然接口都已实现并可正常工作，但仍有一些性能较低的领域，因此该程序包是实验性的，仅提供技术预览。

15.5.1 概念说明

通过使用参数 packages 加载第三方 Spark 包的方式调用 TensorFrames，其具体操作如下。在

TensorFrames 的核心 API 中提供基础元件，用来将 TensorFlow 操作映射为 DataFrame 的转换操作。

```
# 使用符合 Spark 版本的 tensorframes
> $SPARK_HOME/bin/spark-shell --packages databricks:tensorframes:0.x.x-s_
x.xx
```

在 Spark 中使用 TensorFrames 的最简单方式只需要 2 个模块，分别是 tensorflow、tensorframes，如表 15-5 所示。

表 15-5　TensorFrame 的基本概念

概 念	说 明
会话 -session	执行的上下文环境
图 -graphs	表示计算任务。用于搭建神经网络的计算过程，但只搭建网络并不计算
节点 -node	表示运算操作
边 - edge	连接运算操作之间的流向
张量 - tensor	通过阶的个数，表示不同维度的数据集。如 1 阶是数组，0 阶是一个数
变量 - variable	通过变量维护特定节点的状态

在会话中构建的图表示计算任务的框架。图由边和节点构成，在节点上执行计算，并通过边连接不同的节点形成流。节点通过边获取不同的张量进行处理，而每个张量又是任意维度的数据，通过节点处理的张量，结果可以存放到变量中。

15.5.2　使用 TensorFrames

对 TensorFrames 开发商 databricks 提供的示例代码进行说明，其具体代码可以在 https://github.com/databricks/tensorframes/tree/master/src/main/python/tensorframes_snippets 中下载。

（1）导入必要的库和创建 Datagram 数据。

```
import tensorflow as tf
import tensorframes as tfs
from pyspark.sql import Row    # 导入 TensorFlow、TensorFrames、Row
from pyspark.sql import SparkSession
spark = SparkSession.builder.appName('TFS_TEST').getOrCreate()    # 创建
SparkSession 对象
```

（2）通过 TensorFrames 执行图操作。在 TensorFrames 中可以通过两种方式表述 DataFrame 数据：一种是通过 row 函数处理生成的行数据，另一种是通过 block 函数生成的块数据。

```
rdd = [Row(x=float(x)) for x in range(10)]
df_map = sqlContext.createDataFrame(rdd)
with tf.Graph().as_default() as g:
                        # with as 语句处理，类似在文件中使用的关闭操作（可省）
```

```
    x = tfs.block(df_map, "x")
                        # 将 DataFrame 的 x 列映射为块数据，相当于一个 Tensor
    z = tf.add(x, 3, name='y')
                        # 将列值加 3 作为 y 列，并返回张量 z
    df_new = tfs.map_blocks(z, df_map)
                        # 相当于在节点上执行操作，返回新的 DataFrame
    df_new.show()       # 查看数据新生成列 y，如下所示
  y    x
  3    0
  4    1
  5    2
```

（3）使用 TensorFrame 分析 DataFrame，并进行汇总计算。

```
data = [Row(y=[float(y), float(-y)]) for y in range(10)]
df = spark.createDataFrame(data)    # 创建 DataFrame，其中的元素是数组
df.show(3)              # 数据样式如下
y
[0.0,0.0]
[1.0,-1.0]
[2.0,-2.0]
tfs.print_schema(df) # 通过 print_schema 查看 DataFrame 中数据的样式
 root
|-- y: array (nullable = true) double[?,?]
                        # double[?,?] 的问号无法推测出 y 列中数据的维度
df2 = tfs.analyze(df)# 对 DataFrame 进行分析
tfs.print_schema(df2)
 root
|-- y: array (nullable = true) double[?,2]
                        # 通过 analyze 分析后，推测出 y 列维度为 2
```

如果没有执行 analyze 操作，在进行访问 DataFrame 时就会有一个错误信息，分析完毕后，就可以执行汇总操作了。

```
with tf.Graph().as_default() as g:
   y_input = tfs.block(df2, 'y', tf_name="y_input")
   y = tf.reduce_sum(y_input, [0], name='y')
                        # reduce_sum 计算张量的维度和
data_sum= tfs.reduce_blocks(y, df2)          # 将计算结果返回
print "元素中汇总和 : %s " % data_sum
元素中汇总和 :45
```

15.6 集成 scikit-learn

同深度学习库 TensorFlow 不同，scikit-learn 定位的是传统机器学习库。PySpark ML 的 API 很多都是借鉴 scikit-learn 的，但 scikit-learn 提供比 Pyspark ML 更为完善的功能。

spark-sklearn 包将 scikit-learn 机器学习库功能集成到 Spark 计算框架中，它可以将 Spark 的数据无缝转换成 numpy ndarray 或稀疏矩阵。

（1）安装 spark-sklearn 的版本要求依据官方说明，最好使用 scikit 0.18 版本或 scikit 0.19 版本，Spark 应高于 Spark 2.11 版本。

```
pip install spark-sklearn
```

安装完毕后，使用官方提供简单代码检查其是否可用。

```
from sklearn import svm, datasets
from spark_sklearn import GridSearchCV
                              # 对估计器的指定参数值进行穷举搜索
from spark_sklearn.util import createLocalSparkSession
# createLocalSparkSession
spark = createLocalSparkSession()
sc = spark.sparkContext       # 创建 SparkSession 并返回与其绑定的 sparkContext
iris = datasets.load_iris()   # 装载 iris 数据
parameters = {'kernel':('linear', 'rbf'), 'C':[1, 10]}
                              # 设置 svm 函数，然后对其进行评估
svr = svm.SVC(gamma='auto')   # 构建支持向量机估计器
clf = GridSearchCV(sc, svr, parameters)
                              # 对估计器的指定参数值进行穷举搜索
clf.fit(iris.data, iris.target)     # 训练操作，输出如下配置信息
-----------
GridSearchCV(cv=3, error_score='raise',
       estimator=SVC(C=1.0, cache_size=200, class_weight=None, coef0=0.0,
  decision_function_shape='ovr', degree=3, gamma='auto', kernel='rbf',
  max_iter=-1, probability=False, random_state=None, shrinking=True,
  tol=0.001, verbose=False),
       fit_params={}, iid=True, n_jobs=1,
       param_grid={'kernel': ('linear', 'rbf'), 'C': [1, 10]},
       pre_dispatch='2*n_jobs', refit=True, return_train_score=True,
       sc=<SparkContext master=local[*] appName=spark-sklearn>,
       scoring=None, verbose=0)
```

在上述验证代码成功执行后，还需继续深入说明 scikit-learn 同 Spark 集成时的一些对接信息。

（2）createLocalSparkSession 创建 Spark 环境的方式。通过 createLocalSparkSession 先创建本地 SparkSession 对象，然后才可以将 scikit-learn 机器学习库功能集成到 Spark 计算框架中。具体函数代码如下，可以发现这些就是常规创建 SparkSession 的操作。

```
def createLocalSparkSession(appName="spark-sklearn"):  # 默认应用名字为 spark-sklearn
    return SparkSession.builder \
                        .master("local[*]") \
                        .appName(appName) \
                        .config("spark.ui.showConsoleProgress", "false") \
                        .getOrCreate()
```

（3）scikit-learn 和 PySpark 中的模型互相转化。通过 spark-sklearn 将 scikit-learn 的算法模型与

PySpark 的相互转化，主要使用 spark_sklearn.Converter 类的 toSKLearn 函数和 toSpark 函数进行转换，具体代码如下。

```
# 导入 scikit-learn 和 PySpark ML 的线性回归算法
from sklearn.linear_model import LinearRegression as SKL_LinearRegression
from pyspark.ml.regression import LinearRegression, LinearRegressionModel
# 创建 Converter 对象用于转化操作
from spark_sklearn import Converter
converter = Converter(sc)
# 构建 sklearn 线性回归模型后，通过 toSpark 行数将其转换为 PySpark ml 的线性回归模型
skl_lr = SKL_LinearRegression().fit(iris.data, iris.target)
lr = converter.toSpark(skl_lr)          # 将 scikit-learn 模型转化为 PySpark ml
type(lr)                                # 查看 lr 的模型类型
 pyspark.ml.regression.LinearRegressionModel
type(skl_lr)                            # 查看 skl_lr 的模型类型
 sklearn.linear_model.base.LinearRegression
# 将刚才转换得到的 lr，再转换为 sklearn 类型
new_skl_lr = converter.toSKLearn(lr)
type(new_skl_lr)
 sklearn.linear_model.base.LinearRegression
```

（4）查看训练预测数据。在使用 GridSearchCV 训练预测后，可以通过各属性查看训练预测的结果，还可以通过 Spark Web UI 查看其执行时的状态。

```
clf.best_estimator_                     # 选择的最好评估器
 SVC(C=1, cache_size=200, class_weight=None, coef0=0.0,
  decision_function_shape='ovr', degree=3, gamma='auto', kernel='linear',
  max_iter=-1, probability=False, random_state=None, shrinking=True,
  tol=0.001, verbose=False)
# 查看 cv_results_ 信息
import pandas as pd
pd_data = pd.DataFrame(clf.cv_results_)
print pb_data
```

通过 spark-sklearn 训练数据结果的部分内容如图 15-16 所示，包括对 SVM 使用核算 linear、rbf，并在不同训练集数据和测试集数据中统计得分。通过综合各项得分可以发现，选择 linear 可能达到更好的效果。

mean_train_score	param_C	param_kernel	params	rank_test_score	split0_test_score	split0_train_score	split1_test_score	split1_train_score	split2_test_score	split2
0.989998	1	linear	{u'kernel': u'linear', u'C': 1}	1	1.000000	0.979798	0.960784	1.0	0.979167	
0.983363	1	rbf	{u'kernel': u'rbf', u'C': 1}	3	0.980392	0.969697	0.960784	1.0	0.979167	
0.979996	10	linear	{u'kernel': u'linear', u'C': 10}	3	1.000000	0.959596	0.921569	1.0	1.000000	
0.979996	10	rbf	{u'kernel': u'rbf', u'C': 10}	1	0.980392	0.959596	0.960784	1.0	1.000000	

图 15-16 spark-sklearn 训练后的结果

spark-sklearn 应用程序在 Spark 中执行的信息如图 15-17 所示。在读取数据文件时，生成的 RDD 数据会被传递到 spark-sklearn 安装包对应的脚本中进行处理。

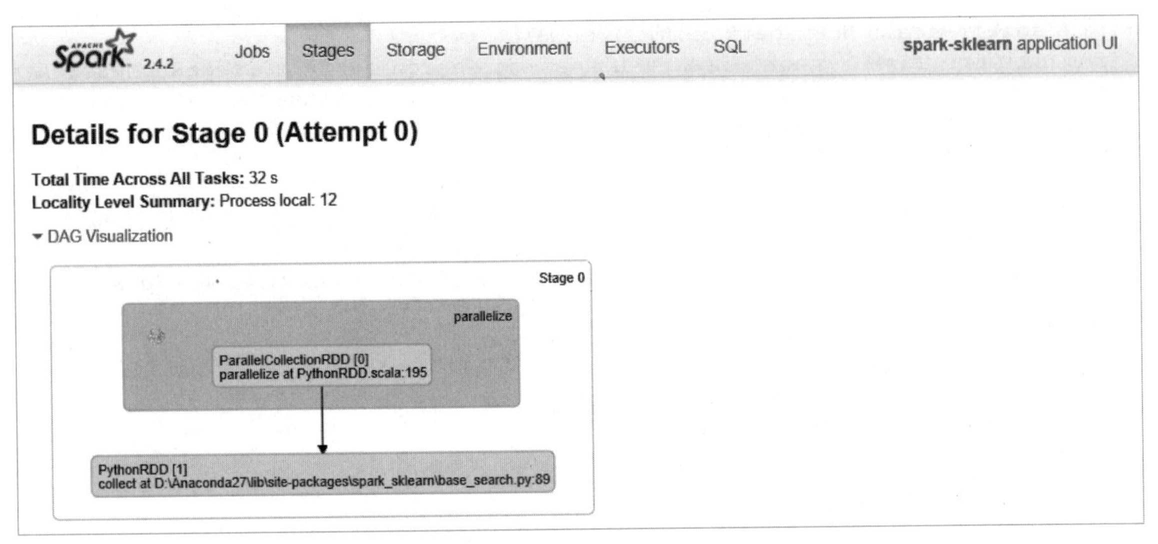

图 15-17　在 Spark Web UI 中查看 spark-sklearn 执行

15.7 总结

本章对机器学习算法分类、主要处理步骤、特征处理进行了说明，并演示了 PySpark ML 中各类计算学习的算法，以及 TensorFrame、scikit-learn 集成到 Spark 的方法。读者需要掌握各类算法的适用场景及算法参数的配置方法。

第十六章 数据可视化

通过数据可视化方式可以使人们更容易观察和分析数据，能更清晰有效地传达与沟通信息。在可视化的分析中，数据将每一维的值进行分类、排序、组合和显示，这样就可以看到表示对象或事件数据的多个属性或变量。

大数据平台处理的数据可视化操作使用的可视化类库和工具有WordCloud、Zepplein、Mathplotlib、Bokeh、Superset。由于这些类库的侧重和使用场景不同，可通过读取学习后，选择合适的类库。

16.1 标签云

标签云由于能突出重要的信息，因此多使用在文案、报告、文宣等场景中。本节将先在大数据平台中处理数据，然后再使用 Python WordCloud 库制作标签云。

安装 WordCloud 的方法很简单，使用 anconda 命令或 pip 命令都可。WordCloud 有两种使用方式，通过已经统计的词频或使用 WordCloud 进行词频统计。结构化数据通过 Hive SQL、Spark SQL 进行分组操作统计，文本数据通过 wordcount 操作即可。以下代码演示了成功安装 WordCloud 后的验证工作，其显示内容为 Hadoop、Spark、Python。使用一张 Hadoop Logo 图片作为背景，如图 16-1 所示。

```
pip install worldcloud                    安装 wordcloud 库，并开始测试
-----------------
from os import path
from PIL import Image                     # 使用 PIL 读取 Hadoop Logo 图片
import matplotlib.pyplot as plt
from wordcloud import WordCloud           # 导入 WordCloud 和 mathplotlib 的相关库
hadoop_mask = np.array(Image.open(path.join('./', "hadoop.png")))
                                          # 读取 Hadoop 图片作为背景
text = "hadoop spark python"              # 用于展示的文本数据
wc = WordCloud(background_color="white", repeat=True, mask=hadoop_mask)
wc.generate(text)                         # 通过 WordCloud 的 generate 函数对文本中
的词频进行统计
plt.axis("off")
plt.imshow(wc, interpolation="bilinear")
plt.show()
wc.to_file("first.png")                   # 保存图片
```

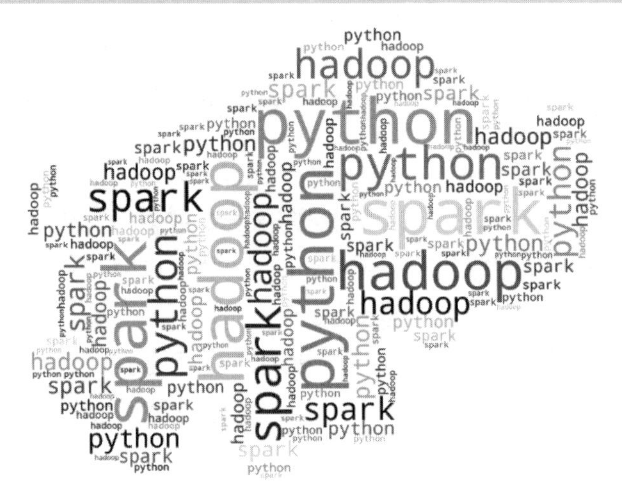

图 16-1　WorldCloud 的可视化演示

16.1.1 Hive 处理数据

使用在第 14.5.3 节中 Pandas 对接 Hive 的处理内容，将 Hive SQL 处理的数据转化为 Pandas 类型。通过 WordCloud 进行标签云的制作，转化为 Pandas 操作的演示代码如下，生成的标签云图片如图 16-2 所示。

```
......前期具体代码请查阅第 14.5.3 节
pd_data=pd.DataFrame.from_records(sales, columns=labels)
import matplotlib.pyplot as plt         # 导入 matplotlib.pyplot
from wordcloud import WordCloud, STOPWORDS,ImageColorGenerator
                                        # 导入 WordCloud
hive_mask = np.array(Image.open(path.join('./', "hive.png")))
                                        # 以 Hive Logo 作为背景图
d1= pd_data.CategoryNum.to_list()       # 将产品分类数转化为列表
d2=pd_data.CategoryName.to_list()       # 将产品分类名转化为列表
dic=dict(zip(d2,d1))                    # 合成为字典数据
wc=WordCloud(background_color="white", max_words=20, mask=hive_mask,
width=1000, height=1000,contour_color='steelblue',contour_width=3)
# 构建 WordCloud
wc.generate_from_frequencies(dic)       # 使用 generate_from_frequencies 对字典
数据构建标签云
plt.imshow(wc)
plt.axis("off")                         # 不显示坐标轴
plt.show()
wc.to_file("hive.png")                  # 保存图片
```

图 16-2 Hive 处理数据后生成的标签云

16.1.2 Spark SQL 处理数据

先通过 Spark 读取 Northwind 的 Orders.csv 数据，然后构建对应的表，使用 Spark SQL 按运输国家进行汇总统计。将统计后的数据转化为字典数据，并使用 WordCloud 进行展示。

```
from pyspark.sql import SparkSession
spark=SparkSession.builder.appName('spark').getOrCreate()
                                  # 创建 SparkSession 对象
import matplotlib.pyplot as plt
from wordcloud import WordCloud, ImageColorGenerator
                                  # 导入 WordCloud 库
df = spark.read.csv('./Orders.csv',header=True,inferSchema=True)
                                  # 读取 Orders.csv 文件
df.createTempView("orders")       # 创建视图
# 使用 Spark SQL 按运输国家进行汇总
country=spark.sql('SELECT ShipCountry , count(ShipCountry) num FROM  Orders
GROUP BY ShipCountry')
country.show()                    # 数据格式，如下所示
 ShipCountry   num
Sweden       37
Germany      122
France       77
...
country_pd=country.toPandas()  # 转换为 Pandas DataFrame
country_list=country_pd.ShipCountry
num_list=country_pd.num
dic=dict(zip(country_list,num_list))
                                  # 转换为字典格式数据
dic                               # 字典数据格式，如下所示
 {u'Argentina': 16L,
 u'Austria': 40L,
 u'Belgium': 19L,......}
wc = WordCloud(background_color="red", repeat=True)
                                  # 创建 WordCloud 对象
wc.generate_from_frequencies(dic)
plt.imshow(wc)
plt.axis("off")                   # 不显示坐标轴
plt.show()
wc.to_file('spark.png')                  # 保存图片
```

最终生成的标签云图片如图 16-3 所示，可以发现 USA、Germany、France 等国家显示的字体较大，所以和 Northwind 公司有着较大的贸易关系。

图 16-3　Spark SQL 生成的标签云

16.1.3　读取 HDFS 的文本

在学习大数据平台技术时，使用的第一个例子往往是 WordCount，即统计文本中单词出现的频率。本节将对维基百科的 Spark 说明文本进行统计，并使用 WordCloud 制作标签云。

（1）可先将维基百科上的 Spark 说明文档复制到一个文件中，也可从本书附录的 github 工程中下载，然后将对应的文件上传到 HDFS 中。

（2）创建 SparkSession 对象和导入必要的库。

```
from pyspark.sql import SparkSession
spark=SparkSession.builder.appName('spark').getOrCreate()
                                    # 创建 SparkSession 对象
import numpy as np
from PIL import Image
import matplotlib.pyplot as plt
import os
from wordcloud import WordCloud, STOPWORDS ,ImageColorGenerator
```

（3）读取 HDFS 的文件，并进行 WordCount 计数操作。

```
from operator import add
#lines = spark.read.text('hdfs://localhost:9000/test_data/spark.txt').
rdd.map(lambda r: r[0].lower())
lines = spark.read.text('spark.txt').rdd.map(lambda r: r[0].lower())
# lower() 注意将文本转换为小写
counts = lines.flatMap(lambda x: x.split(' ')) \
              .map(lambda x: (x, 1)) \
              .reduceByKey(add)
                                    # 进行词频统计
df=counts.toDF()                    # counts 是 RDD 格式数据，应将其转换为 DataFrame
data=df.select(df._1.alias('words'),df._2.alias('counts'))
                                    # 对列重命名
```

```
data.createTempView("text")     # 创建临时视图，以便使用 Spark SQL 进行处理
```

（4）查看统计的数据是否适合制作标签云。

```
# 查看词频数大于 5，且不为空值的单词
spark.sql("select * from text where counts >5 and words <> '' order by
counts desc ").show()
 words   counts
the      60
spark    51
of       49
a        48
...
# 观察结果发现有很多无用的单词，如 is、the、a，需要将这些单词剔除，可使用 SQL 进行过滤
data=spark.sql("select * from text where counts > 5 \
          and words not in ( '','the','of','a','in','and','to','is','as',
'on','by','for','be','at', \
          'that','can','=','//','are','was','an','such','or','with','whic
h','it','its','this','has') \
          order by counts desc ")
```

（5）将经过处理的数据转化为 Pandas DataFrame 后，再进行展示。

```
pd=data.toPandas()
word_list=pd.words
count_list=pd.counts
dic=dict(zip(word_list,count_list))  # 将数据转化为 Pandas DataFrame，并处理成
字典格式
wc=WordCloud(max_words=20,mask=mask,background_color="white",repeat=True,
width=600,height=600)
wc.generate_from_frequencies(dic)
plt.imshow(wc)
plt.axis("off")                       # 不显示坐标轴
plt.show()
wc.to_file('hdfs.png')
```

如图 16-4 所示，通过对 Spark 说明文档的词频进行统计，恰当地反映了 Spark 技术的关键词。

图 16-4　WordCount 制作的标签云

16.2 Zeppelin 的使用

Zeppelin 是一个提供交互数据分析且基于 Web 的笔记本，其中最关键的技术是解释器。Zeppelin 解释器的概念是允许将任何语言 / 数据处理后插入 Zeppelin 中。Apache Zeppelin 支持许多解释器，如 Apache Spark、Python、JDBC、Markdown 和 Shell。

16.2.1 安装 Zeppelin

在 HDP SandBox 2.6 中已经安装了 Zepplin，可以直接使用。如果需要自己安装，可按如下步骤操作。

（1）Zepplin 有两种安装包可供下载，其主要差别在于解释器的多少。一种包含全部解释器的安装包，文件名类似 zeppelin-0.x.x-bin-all.tgz；另一种只包含对 Spark 解释器的安装包，文件名类似 zeppelin-0.x.x-bin-netinst。读者可以根据自己的需求到官网 http://zeppelin.apache.org/download.html 中下载。

（2）进入 Zeppelin 解压目录，与在 Windows 和 Linux 系统中的安装方法基本相同。

```
安装全部解释器
#bin/install-interpreter.sh    --all  在 Linux 中安装
>bin\install-interpreter.cmd  --all  在 Windows 中安装
安装指定解释器
#bin/install-interpreter.sh --name md,shell,jdbc,python   在 Linux 中安装
>bin\install-interpreter.cmd --name md,shell,jdbc,python  在 Windows 中安装
```

（3）成功开启 Zeppelin 后，导航到 http://localhost:8080 中查看。

```
#bin/zeppelin-daemon.sh start          在 Linux 上开启
>bin\zeppelin-daemon.cmd start         在 Windows 上开启
```

（4）关闭 Zeppelin 的命令。

```
#bin/zeppelin-daemon.sh stop           在 Linux 中关闭
>bin\zeppelin-daemon.cmd stop          在 Windows 中关闭
```

（5）对 HDP SandBox 的 zeppelin-env.sh 配置文件进行说明，具体的配置可以查看 zeppelin-env.sh 的说明。

```
#export MASTER=yarn-client             配置 Spark 主机的地址
#export JAVA_HOME=/usr/lib/jvm/java    配置 JAVA 的安装目录
#export HADOOP_CONF_DIR=/etc/hadoop/conf HADOOP 的配置信息
#export SPARK_YARN_JAR=/apps/zeppelin/zeppelin-spark-0.5.5-SNAPSHOT.jar
```

16.2.2 说明 Zeppelin UI

在 HDP SandBox 2.6 版本中已经预安装了 Zeppelin，其安装的解释器并不多，且主要针对

Python Spark，可以通过 install-interpreter.sh –list 查看已在 HDP SandBox 中安装的解释器。

```
(base) [root@sandbox-hdp bin]# ./install-interpreter.sh -list
angular                  HTML and AngularJS view rendering
bigquery                 BigQuery interpreter
cassandra                Cassandra interpreter built with Scala 2.11
pig                      Pig interpreter
python                   Python interpreter
...
```

通过 Ambari Web 定位到 Zeppelin UI，并在 Interpreter 界面中查看已经安装的解释器，其操作如图 16-5 所示，定位到 Zeppelin NoteBook 服务页面的 Zeppelin UI 链接。

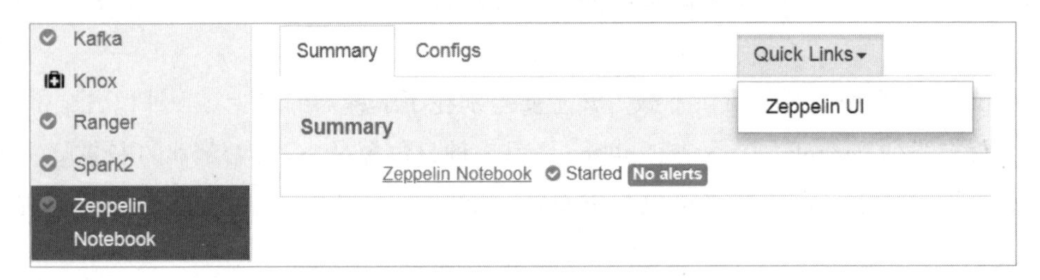

图 16-5　在 HDP 中进入 Zeppelin 的方法

成功进入 Zeppelin UI 后，可以在右侧的功能列表中对解释器、权限凭据、配置信息等进行操作。如图 16-6 所示，在解释器界面中可以对现有解释器进行操作或新建解释器。

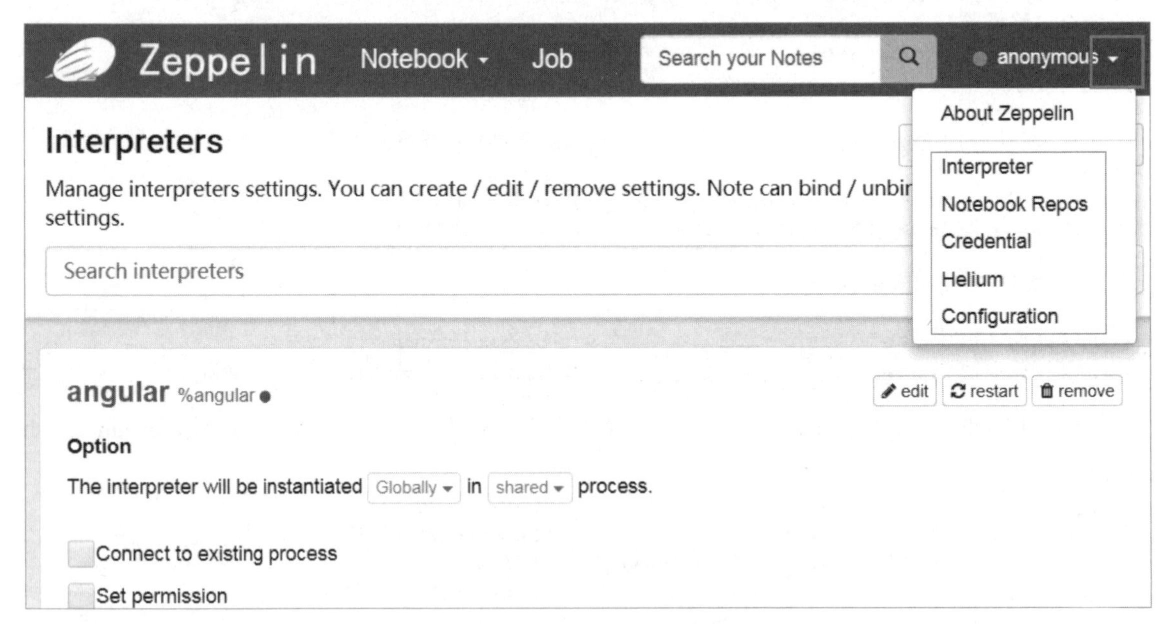

图 16-6　查看 Zeppelin 的配置信息

在 Zeppelin 主界面中，选择“Create New Note”项，并填写 Note 名字和对应的解释器，如图 16-7 所示，创建成功后，选择对应的解释器。

图 16-7 创建 Zeppelin Note

16.2.3 使用 Zeppelin

在 HDP SandBox 中使用 Zeppelin，可通过 Hive、Spark、Spark SQL 解释器对 Northwind 数据库进行操作。在使用不同的解释器前需要先绑定，绑定方法是在代码前使用 % 符号进行指定，如表 16-1 所示，列举了一些绑定解释器的方法。

表 16-1 Zeppelin 绑定解释器的方法

解 释 器	绑 定 方 法
Spark 2	%spark2.spark、%spark2.sql、%pyspark
Hive	%jdbc(hive)
Jdbc	%jdbc
Markdown	%md
Shell	%sh
Angular	%angular

（1）绑定 Hive 解释器，并使用 Hive SQL 进行查询。以下代码中使用了两个实例，最终统计的可视化结果如图 16-8 所示。

```
统计每种产品的运费、单价、收入
%jdbc(hive)
SELECT * FROM
(SELECT C.ProductName , SUM(Freight) Freight , AVG(B.UnitPrice)
UnitPrice,SUM(B.Quantity * B.UnitPrice) Income
FROM northwind.ORDERS A INNER JOIN northwind.OrderDetails B ON A.OrderID
= B.OrderID
INNER JOIN northwind.Products C ON C.ProductID =B.ProductID
```

```
GROUP BY  C.ProductName
) A WHERE Income > 20000
统计每类产品的数量、股票均价、均量
%jdbc(hive)
SELECT B.CategoryName , count(CategoryName) cnt ,
   AVG(A.UnitsInStock) UnitsInStock ,AVG(UnitsOnOrder) UnitsOnOrder
FROM northwind.Products A INNER JOIN northwind.Categories B
ON A.CategoryID = B.CategoryID
GROUP BY B.CategoryName
```

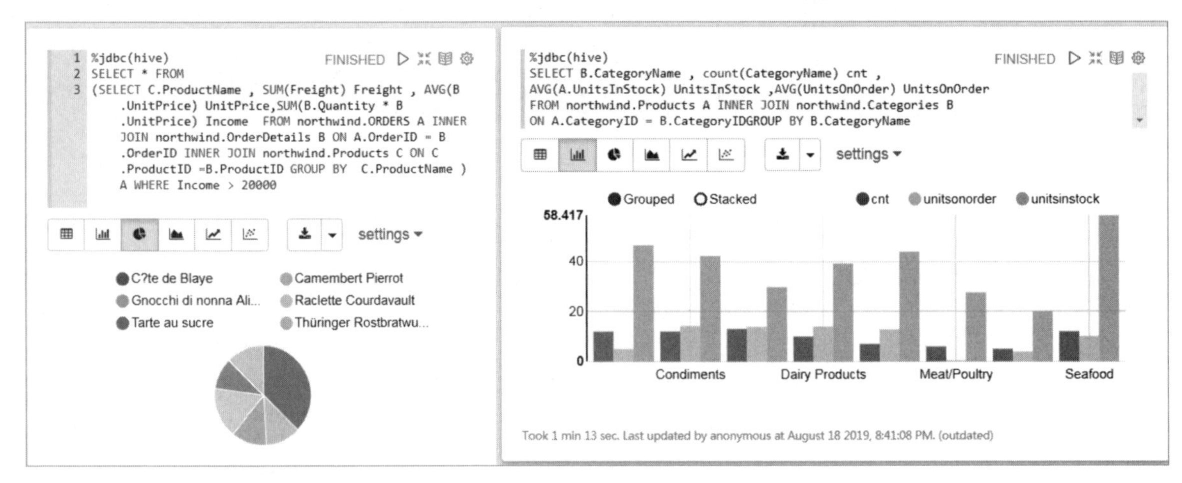

图 16-8 Hive SQL 的处理数据在 Zeppelin 中显示

（2）对于 Spark 代码可以使用两种解释器，即 %spark2.pyspark 和 %spark2.sql。使用的数据是在第 16.1.3 节中处理的 Spark.txt 文件。

```
使用 %spark2.pyspark 处理的代码
%spark2.pyspark
lines = spark.read.text('file:/usr/hdp/spark.txt').rdd.map(lambda r: r[0].
lower())
import operator
counts = lines.flatMap(lambda x: x.split(' ')) \
               .map(lambda x: (x, 1)) \
               .reduceByKey(operator.add)
df=counts.toDF()
data=df.select(df._1.alias('words'),df._2.alias('counts'))
data.createTempView("text")
使用 %spark2.sql 处理的代码
%spark2.sql
select * from text where counts > 5
and words not in ( '','the','of','a','in','and','to','is','as','on','by',
'for','be','at',
'that','can','=','//','are','was','an','such','or','with','which','it','i
ts','this','has')
order by counts desc
```

处理后的数据结果如图 16-9 所示，虽使用相同的 Spark SQL，但其展示的方式却不同，最终处理完毕的 Zeppelin NoteBook 将以 json 格式导出，然后再导入其他 Zeppelin 环境中。

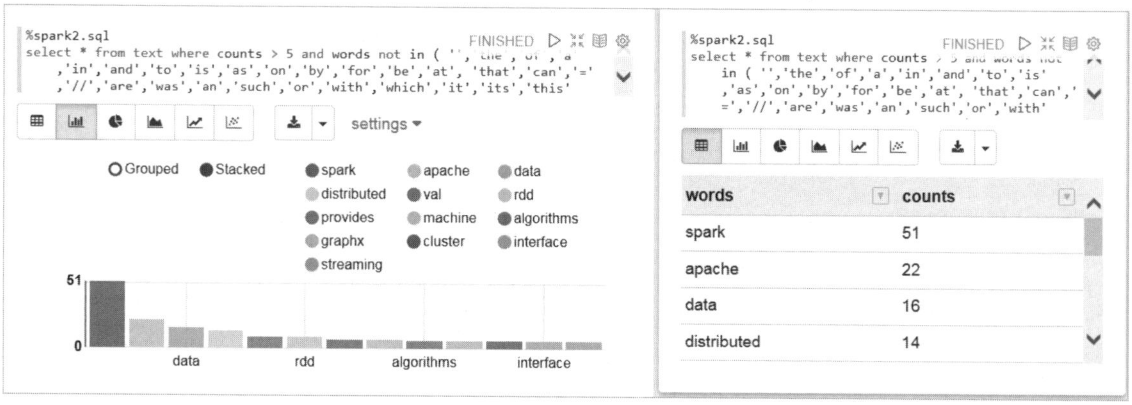

图 16-9 Spark 的处理数据在 Zeppelin 中显示

16.3 Mathplotlib 的使用

Matplotlib 是一个 Python 的 2D 绘图库，可提供一种有效的 MatLab 开源替代方案。它与 PyQt 、wxPython 等图形工具包一起使用，且仅需要几行代码便可生成直方图、功率谱、条形图、散点图等。下面将使用 Mathplotlib 操作方式展示经过大数据平台处理的数据。

16.3.1 Mathplotlib 操作方式

Mathplotlib 的三种操作方式，分别是使用 pyplot、使用 pylab、以 Python 面向对象编程方式。

1. 只使用 pyplot

Pyplot 提供类似 MATLAB 样式、面向过程、记录状态的开发接口。pyplot 是命令和函数的集合，所有处理只使用 pyplot 就可以完成，像 MATLAB 一样进行交互式会话处理，并可立即看到结果。pyplot 能保留状态跟踪绘图区域的信息，以及对绘图函数更改信息。

只使用 pyplot 就可以完成全部的图形处理，因此可以预见有很多配置的参数和函数，其中必要使用的函数是 plt.plot，下面以一个复合示例对其主要操作进行说明。

（1）导入 pyplot 库并演示基本使用方法。

```
#plt.plot(X, Y, '<format>', ...) 函数，通过指定 X、Y 轴的值，可在设置 format 样式中展示
# 如果未指定 X、Y 轴且传递了一个值，则会被认为是 Y 值。
import matplotlib.pyplot as plt
import numpy as np    # 导入必要的库
y=np.arange(1, 7)
plt.plot(y-1)
```

```
plt.plot(y)
plt.plot(y+1)          # 有三行 plot 函数，以最简单的方式显示数据。执行后将会有三条线段
#plt.plot(y-1,y,y+1) 可以用一行代码完成上面的操作，针对同时传递 X、 Y 的情况也适用
```

（2）在 plot 函数中可选择不同颜色的缩写，设置图表的颜色。

```
# 颜色缩写有：b- 蓝色、c- 蓝绿色、g- 绿色、k- 黑色、m- 酒红色、r- 红色、w- 白色、y- 黄色
plt.plot(y, 'r', y+1, 'y', y+2, 'b')     # 用红色、黄色、蓝色显示三条线段
```

（3）设置不同的线段样式。

```
# - 表示实心项、—表示短画线、-. 表示点虚线、: 表示虚线
plt.plot(y, ':', y+1, '--', y+2, '-.')
```

（4）设置图形中标记元素的样式。

```
# . 是点样式，是像素样式、o 是圆样式、v 是倒三角样式、^ 是三角演示、< 是左三角样式
# 1234 是三脚架样式，但方向不同。s 是矩形样式、p 是五星样式、* 是星状样式、h 是六角形样式...
plt.plot(y, '.', y+1, 'v', y+2, 'p')
```

（5）将上述介绍的 4 点组合在一起使用。即按顺序将颜色、线段样式、标记放在一起，另外也可以通过明确地指定参数关键字来达到同样的效果，如表 16-2 所示。

表 16-2 plot 函数样式的参数说明

参 数	说 明
color 或 c	设置颜色，能接受任何 Matplotlib 颜色格式
linestyle	设置线段样式，能接受前面介绍的线段样式
linewidth	设置线段宽度，能接受浮点数
marker	设置标记样式
markeredgecolor	设置标记边缘颜色
markeredgewidth	设置标记边缘宽度
markersize	设置标记大小

通过下面的代码可以发现，由于字符串的代码比较少，所以其控制能力有限，且不易于阅读理解。虽然使用指定参数关键字的方式会导致代码比较长，但能对代码进行较好地理解和控制。

```
# 以字符串的方式，将各属性设置连在一起，如 'r:.'、'y--v'
plt.plot(y, 'r:.', y+1, 'y--v', y+2, 'b-.p')
# 使用参数关键字指定的方式
plt.plot(y-1,color='r',linestyle=':', linewidth=3,marker='.',
markerfacecolor='red', markeredgecolor='y',
markeredgewidth=3, markersize=5)
plt.plot(y, color='y', linestyle='--', linewidth=3,marker='v',
markerfacecolor='y', markeredgecolor='b',
markeredgewidth=3, markersize=5)
plt.plot(y+1,color='b',linestyle='-.', linewidth=3,marker='p',
markerfacecolor='b', markeredgecolor='r',
```

```
markeredgewidth=3, markersize=5)
```

（6）显示图片的设置，包括标题、*X* 轴和 *Y* 轴的说明、标签等。

```
plt.grid(True)                       # 显示图片网格
plt.axis()                           # 显示当前轴的限制值
plt.xlabel(u'X Value')
plt.ylabel(u'Y Value')               # 设置 X 轴、Y 轴的说明
plt.title('plot test')               # 添加图片标题栏
plt.legend(['y-1','y','y+1'])  # 添加说明，也可以在 plot 函数中使用 label 参数
plt.xticks(range(len(y)), ['a', 'b', 'c', 'd', 'e', 'f','g'])
plt.yticks(range(1, 8, 2))      # 设置 X 轴、Y 轴的刻度
plt.savefig('plot_test.png')    # 保存图片
```

最终生成的可视化数据如图 16-10 所示，它是一个说明信息相对完整的数据可视化图。读者可以根据前面介绍的处理函数进行自由组合，生成简明、清晰的图。

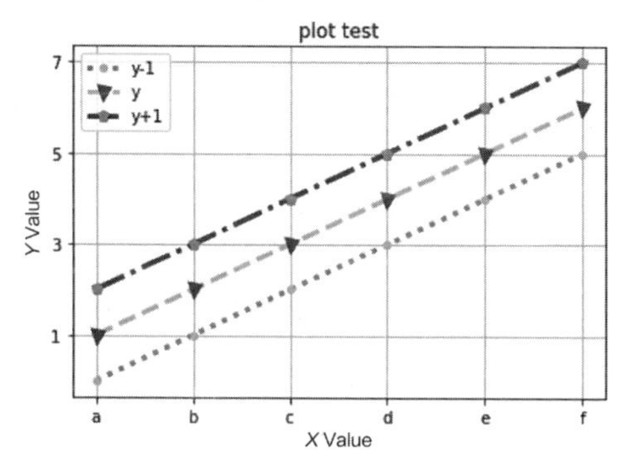

图 16-10 plot 生成的图

2. 以 pylab 方式使用 pyplot 和 numpy

pylab 在安装 Mathplotlib 时会一同安装 pyplot 和 numpy，这样就可以在一个命名空间中使用。由于 Pylab 会以错误的方式使用 Mathplotlib，因此并不建议继续使用它。使用简单的代码说明下即可，生成的图形如图 16-11 所示。

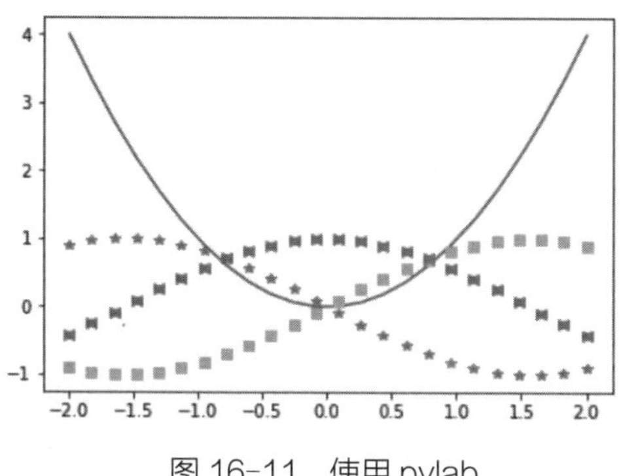

图 16-11 使用 pylab

```
from pylab import *                 # 导入 pylab 库
x=linspace(-2, 2, 24)               # 构建一个包含 24 个元素的列表，其数值范围是 -2~2
y = x**2                            # 构建平方函数
plot(x, y)                          # 原始展示方式
plot(x, sin(x),'s')                 #  sin 三角函数，以矩形为展示元素
plot(x, cos(x), '>')                #  cos 三角函数，以三角形为展示元素
plot(x, -sin(x), '*')               # 以星号为展示元素
```

3. 以 Python 方式使用 Mathplotlib

这是编写 Matplotlib 代码的最有效方法，因为它允许完全控制结果，所以这也是推荐使用该方式，而不使用交互式方式的原因。在以 Python 方式使用 Mathplotlib 前，先要对一些重要的概念进行说明，如表 16-3 所示。

表 16-3　Mathplotlib 的主要对象

对 象	说 明
FigureCanvas	指 Figure 实例要绘制图形的区域
Figure	包含一个或多个 Axes 实例，它是容器型的 Artists
Axes	用来绘制各类基础元素的区域，它是容器型的 Artists
Renderer	控制如何在 FigureCanvas 中进行绘制
Artists	将绘制的内容分为容器型和基础型
Subplots	可用于创建一组 Axes

下面以代码的方式说明如何使用 Mathplotlib，注意各种类之间的关系。

（1）创建一个包含 4 个 Axes 的 Figure，并可以使用 add_subplot 或 subplots。

```
import numpy as np
import matplotlib.pyplot as plt
# 创建含有 4 个子 plot 的 Figure，也可使用 fig,axs=plt.subplots(221) 方式
fig = plt.figure()
ax1 = fig.add_subplot(221)
ax2 = fig.add_subplot(222)
ax3 = fig.add_subplot(223)
ax4 = fig.add_subplot(224)
# 设置 Figure 的高度和宽度
fig.set_figheight(7)
fig.set_figwidth(10)
```

（2）对第 1 个 Axes 进行绘制，将 2 份数据绘制在同一个 Axes 中。

```
x=np.linspace(-2, 2, 24)
y1=np.tan(x)
y2=-np.tan(x)
art_1=ax1.plot(x,y1,'b')
ax1.set_xlabel('X for both tan and -tan')
```

```
ax1.set_ylabel('Y values for tax')
ax11 = ax1.twinx()                  # 关键步骤
art_11=ax11.plot(x, y2, 'r')
ax11.set_xlim([0, np.e])
ax11.set_ylabel('Y values for -tan')
```

（3）对第 2、3、4 个 Axes 进行绘制，并使用不同的绘图元素 Artist。

```
y = np.random.randn(1000)
art_2=ax2.hist(y)                   # 将第 2 个 Axes 绘制成直方图
a = np.arange(0, 5, 0.3)
b = np.exp(-a)
e1 = 0.1 * np.abs(np.random.randn(len(b)))
art_3=ax3.errorbar(a,b,yerr=e1, fmt='.-')
                                    # 将第 3 个 Axes 绘制成误差条
art_4=ax4.pie([45, 35, 20],labels=['seafood', 'drink', 'vegetables'])
                                    # 将第四个 Axes 绘制成饼图
plt.subplots_adjust(wspace=0.5,hspace=0.4)
                                    # 调整 4 个 Axes 的间距
```

最终处理生成的可视化图如图 16-12 所示，整个大图是一个 Figure，且被分为 4 块表示 4 个 Aexs，每个 Aexs 绘制成不同类型的图像。

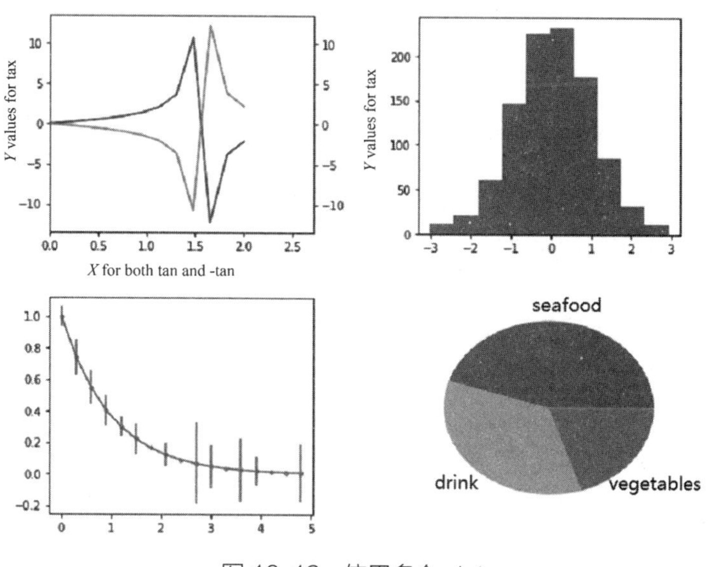

图 16-12　使用多个 plot

在上述代码中生成的 fig、ax1、ax2 等都是 Artists，它们有一定的层次关系，最终都生成预期的绘图。FigureCanvas 和 Renderer 是在底层用来和用户接口进行沟通的，Artists 则是暴露给用户的接口，可用来处理、绘制实际的图形。Mathplotlib 可以生成很多绘图类型来适应不同的需求，详细说明如图 16-13 所示。

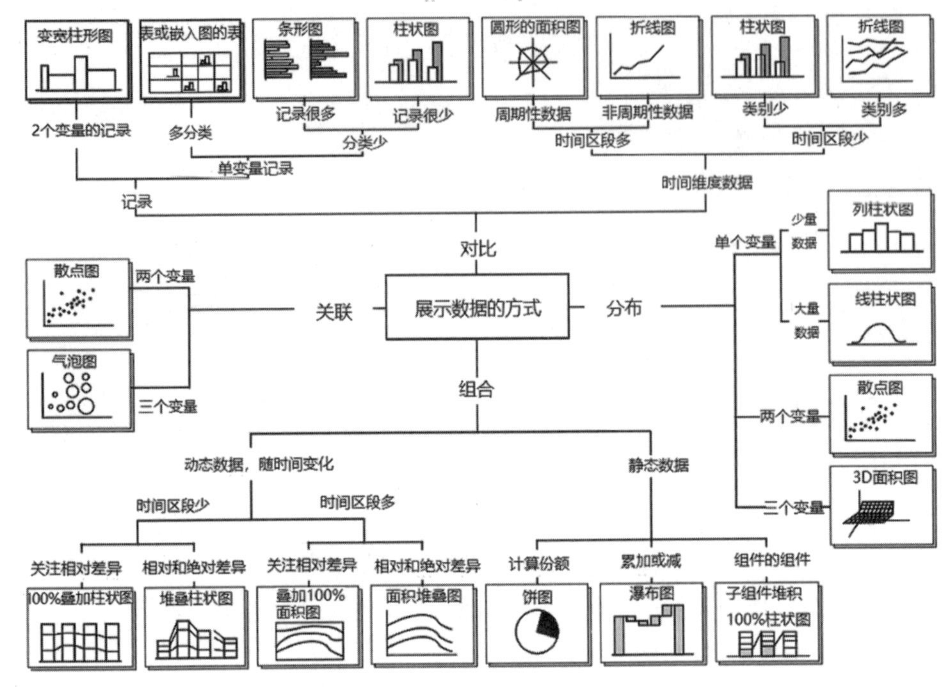

图 16-13　Mathplotlib 的绘图类型

16.3.2　PySpark 处理数据的展示

先通过 PySpark 生成各种处理数据，然后将处理数据转换为 Pandas 类型。使用 Mathplotlib 分别显示用 PySpark ML 中聚类算法的分类图，以及 Spark SQL 计算 Northwind 中产品的各类统计值。

1. PySpark ML 的聚类显示

（1）Mathplotlib 的相关处理，构建 3D Figure。

```
import matplotlib.pyplot as plt
from mpl_toolkits.mplot3d import Axes3D     # 用于构建 3D 图形的相关库
cluster_vis = plt.figure(figsize=(15,10)).gca(projection='3d')
```

（2）使用 PySpark ML 的聚类算法对鸢尾花数据进行分类，首先构建 SparkSession 对象。

```
from pyspark.sql import SparkSession
from pyspark.sql.functions import rand, randn
spark = SparkSession.builder.appName('k_means').getOrCreate()
                                                # 创建 SparkSession 对象
df=spark.read.csv('iris_dataset.csv',inferSchema=True,header=True)
```

进行特征转换的工作，并将各特征列转换为一个特征向量。

```
from pyspark.ml.linalg import Vectors
from pyspark.ml.feature import VectorAssembler
input_cols=['sepal_length', 'sepal_width', 'petal_length', 'petal_width']
```

```
vec_as = VectorAssembler(inputCols = input_cols, outputCol='features')
# 各特征列转化为特征向量
data = vec_as.transform(df)
```

设置 *K* 值并使用 *K*-Means 训练数据。

```
from pyspark.ml.clustering import KMeans
kmeans = KMeans(featuresCol='features',k=5,)          # 创建 Kmeans 模型
model = kmeans.fit(data)
predictions=model.transform(data)                      # 训练和转换数据
```

（3）转换为 Pandas 数据并构建 3D 分类图，最终生成的效果如图 16-14 所示。

```
pandas_df = predictions.toPandas()
cluster_vis.scatter(pandas_df.sepal_length, pandas_df.sepal_width, pandas_
df.petal_length, c=pandas_df.prediction,depthshade=False)
plt.show()
```

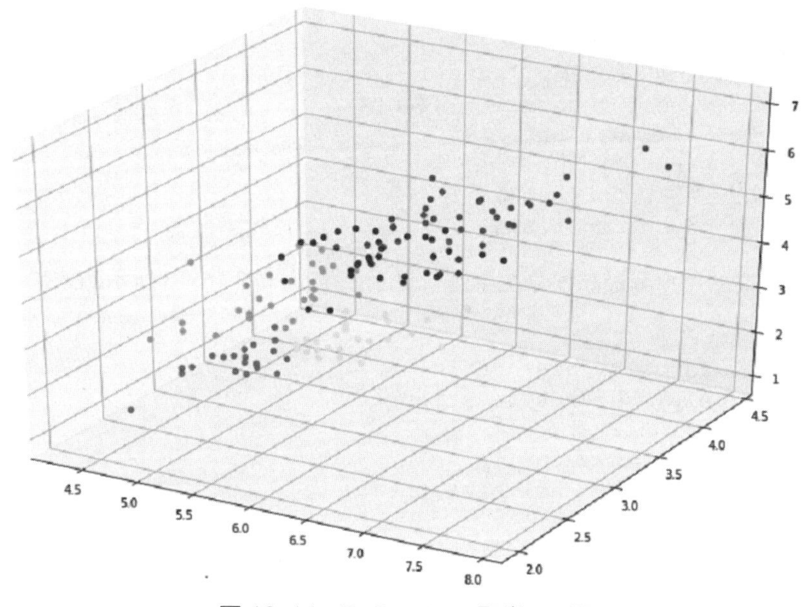

图 16-14　PySpark ml 聚类 3D 图

2. Spark SQL 统计可视化

（1）使用 Mathplotlib 创建 Figure 和 Aexs。

```
import numpy as np
import matplotlib.pyplot as plt
fig = plt.figure()
fig.set_figheight(7)
fig.set_figwidth(7)
```

（2）构建 Spark 环境，读取 northwind 数据库中 movie 表和 rating 表。

```
from pyspark import SparkContext
```

```
from pyspark.sql import SparkSession
sc=SparkContext(appName="spark sql mathplotlib")  # 初始化 SparkContext
spark=SparkSession.builder.appName('spark sql mathplotlib') \
.master("Yct201811021847").getOrCreate()
# 读取 movie 数据和 rating 数据
movies_df=spark.read.csv('movies.csv',header=True, inferSchema=True).
dropna()
ratings_df=spark.read.csv('ratings.csv',header=True,inferSchema=True).
dropna()
movies_df.createOrReplaceTempView('movies')          # 创建 movies 视图
ratings_df.createOrReplaceTempView('ratings')        # 创建 ratings 视图
```

（3）使用 Spark SQL 获取最高评分的用户统计。

```
data=spark.sql(" SELECT title , rating , userID, genres ,avg_movie_rating
, DENSE_RANK() OVER( ORDER BY avg_movie_rating desc) rank FROM \
    (SELECT m.title , rating , userID, m.genres, \
    AVG(rating) OVER(partition by m.movieId) avg_movie_rating \
    FROM  movies m LEFT JOIN ratings r ON r.movieId = m.movieId \
    WHERE rating is not null ) A ")
data.createOrReplaceTempView('data')
users=spark.sql(" select userID , count(*) cnt from data where rank='1'
group by userID").filter('cnt > 4')                  # rank=1 即评分最高的用户汇总
user_pd=users.toPandas()
userID=user_pd.userID.to_list()
user_cnt = user_pd.cnt.to_list()
```

（4）对评分最高的用户和最高评分次数进行显示，生成如图 16-15 所示的效果。

```
ax1 = fig.add_subplot(211)
ax1.scatter(np.arange(9),user_cnt)
ax1.set_xticklabels(user_cnt,rotation=45)
ax2 = fig.add_subplot(212)
ax2.bar(np.arange(9),user_cnt)
ax2.set_xticklabels(user_cnt,rotation=45)
```

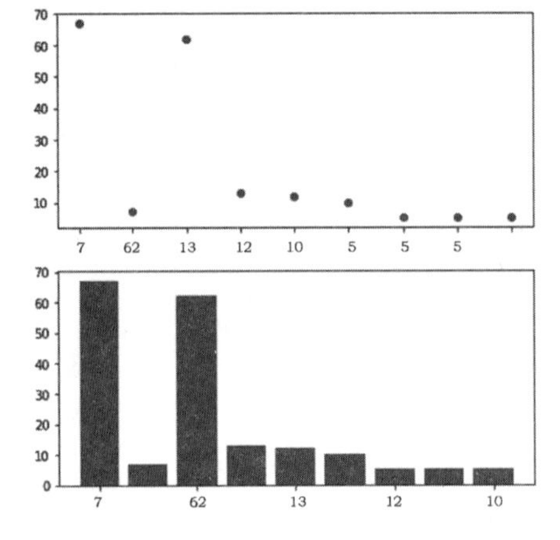

图 16-15　显示 Spark SQL 的处理数据

16.4 Superset 的使用

Superset 是一个现代的、企业级的商业智能 Web 应用程序。商业智能 -BI 指用现代数据仓库技术、线上分析处理技术、数据挖掘和数据展现技术进行数据分析以实现商业价值。可以发现，Superset 和前面介绍的可视化库相比是一套完整的系统，具有更完备的功能。

16.4.1 安装配置 Superset

Superset 已不再提供对 Python 2 的后续维护支持了，对于 Python 3 也只对 Python 3.6 版本后的进行技术服务，所以要安装适当的 Python 版本。

通过 anaconda 安装：

```
#conda install -c conda-forge superset
```

通过 Python pip 工具安装：

```
#pip install apache-superset   安装 superset
#superset db upgrade        初始化数据库
#flask fab create-admin  创建一个管理用户，在设置密码之前会提示设置用户名、姓和名
#superset load_examples  加载一些演示数据
#superset init            创建默认的角色和权限
#superset run -p 8088 --with-threads --reload --debugger
                          启动开发 Web 服务器，并使用 -p 指定端口
```

配置 Superset 需要创建一个文件 superset_config.py，并确保其位于 PYTHONPATH 指定的路径中。superset_config.py 作为一个 Flask 配置模块，不仅可以用来改变 Flask 本身的设置，也可以用来改变 Flask 的扩展，如 Flask-wtf、Flask-cache、Flask-migrate、Flask –appbuilder。

以下是一些配置信息和参数。

```
ROW_LIMIT = 5000                      # 指定行限制
SUPERSET_WEBSERVER_PORT = 8088 # 服务器端口的设置
# Flask App 相关配置
SECRET_KEY = '\2\1thisismyscretkey\1\2\e\y\y\h'
                                      # APP 秘钥
SQLALCHEMY_DATABASE_URI = 'sqlite:////path/to/superset.db'
                                      # 连接到数据库后端的 SQLAlchemy 字符串
WTF_CSRF_ENABLED = True               # 将 Flask-WTF 设置为 False，以禁用所有的 CSRF 保护
WTF_CSRF_EXEMPT_LIST = []             # 添加需要免除 CSRF 保护的端点
WTF_CSRF_TIME_LIMIT = 60 * 60 * 24 * 365
                                      # 设置 CSRF 令牌的有效期
MAPBOX_API_KEY = ''                   # 设置此 API 键，以启用 Mapbox 可视化
```

Superset 除 Sqlite 之外，并没有绑定数据库的连接，因为只有安装了特定的数据库包，Superset 才能连接到访问的数据库，如表 16-4 所示。

表 16-4　Superset 对不同数据源的连接

数 据 源	依赖包的安装	URI
Apache Hive	pip install pyhive	hive://
Apache Impala	pip install impyla	impala://
Apache Spark SQL	pip install pyhive	jdbc+hive://
IBM Db2	pip install ibm_db_sa	db2+ibm_db://
MySQL	pip install mysqlclient	mysql://
Oracle	pip install cx_Oracle	oracle://
PostgreSQL	pip install psycopg2	postgresql+psycopg2://

16.4.2　使用 Superset

在 HDP SandBox 中已经预先安装了 Superset，但默认是没有开启的。在本节中将开启，并使用 HDP SandBox 的 Superset，通过操作 Hive 和 Spark 进行数据分析和可视化。

在 Ambari 中定位到 Superset 服务，并开启服务右侧的 Service Actions，选择列表中的“Start”项进行开启。开启完毕后，点击打开 Quick Links 即可导航到 Superset 的 Web 界面，如图 16-16 所示

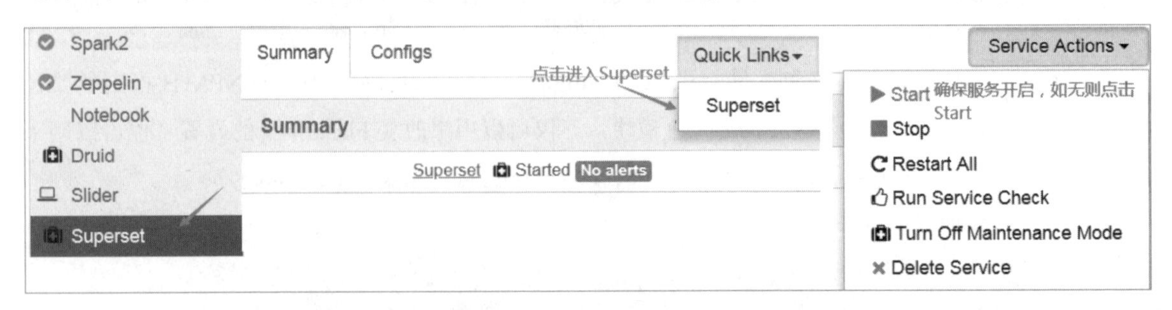

图 16-16　开启 HDP SandBox 上的 Superset

使用 amdin 账号进行登录，密码也为 admin。成功登录的界面如图 16-17 所示，其中包括 6 个主要的功能菜单，分别为：Security 用于用户查看、权限的设置；Manage 用于导入 Dashboard 和查询；Sources 用于配置数据库、表和 Druid；Slices 用于在表基础上对数据的可视化；Dashboards 用于仪表板组织 Sclices；SQL Lab 用于对配置的数据库进行测试查询。

（1）配置 Hive 数据库。通过表 16-4 中说明的 URI 方式，连接 Hive 数据库，其操作方式如图 16-18 所示，首先选择 Sources 标签下的 DataBases 项，然后点击最左侧的加号，创建一个新的数据库连接。在添加数据库界面的 Database 框中输入 northwind，在 SQLAlchemy URI 框中输入连接 Hive 的 URI，然后勾选 Expose in SQL Lab、Allow Run Sync、Allow DML 等选项。

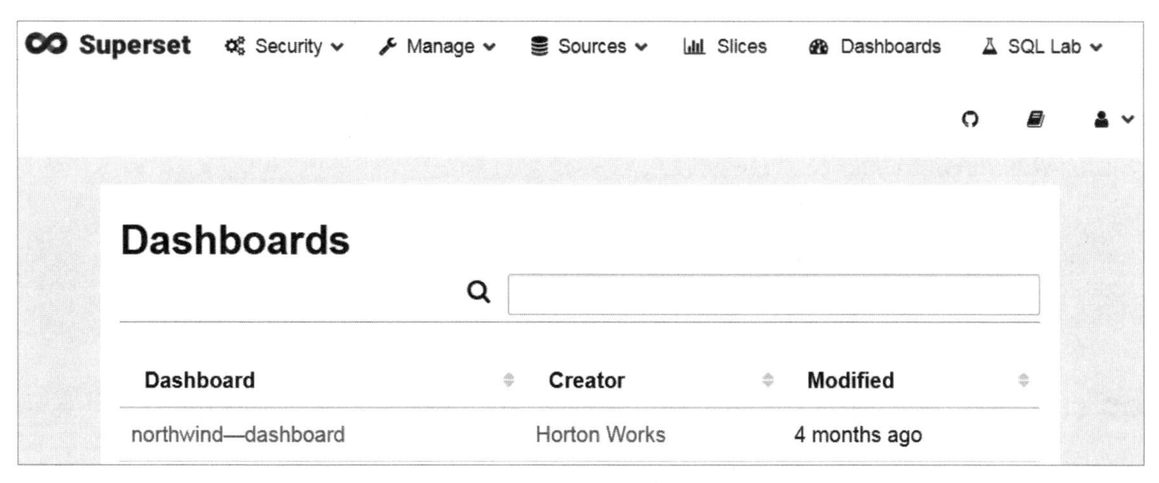

图 16-17 Superset Web 界面

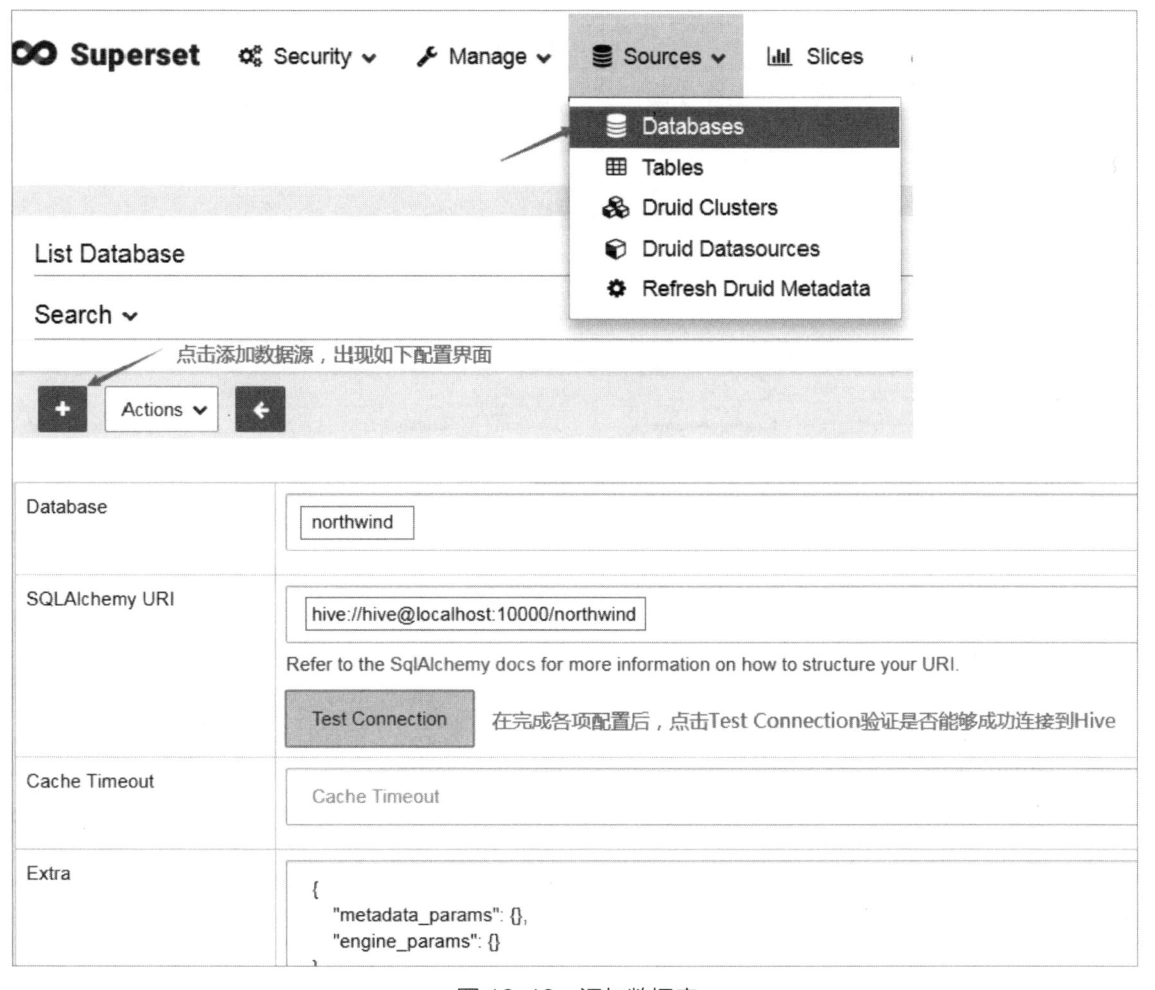

图 16-18 添加数据库

（2）使用 SQL Lab 处理数据。在成功创建对 Hive 数据库的连接后，将 SQL Lab 查询的数据以表存储后就可用于构建 Slice，当然也可以直接进行可视化操作。

```
统计产品分类数、估价均值、订购量
SELECT B.CategoryName , count(CategoryName) cnt ,
       AVG(A.UnitsInStock) UnitsInStock ,AVG(UnitsOnOrder) UnitsOnOrder
FROM Products A INNER JOIN Categories B
ON A.CategoryID = B.CategoryID
GROUP BY B.CategoryName
```

查询 SQL 使用第 16.2.3 节中统计 Northwind 产品的分类，查询结果如图 16-19 所示。

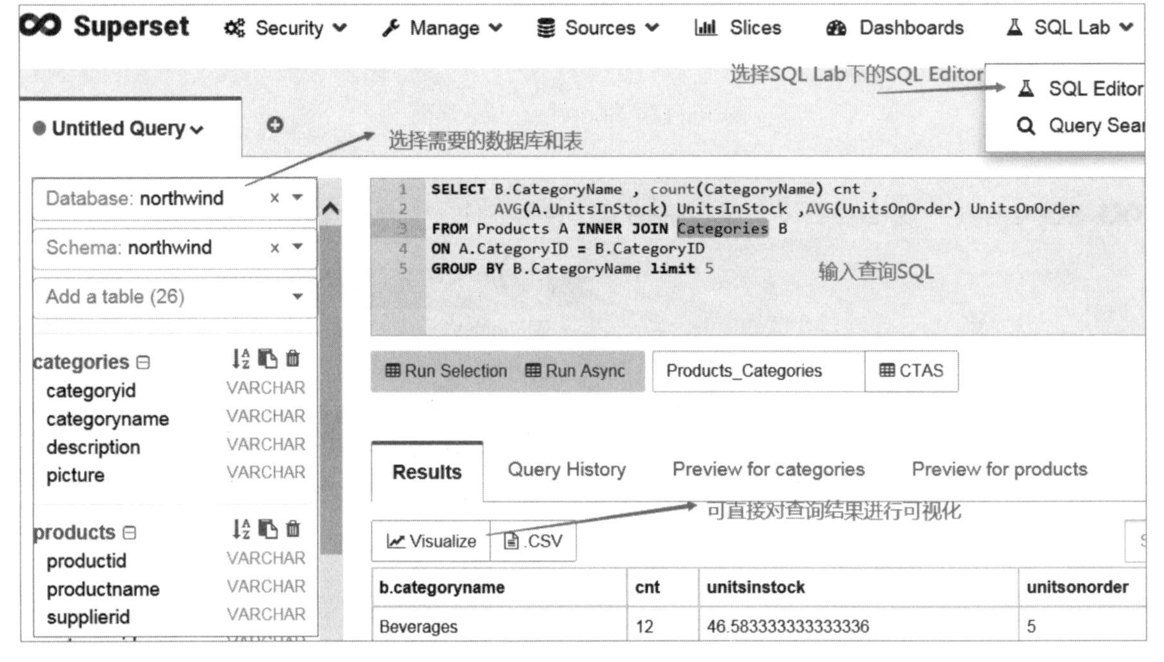

图 16-19 SQL Lab 的处理

（3）创建 Slice 并添加 Dashboard 中。创建 Slice 有两种方式：一种在 SQL Lab 中使用 SQL 操作；另一种是通过 Slies 功能基于表处理。二者进入相同的操作界面，在这里需要对配置的数据进行说明。先选择表构建 Slics，如图 16-20 所示。

在成功创建表后，还需要进行必要的配置才能使用。对表中各列的行为进行配置，如图 16-21 所示。Groupable 指对列进行分组度量的设置；Filterable 指对列是否要过滤不使用；Count Distinct 指对列计数；Sum、Min、Max 指统计函数；is temporal 指检查日期或时间字段。

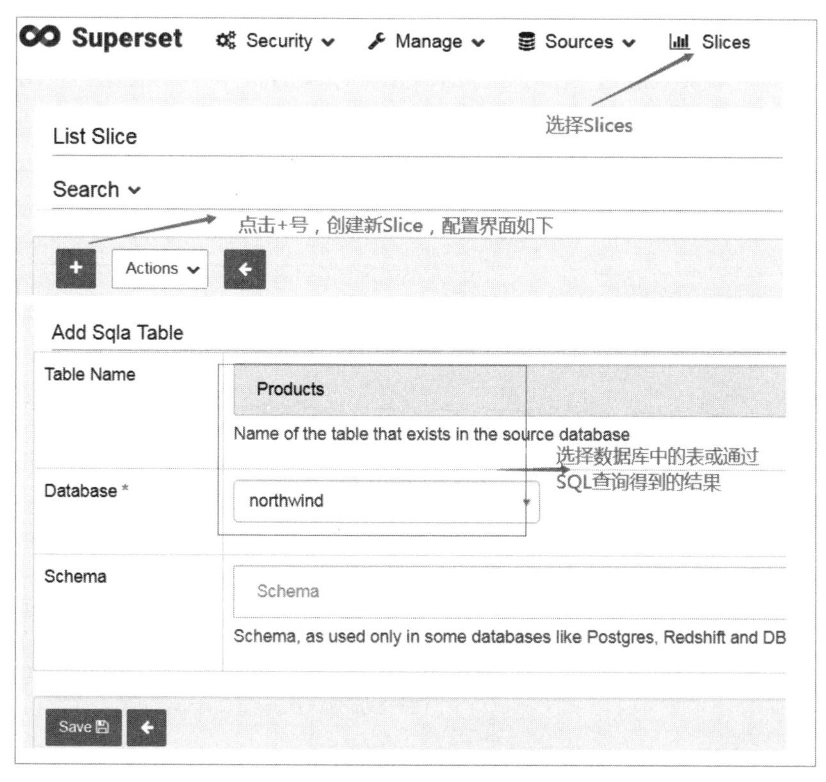

图 16-20　选择表构建 Slice

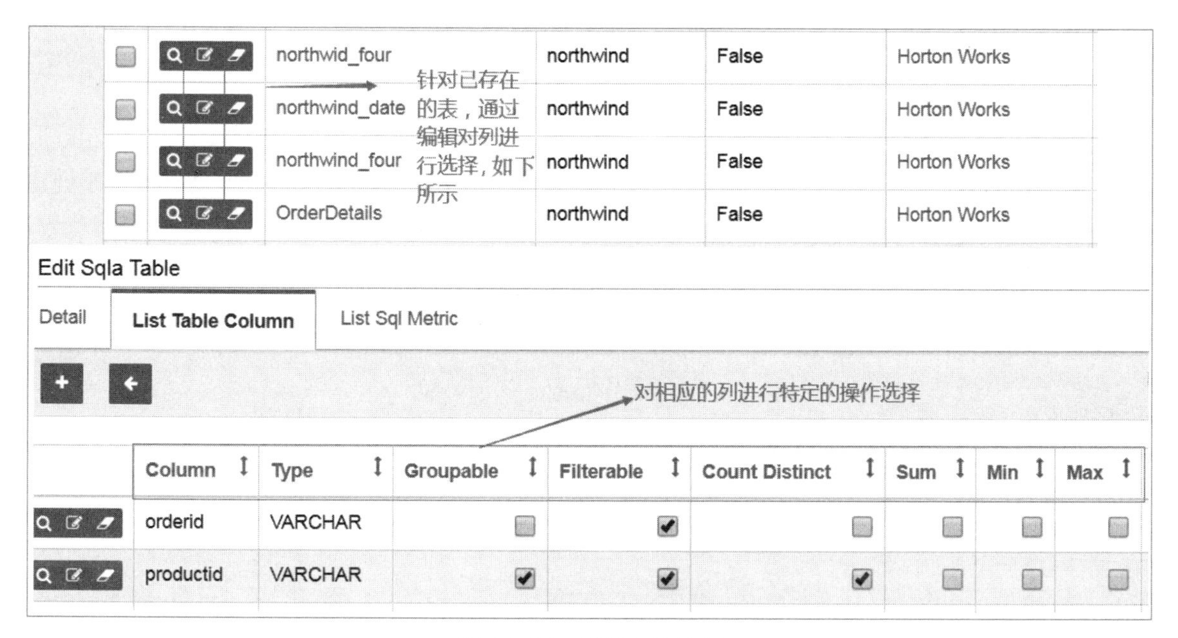

图 16-21　配置表的信息

配置完毕后，点击 Table 列的表名创建 Slice，如图 16-22 所示。选择 Datasource & Chart Type 项的表和展示方式，本例中使用“Big Number”计算 OrderDetails 中产品累计订单量的最大值。Time 指对时间维度的设置，可控制时序图的展示。接下来设置要展示的列、图片等，但是选择 Chart Type 的类型不同，其设置内容也会有所差异。配置完毕后点击 Query 按钮进行计算并将结果输出到右侧，然后再点击 Sava as 按钮将 Slice 保存到新建或已有的 Dashboard 中。

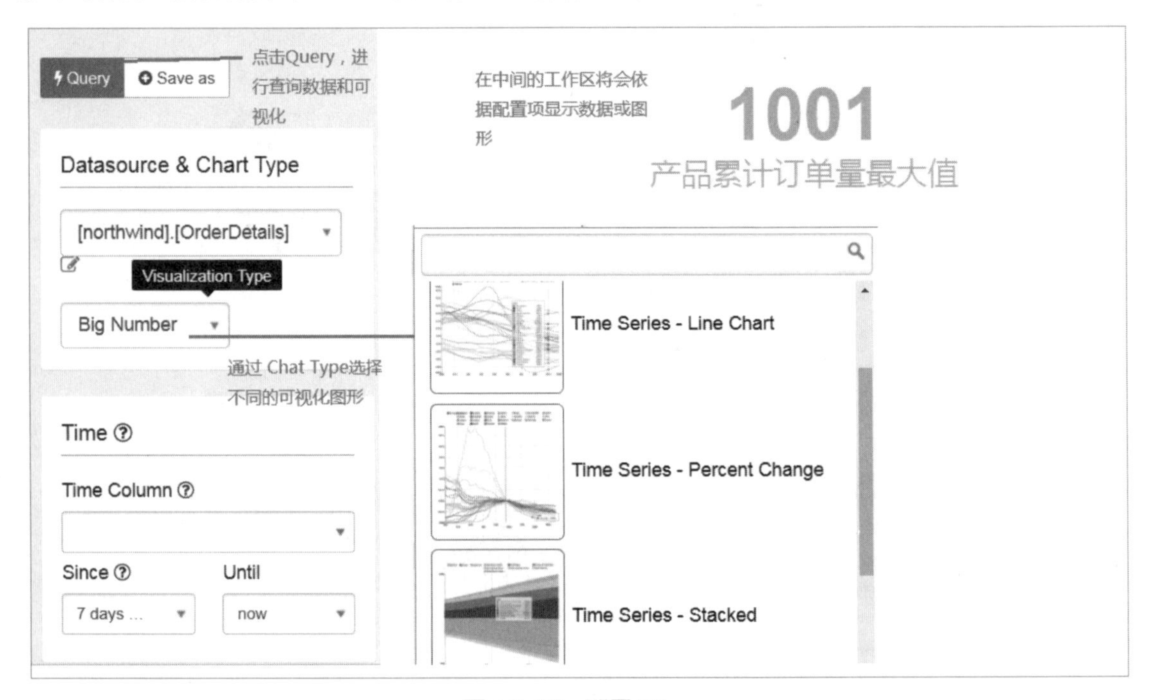

图 16-22　配置 Slice

（4）通过两段 Hive SQL，使用不同的 Superset 数据展示图，其中一个包括时间维度用于创建时序图，另一个包括计算产品各属性值的四分位距和方差值。

```
#1 通过 orders 表中 orderdate 和 requireddate 的两列数据作为时间维度，对这个查询结果创建基于时间的序列图
select orderid , orderdate , requireddate ,
       freight , shipcity , shipcountry
from orders
where shipcountry not like '%%0%%'
#2 计算产品各属性值得出四分位距、方差值
SELECT ProductID ,
      per_price[0] price_01, per_price[1] price_02, per_price[2] price_03,
per_price[3] price_04 ,
      per_quantity[0] quantity_01 , per_quantity[1] quantity_02 , per_
quantity[2] quantity_03 , per_quantity[3] quantity_04 ,
      per_discount[0] discount_01 , per_discount[1] discount_02 , per_
discount[2] discount_03 , per_discount[3] discount_04 ,
      std_price , std_quantity , std_discount
```

```
FROM
(
SELECT  ProductID ,
percentile_approx(cast(UnitPrice as float),array(0.25,0.5,0.75,0.99)) per_price ,
percentile_approx(cast(Quantity as float),array(0.25,0.5,0.75,0.99)) per_quantity ,
percentile_approx(cast(Discount as float),array(0.25,0.5,0.75,0.99)) per_discount ,
stddev(UnitPrice) std_price , stddev(Quantity) std_quantity ,
stddev(Discount) std_discount
FROM OrderDetails
GROUP BY ProductID
) A
```

在 Slice 制作完毕后，就可以构建 Dashboard 了。具体的处理方法如图 16-23 所示，在 Dashboards 选项下添加新的 Dashboard，配置操作主要是将已经处理好的 Slice 添加即可。

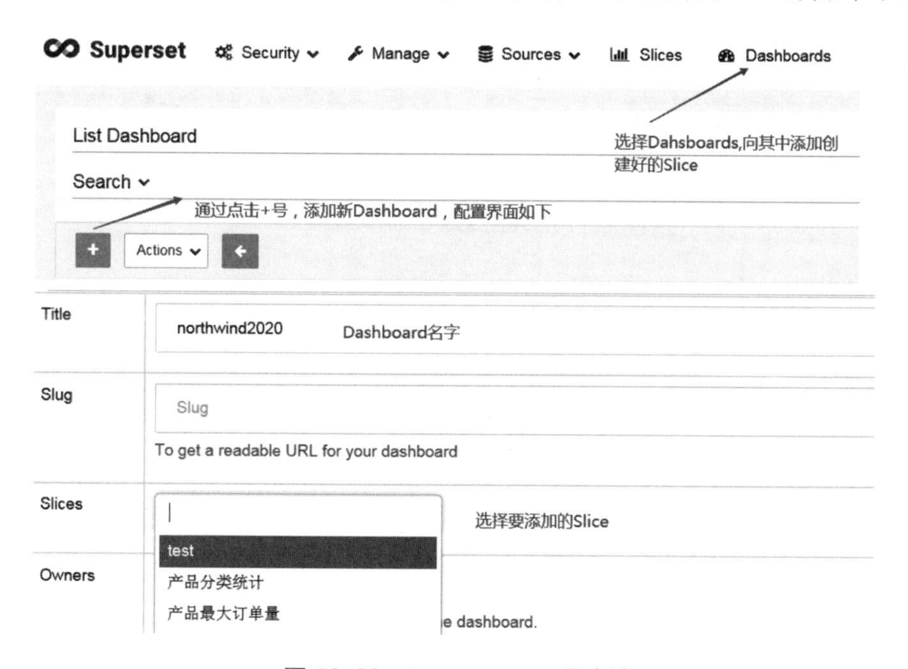

图 16-23　Dashboard 配置方法

处理生成的 northwind-dashboard 如图 16-24 所示，其中包含 4 个 Slice，通过 Slice 的名字可以找到对应的 Hive SQL。点击每个 Slice 右上方的相关功能，可以对 Slice 进行编写和查看。

生成的 Dashboard 可以导出并分享给其他人，然后再进行导入操作就可以直接使用。导出时先定位到 Dashboards 界面的 Dashboard 列表中，然后勾选要导出的 Dashboard 项，并选择列表上方 Actions 的 Export 项即可。导出的文件格式为 pickle，本节生成的 Dashboard 导出文件可到附录相关源码中查找。

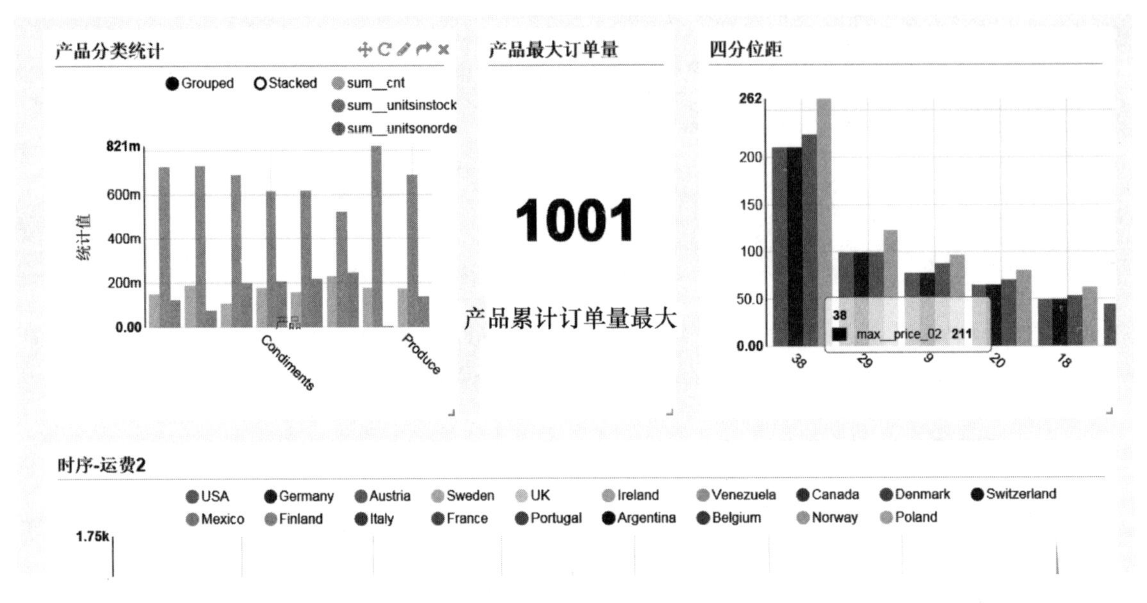

图 16-24　Dashboard 效果

16.5 总结

本章学习对大数据平台处理的数据进行可视化，其中 Zeppelin 和 Superset 能够以配置的方式集成操作，并且功能相对完善。使用 Mathplotlib 或 Bokeh 这类 Python 图形库进行可视化，需要对类库有一定的理解且必须自己编写代码。

附 录

本书附带资源

github 工程 https://github.com/Shadow-Hunter-X/python_practice_stepbystep

TIOBE 官网地址 https://www.tiobe.com/tiobe-index/

HDP SandBox 下载地址 https://www.cloudera.com/downloads/hortonworks-sandbox/hdp.html

VirtualBox 下载地址 https://www.virtualbox.org/wiki/Downloads

Windows 中安装 Spark 需要的工具地址 https://github.com/steveloughran/winutils/

Ubuntu 阿里云下载地址 http://mirrors.aliyun.com/ubuntu-releases/

anaconda 下载地址 https://repo.continuum.io/archive/index.html

Hadoop 官网下载地址 https://hadoop.apache.org/releases.html

官网下载可能较慢，可使用国内源，如清华大学镜像源：

hadoop 下载地址 https://mirrors.tuna.tsinghua.edu.cn/apache/hadoop/common/

hive 下载地址 https://mirrors.tuna.tsinghua.edu.cn/apache/hive/

Spark 下载地址 https://mirrors.tuna.tsinghua.edu.cn/apache/spark/

Kafka 下载地址 http://kafka.apache.org/downloads

Pig 下载地址 http://mirror.bit.edu.cn/apache/pig/

HBase 下载地址 http://archive.apache.org/dist/hbase/

Postgresql 驱动 jar 包下载地址 https://jdbc.postgresql.org/download.html

测试用数据

MovieLens 电影评分数据下载地址 http://files.grouplens.org/datasets/movielens/

鸢尾花统计数据下载地址 http://archive.ics.uci.edu/ml/datasets/iris

northwind 数据库相关数据和脚本下载地址 https://github.com/Shadow-Hunter-X/python_practice_stepbystep

测试用文档下载地址 http://spark.apache.org/docs/latest/api/python/pyspark.html#pyspark.SparkContext

各 Python 库文档

Snakebite 下载地址 https://snakebite.readthedocs.io/en/latest/client.html

Spark 下载地址 https://spark.apache.org/docs/latest/api/python/index.html

HBase 下载地址 https://happybase.readthedocs.io/en/latest/

PyHive 下载地址 https://pypi.org/project/PyHive/